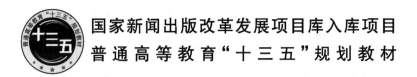

国家新闻出版改革发展项目库入库项目

普通高等教育"十三五"规划教材

网络信息系统基础

范春晓　漆　渊　吴岳辛　编著

U0282505

北京邮电大学出版社
www.buptpress.com

内 容 简 介

本书从网络信息系统的网络环境、系统支撑及应用实现角度,深入分析技术架构的组成,层层介绍相关的概念、原理及实现技术,具有能够支撑网络信息系统技术体系架构的纵向贯通的特点。在概念及原理方面,本书自底向上讲述操作系统基础、计算机网络基础、网络编程基础等基本概念及原理,以使读者对网络信息系统基础知识有一个全面连续的理解;在相关实现技术方面,本书侧重讲述 Web 环境下的主流编程技术,包括 Socket、HTML、XML、JavaScript、JSP 等技术,并结合大量应用实例,增强读者对基本概念的理解,培养读者系统完整地理解、设计及实现网络信息系统的能力。

本书可作为高等院校电子信息类专业及相关专业本科生、研究生的教材,也可作为从事计算机网络、网络信息管理工作的工程技术人员的参考书。

图书在版编目(CIP)数据

网络信息系统基础 / 范春晓,漆渊,吴岳辛编著. -- 北京:北京邮电大学出版社,2019.8
ISBN 978-7-5635-5816-2

Ⅰ. ①网… Ⅱ. ①范… ②漆… ③吴… Ⅲ. ①计算机网络—信息系统—高等学校—教材 Ⅳ. ①TP393

中国版本图书馆 CIP 数据核字(2019)第 170515 号

书　　　名:网络信息系统基础
作　　　者:范春晓　漆　渊　吴岳辛
责任编辑:马晓仟
出版发行:北京邮电大学出版社
社　　　址:北京市海淀区西土城路 10 号(100876)
发 行 部:电话:010-62282185　传真:010-62283578
E-mail:publish@bupt.edu.cn
经　　　销:各地新华书店
印　　　刷:北京玺诚印务有限公司
开　　　本:787 mm×1 092 mm　1/16
印　　　张:20.75
字　　　数:540 千字
版　　　次:2019 年 8 月第 1 版　2019 年 8 月第 1 次印刷

ISBN 978-7-5635-5816-2　　　　　　　　　　　　　　　　　　　　　定价:49.80 元

· 如有印装质量问题,请与北京邮电大学出版社发行部联系 ·

急速上升的网络信息共享需求催生了形态各异的网络信息系统,也促进了以移动互联网、物联网为代表的电子信息领域的飞速发展。而泛在感知、广域互联、智能应用等行业的兴起更是为网络环境中信息的组织、传输、应用提供了广阔的空间。基于互联网环境的信息系统技术已成为电子类工科学生需要掌握的重要知识,也是互联网、信息管理、电子信息等领域相关技术人员必学的新知识。

任何一个网络信息系统的设计与实现都不是仅由网络程序设计语言完成的,它涉及操作系统、网络协议、编程语言等综合技术。目前关于网络信息系统技术的图书,多是将系统技术架构中涉及的知识进行横向切割后选取不同层的内容进行介绍,很少有从纵向角度联通讲解的。例如,计算机网络类图书,专门讲述网络信息系统的网络架构和网络基础,包括网络硬件结构、网络协议;操作系统类图书,专门讲述资源的共享分配和管理;Web 编程类图书,专门讲述某种编程语言,如 HTML、XML、JSP、PHP,等等。实际上,一个网络信息系统,其体现的形式是某种语言开发完成的,但是系统实现的网络平台、网络协议、软件系统环境都影响,甚至决定程序的开发和语言的正确使用,即一个网络信息系统是由相关技术架构纵向支撑起来的。本书正是从纵向角度贯通,层层介绍相关概念、原理及实现技术,侧重讲述它们的关联和相互支撑,帮助系统设计人员深入理解网络结构及服务原理,理解系统运行环境的支撑作用,掌握网络节点间通信的本质及技术,掌握网络信息的标识、描述、组织及表达原理和方法。基于此,本书从网络信息系统庞杂的技术体系架构中选取核心的基础理论知识进行系统阐述,并提供大量应用案例及实践环节,使读者对网络信息系统技术环境有一个全面连续的理解,培养读者完整设计及实现网络信息系统的能力。

本书内容涵盖网络信息系统技术架构中自底向上的基础理论知识和主流实现技术。作者在编写过程中尽可能避免因偏重编程技能、片面强调某种编程技术、忽视基础理论而导致读者无法系统看待网络信息系统的实现、灵活应对实际问题的情况。本书内容涉及网络信息系统技术架构中各组成部分的关键知识点。本书以现实热点 Web 应用作为典型案例进行重点阐述。

本书共分 6 章。第 1 章为概述,给出了网络信息系统的概念以及网络信息系统的技术体系架构。第 2 章讲述软件系统环境的主要部分——操作系统基础及网络环境下的通信主体进程,介绍进程的概念、并发进程的关系、进程通信方法,以及文件管理和操作系统的网络功能和接口。第 3 章介绍网络协议与网络编程,侧重讲述与网络信息系统密切相关的网络应用层协议,以及网络编程基本概念及分类,并结合实例讲述基于 TCP/IP 的 Socket 编程方法。第 4 章介绍万维网,针对信息应用在网络环境下的处理方法,介绍网络中信息的标识、定位技术,信息表达方法(HTML),信息组织方法(XML),以及浏览器前端的脚本语言(JavaScript)。第 5 章介绍 Web 编程语言 JSP,在讲述 JSP 基本原理及语法的基础上,从实现网络信息系统角度附加了大量的程序实例,并且很多实例是对前面章节概念的应用。第 6 章给出了一个使用数据库完成网络信息系统设计的完整程序。

　　网络信息系统是一个综合技术实现的系统,包含了计算机、网络、通信等相关技术,本书讲述其中的一个纵向子集,对网络信息系统体系架构从底层至上层完成了一次联通,使读者对信息网络应用的基本概念有一个较为全面的了解,对相关实现技术有一个贯通的掌握,进而读者可以从一个网络信息系统的使用者变成一个设计者和提供者。

　　书中的所有程序都可以运行,部分程序是由王奕昕同学编写调试的;另外,牧婉婷老师在本书的编写过程中付出了很多精力,在此一并表示衷心感谢!

　　本书可作为高等院校电子信息类专业及相关专业本科生、研究生的教材,也可作为从事计算机网络、网络信息管理工作的工程技术人员的参考书。

　　由于编著者水平有限,书中错误及不当之处在所难免,敬请广大读者批评指正。

编著者

目 录

第 1 章 概 述

本章首先定义了信息和信息系统的概念，分析当代信息系统与网络技术相辅相成的关系，并通过 3 个网络信息系统实例，建立对多种网络信息系统的感性了解，在此基础上，给出了网络信息系统技术架构，最后简单介绍了架构中的关键技术，本书正是基于这些关键技术展开。第 1 章对本书涉及的内容进行整体的初步介绍，为学生学习后续章节打下基础。

1.1 网络信息系统

网络信息系统，是指信息系统在网络环境下的应用，本节界定本书"网络信息系统"中包含的三部分概念，信息、信息系统和网络技术，以及它们之间的关系。

1.1.1 信息和信息系统

信息，是一个人人都知道是什么但要严格表达其概念又十分困难的术语。信息作为自然语言中的概念是音讯、消息的意思；信息是客观世界内同物质、能量并列的三大基本要素之一，近代关于信息及信息技术的研究持续不断，出现了各种领域关于信息的不同定义。大约在 20 世纪 20 年代初，西方科技界开始认真研究信息问题。从第二次世界大战到 1948 年前后，与信息有关的理论相继被提出，其中包括信息论、控制论、系统论和计算机技术。信息作为一个科学术语被提出和使用，可追溯到 1928 年 Hartley 在《信息传输》一文中的描述，他认为：信息是指有新内容、新知识的消息。

信息作为科学术语，会因学科领域的不同有不同的含义。在信息通信领域与信息管理学科中，我们认为信息是可以通信的数据和知识；在经济管理领域，通常认为信息是决策的数据；1948 年，香农（Shannon）博士在《通信的数学理论》中，给出信息的数学定义，认为信息是用以消除随机不确定性的一种度量，并提出信息量的概念和信息熵的计算方法，从而奠定了信息论的基础；诺伯特·维纳（Norbert Wiener）教授在其专著《控制论——动物和机器中的通信和控制问题》中指出"信息就是信息，不是物质也不是能量"，认为信息是人们在适应外部世界并且在这种适应反作用于外部世界的过程中，同外部世界进行交换的内容的名称；1975 年，意大利学者朗高（Longo）在《信息论：新的趋势与未决问题》一书中指出：信息是反映事物构成、关系和差别的东西，它包含在事物的差异之中，而不在事物的本身。可见，迄今为止，信息的概念仍然仁者见仁智者见智。

作者在本书中采用一个原始的、不带技术特性的信息定义："信息是反映客观世界中各种事物特征和变化的知识，是数据加工的结果，是有用的数据。"这个定义首先指明信息是描述世界事物特征的、有用的数据，其次指明信息是数据加工的结果，所谓加工，包含信息的定义、存储、处理等工作，就是说它的描述形式是会因加工的方法和技术的不同而不同的。

信息在人们的社会生活中具有十分重要的作用。例如，在科学研究中，研究人员既要及时获得别人的研究成果，又要及时地把自己的研究成果发表，只有通过这样相互交流信息，科学研究才能不断发展；在经商过程中，商家必须及时了解各地市场的信息，才能确定进什么货，从哪里进货，到哪里去卖，卖什么；在日常生活中，人们必须及时获得有关天气、商品、文体活动、亲朋好友工作生活情况的信息，并经常把自己的工作、生活情况告诉亲朋好友。总之，人们之间只有不断交流信息，才能使生产生活等活动正常进行，人们每时每刻都离不开信息。这种以提供信息服务为主要目的的信息处理、信息传递机制，称为信息系统。"系统"一词应用广泛，它可以代表自然机制，也可以表示人为制造机制，前者如人体的血液循环系统，后者如供水系统、交通系统、财务管理系统、信息系统，等等。可以这样来描述系统："系统是内部互相依赖的各个部分，按照某种规则，为实现某一特定目标而联系在一起的合理的、有序的组合。"广义的信息系统，是为一个特定目标，组织、定义、描述、传递、使用信息的一个整体机制，其根本目的是描述信息、处理信息、控制信息流向，实现信息的效用与价值。信息系统由信息传输系统和信息处理系统两部分组成，信息传输系统负责信息的传递，它不改变信息本身的内容，作用是把信息从一处传到另一处；信息处理系统包括输入部分、处理机制和输出部分，输入部分负责原始信息的定义和描述，输出部分是经过处理的特定需求或特定领域的有用信息，处理机制负责信息使用规则的定义和描述，并根据信息应用领域定义的规则对输入信息进行加工、处理，获得新的信息，各部分之间都存在信息传递，如图 1-1 所示。

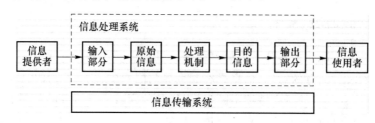

图 1-1 信息系统组成

作为一般意义上的信息系统，其历史几乎和信息一样久远，因为只要有了信息就要使之发挥作用，不能发挥作用的信息是没有意义的。而各种使信息发挥作用的技术不但现代社会有，古代社会有，就是远古时代也有。信息的传递是信息系统的重要组成部分。在远古时代，它是用手势、烽火台或驿站等来进行的；到了近代，它是用电话、电报、电视、传真、微波和通信卫星来进行的；而现代是通过无处不在的网络与各种电子设备有机结合来进行的。3 个时代信息系统的功能和效率虽然不同，但是它们的目的却是一样的，那就是尽可能准确和迅速地传递信息。信息的传递技术如此，信息系统的其他组成部分也如此。信息应用领域的广泛性、信息描述方式的多样性、信息应用环境的丰富性，使信息不可避免地带有应用领域及信息技术的痕迹，因此信息可以按照用途或领域分类，如气象信息、交通信息、医疗信息、投资信息等；可按照数据描述方式分类，如结构化信息、非结构化信息、半结构化信息；可按照信息应用环境分类，如纸质信息、网络信息等；可按照计算机存储信息类型分类，如音频信息、图像信息、文本信息，等等。不同领域的信息应用产生了不同领域信息应用需求,在不同的技术发展环境下构成了不同的完整的信息应用系统,信息、信息应用系统、信息处理技术的关系如图 1-2 所示。

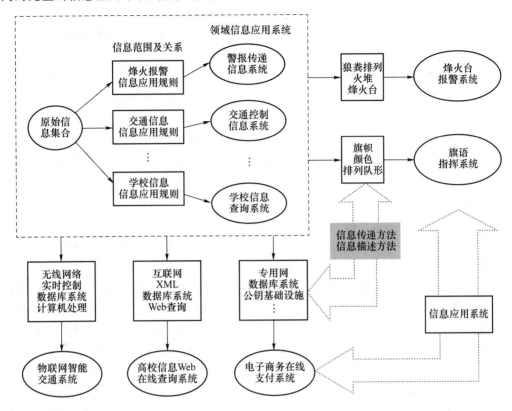

图 1-2 信息、信息应用系统、信息处理技术之间的关系

图中虚线方框内是按照信息的应用目的划分的领域信息应用系统,划分规则是由信息的应用目的和领域决定的,并由领域信息使用的范围和信息之间的关系规则定义的。而虚线方框外是加入了信息处理技术后定义的信息系统,如物联网智能交通系统是一个现代网络信息系统,它采用无线网络技术传输信息,采用实时操作系统接收及控制信息,采用计算机技术描述、存储、处理交通信息的规则;高校信息 Web 在线查询系统也是现代网络信息系统,它依托互联网,采用扩展标记语言(XML,eXtensible Markup Language)及关系模式描述信息,程序以 Web 页面方式运行,为网上客户提供查询服务。

1.1.2 网络信息系统

信息系统已经有几千年的历史了,信息的处理手段、传输范围、应用领域都随着信息传输技术和信息处理技术的发展而不断变化。本节将从技术的发展对信息系统影响的角度来讨论信息系统的发展,从非机信息系统、计算机信息系统聚焦到现在的网络信息系统。

组成信息系统的信息传输系统和信息处理系统与通信技术、计算机技术、网络技术等的发展有着密切的关系。许多人认为有了计算机才有信息系统,或者说没有计算机就没有信息系统,显然,这种观点是不正确的。20 世纪 20 年代到 20 世纪 50 年代初,计算机出现之前,在商务活动、信息应用的各个领域,通过其组织机构和机构中的人,利用口头语言和纸介质的文件等工具传递信息,构成了早期的信息系统。早期信息系统是以人为基础处理信息,信息的描述和定义由自然语言完成,信息存储多数用纸质的文件,信息的传递依赖于非计算机及非现代通信技术的物体,信息的应用范围、传递速度、信息精度等都与这种非计算机处理方式有关,这一时期的信息系统称为非机信息系统。

20 世纪 50 年代初开始到计算机网络普及(20 世纪 80 年代),计算机的用途从单纯的科学技术逐渐扩大到信息处理,这一时期,信息描述可以使用计算机语言、信息可以以计算机文件或数据库表的形式存储在计算机硬件介质中,可以借助计算机的处理能力得到更多、更精确的信息,信息更多用于管理,因此,管理信息系统一词经常使用,但是直到 1985 年,管理信息系统的创始人——明尼苏达大学的戈登·戴维斯(Gordon Davis)教授才给出了一个现代信息技术的定义:"管理信息系统是一个利用计算机软件和硬件,手工作业,分析、计划、控制和决策模型,以及数据库的用户-机器系统。它能提供信息,支持企业或组织的运行、管理和决策功能。"我们所要定义的第 2 阶段信息系统就是与这在同一时期,即计算机信息系统。计算机信息系统主要是指利用计算机和数据库处理信息,用现代化通信手段传递信息的有机整体。计算机信息系统包含这一时期的各种类型的管理信息系统、自动化信息管理系统、信息处理系统、信息服务系统、数据处理系统、信息决策系统和计算机辅助管理系统等,这一时期的现代化通信手段还不包含计算机网络技术。

20 世纪 80 年代中期到 20 世纪末,信息技术突飞猛进地发展,特别是网络技术的发展和"信息高速公路"的建设,使计算机化了的信息系统快速地朝网络化方向迈进,促使世界经济全球化发展,经济活动越来越体现信息应用的内质,包括经济、新闻、娱乐和个人交流都属于信息系统范畴。在当下的信息经济时代,信息除了其本身的客观性、系统性之外,很重要的是它要具有开放性和共享性,信息就是经济社会的资源,相同的信息希望能为更多人共享。因此信息系统的主要应用环境是网络,信息在网络环境下的应用表现形式各不相同,其应用领域也在不断扩大,它是集计算机技术、计算机网络技术、通信技术于一体的基于网络技术的信息应用。只有掌握和使用这些技术,信息应用才能达到最后的效果,发挥应有的作用。在这一阶段,网络对信息应用系统的重要性不言而喻,所以将这一时期的计算机信息系统称为网络信息系统。网络信息系统,是指信息传输系统和信息处理系统基于计算机网络环境完成,借助网络技术,信息应用系统能更及时准确地收集、加工、存储、传输和提供某领域决策所需的信息,实现组织中各项活动的管理、调节和控制。

网络信息系统是一门新兴的科学,是计算机信息系统中采用计算机网络作为主要通信技术的产物。网络绝不仅仅是通信工具或载体,它带来了网络环境下信息处理方法的改变,同时催生了新的信息处理技术,本书正是讨论信息系统在网络环境下的基础技术。

信息系统从非机信息系统、计算机信息系统向网络信息系统的转变,反映了人们利用信息处理工具能力的提高,也使信息系统可以获得更多、更全面、更有效率的信息去辅助管理和决策,随着时间的推移,信息系统还会因这些信息技术的发展得到更大的发展。

1.2 网络信息系统示例

作为社会活动的参与者,人们每天都在与各个领域的信息打交道,这些信息以各种形式存在,以各种方式交互,形成了不同环境中的信息系统,包括阅读纸质书籍、在自己的笔记本计算机上查询较隐秘的信息、使用单位封闭环境中的信息系统完成日常工作,以及到万维网上共享世界范围内的公共信息,或者登录地球另一端的某机构专用服务器与之进行合作,等等;作为相关专业的学生或科技人员,我们不仅频繁使用信息,而且更令我们感兴趣的是这些信息系统的实现方式。我们希望了解和掌握这种应用中的相关技术,以期成为信息系统的设计者和提供者。正是基于这个目的,下面给出几个信息系统示例,通过分析,了解信息系统的环境和相关概念及技术。

1.2.1 实验室科研项目管理系统

某个大学的实验室有 6 位教师,几十名研究生,每年承担几十项科研项目,教师需要随时了解、使用科研项目相关的信息,比如每周了解项目进展;记录、统计教师和学生发生的科研经费;当要进行新项目申请时,查询每个教师已经承担的项目清单,统计教师在各个项目中的贡献率,等等。实验室 6 位教师共享这些信息,希望在各自的计算机上完成对信息的共享使用,另外,这些信息的使用范围限制在实验室内部。根据这些需求,实验室开发了一个在局域网环境中的实验室科研管理系统,系统运行环境如图 1-3 所示。

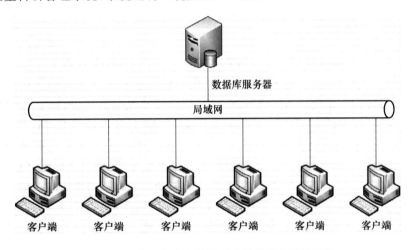

图 1-3 局域网实验室科研项目管理系统运行环境

这是一个网络信息系统,由于用户为有限的教师,并且用户所在的物理位置局限在 1～2 个实验室中,因此选用局域网作为该信息系统的网络基础,系统采用典型的 C/S(客户/服务器)体系架构,局域网中的服务器作为数据库服务器。数据库服务器中需要安装一个多用户的客户/服务器模式的数据库管理系统(DBMS,Data Base Management System),DBMS 的种类繁多,如 Oracle 或 Microsoft SQL Server,选择时要考虑与服务器的操作系统适配。假如该实验室服务器安装的是 Windows 系列操作系统,那就选择 Oracle for Windows 或 Microsoft SQL Server for Windows;如果服务器安装的是 UNIX 操作系统,那就选择 Oracle for UNIX 或 Microsoft SQL Server for UNIX。目前的商用数据库管理系统都是关系数据库,因此,科研应用系统设计者要将科研信息结构化,组织成关系模型存储在数据库中,由数据库管理系统来管理。在开发信息系统软件时,首先考虑程序要运行的系统环境,主要是操作系统,根据操作系统选择适合的程序设计语言,虽然 Windows 和 Linux 或 UNIX 操作系统都支持 C 语言,但二者还是有不兼容的地方,如果想完全兼容,可以选择 Java 语言,但是 C 语言处理数据计算和统计要方便一些。本例中的科研应用系统采用 Windows 下的 C++语言开发,图 1-4 是查询项目状态的一个界面。每个要使用系统的教师,在自己的计算机中保存一份该 C++程序的运行程序,需要使用时,运行该程序。

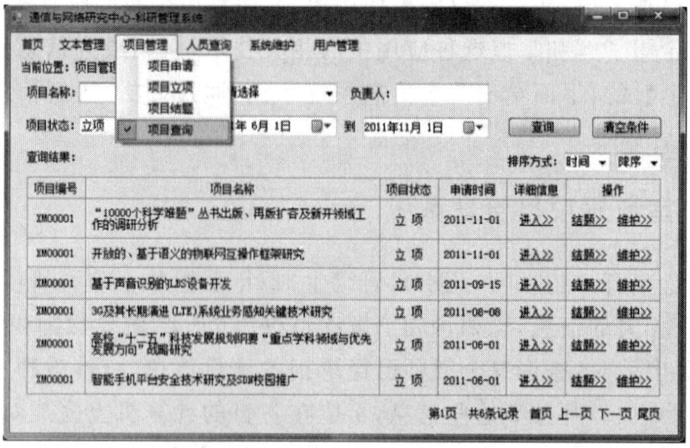

图 1-4　实验室科研项目管理系统的界面(C++语言)

1.2.2　网上书店

实验室科研项目管理系统是一个局域网环境的网络信息系统,只限于专用网络上授权获得运行程序的计算机用户使用,对于更大范围内的信息共享需求,局域网就无法满足了。随着互联网(Internet)成为全球化的国际网络,全球范围共享信息成为可能,网上书店就是一个立足于 Internet 网络,以书籍为商品的专业性购书网站。网上书店对图书进行信息化管理,为 Internet 网络上的所有用户提供一种高质量,比传统书店更快捷、更方便的购书方式。网上书店不仅可用于图书的在线销售,也可用于音碟、影碟的在线销售,而且提供图书在线查询、书籍类商品管理、购物车、订单管理、会员管理、在线支付等功能。网上书店的图书信息存储在网站所在地的数据库中,世界各地的用户可以通过 Internet 网络在自己的计算机上访问该网站,浏览、查询相关图书信息,填写购买信息、在线支付,通过其他(书店之外)的渠道获得商品。网上书店的运行环境如图 1-5 所示。

这个例子是一个典型的基于 Internet 网络的 Web 信息系统,系统采用浏览器/服务器体系架构。图书的信息存储在远程某地(网站服务器),用户(客户)借助 Internet 网络使用该网站提供的服务,下面将粗略分析每个功能及实现技术。

① 访问网站:实际就是运行网上书店的应用程序。用户在世界的任何地方,只要用安装有 Web 浏览器并可以连接到 Internet 上的任意一台计算机访问书店的统一资源定位符(URL,Uniform Resource Locator)地址,即可运行该网站程序,进入网站主页。这么容易?运行程序在哪里?在服务器中,用户不用在本地机保存它。不用考虑计算机的操作系统吗?你上网的时候考虑过这一点吗?

② 图书在线查询:在网站的主页上即可浏览书店网站的图书信息;服务器可以接收用户的查询条件,在网站的数据库或 XML 文件、Web 网页中查找匹配的图书信息,返回给用户显示或者将其他地方的链接地址返回给用户。

③ 会员管理:网上书店的浏览和查询功能对所有的用户开放,但是为了交易安全,书店只允许会员购买图书。会员管理主要包括注册管理和身份确认管理,另外会有一些价格优惠等政策。注册管理中,书店保证用户在本书店有一个唯一标识,这个标识可以由用户自己输入,由书店在数据库中检索保证其唯一性,或者由书店管理的标识产生机制来分配;身份确认管

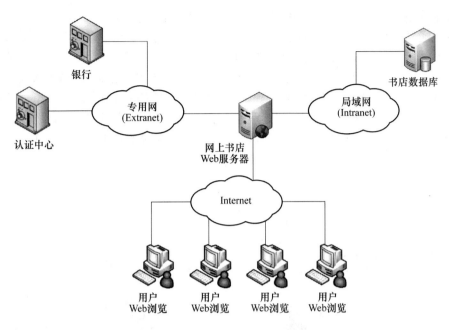

图 1-5　网上书店运行环境

理,为每个用户提供一种验证身份的方法,目前大多数采用用户输入密码的方式。那么,密码传输的过程安全吗? 在上网时,在确认某种身份时经常显示一个歪歪扭扭的图像让用户输入其中的数字或字符(图 1-6),这种输入验证码的方法正是利用图片传输防止传输过程的数据(密码)被人窃取的安全保护措施。

图 1-6　验证码方法

④ 购物车:用户可以利用购物车功能,在一个网站连续购买多本图书。读者可能很奇怪,这个功能有什么特别的? 买多本书很特别吗? 在普通书店买多本书和买一本书的区别就是多拿几本而已,为什么网站都在强调专门的所谓购物车功能? 这个原因说来话长,但可以想象,这是一个原本比较难解决的问题,因为 Web 程序需要通过超文本传输协议(HTTP,HyperText Transfer Protocol)进行通信,需要访问数据库记录或读取相应数据,而数据库连接方式和 Internet 应用层传输协议 HTTP 的连接方式完全不同,前者是有状态连接,后者是请求-响应式的无状态连接,这就造成程序无法判断两次连接是否为同一人,使购买多本图书变成多次购买一本图书。虽然费了一些周章,但是显然用购物车的功能解决了这个问题,至于解决的细节,本书会在后面的网络协议和网络编程开发章节进行详细论述。

⑤ 订单管理:网站能够接收并记录用户购买产品、付费、送货等信息,网站按照这些信息完成图书交易的后续工作。

⑥ 在线支付:一般网上书店都有三种类型的支付方式,即货到付款类支付、汇款类支付、在线支付。前两类付款方式属于离线支付方式,我们只侧重讨论在线支付方式。现在的网上支付从早期的唯一一种在线支付方式发展为多种方式,包括支付宝、微信、网银、信用卡,等等。

早期的在线支付是指卖方与买方通过 Internet 上的交易网站进行交易时,银行为其提供网上资金结算服务的一种业务。在线支付实际是一种网上支付,以电子信息传递的形式来实现资金的流通和支付。它以金融电子化网络为基础,以商用电子化工具和各类交易卡为媒介,采用现代计算机技术和通信技术作为手段,通过计算机网络系统,特别是 Internet 进行传输。网上支付系统的构成主要包括两部分,一是网上支付主体,涉及网上商家、持卡人、银行和第三方认证机构;二是网上支付技术,如基于 Internet 的 TCP/IP(Transmission Control Protocol/Internet Protocol)协议标准、万维网(WWW,World Wide Web)技术规范和以安全网络数据交换为宗旨的电子数据交换协议 SSL 和 SET。在线支付系统的基本构成如图 1-7 所示。

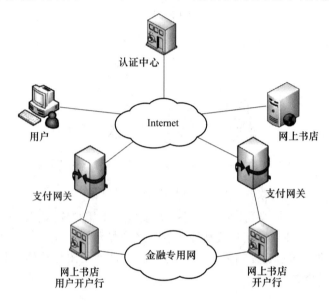

图 1-7　在线支付系统的基本构成

现在的支付宝、微信等支付方式,引入第三方平台(图 1-8),改变担保方式,规避卖家和买家的风险,获得了巨大成功,但是本书限于技术讨论,对此不再赘述。

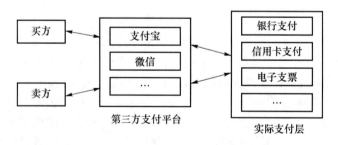

图 1-8　引入第三方支付示意图

网上书店是 Internet 上的 Web 应用系统,它运行的网络环境不同于实验室科研项目管理系统的运行环境,因此它的信息的组织、存储,程序的开发、运行方法都与实验室科研项目管理系统不同,主要区别在于以下几点。

① 运行的网络环境不同。局域网环境下,网络节点间通信遵循 TCP/IP 协议;Internet 环境下,底层网络协议采用 TCP/IP 协议,应用层采用 HTTP 协议。

② 信息形式,信息的组织、存储方式不同。首先,信息的形式不同,科研信息都是文本信息,书店信息中含有大量的音频、视频信息,我们称为多媒体数据,多媒体数据在存储、检索、传输和使用时都更复杂。其次,信息的组织和存储方式不同,一般的应用程序,采用数据库管理

系统管理数据,信息组织成关系模型的结构化数据,存储在关系数据库中;Internet 环境下的 Web 应用程序,数据除了采用关系数据库之外,为了适合 HTTP 协议传输,还有相当一部分的数据采用半结构化形式,用 XML 语言或网页描述,以文件的形式存储在网站的服务器中。

③ 应用软件的开发工具不同。一般的应用程序,采用 C、Java 等语言开发;Web 应用程序采用支持网页运行的专门的开发语言,静态网页使用超文本标记语言(HTML,HyperText Markup Language)和客户端脚本语言,动态网页使用 JSP(Java Server Pages)、ASP(Active Server Pages)、PHP(Hypertext Preprocessor)语言,等等。不管哪类语言,开发环境都与操作系统相关。

④ 运行程序形式、客户端显示原理不同。一般的应用程序,必须存储在运行的机器上,运行程序以编译后的代码形式存在,程序可以访问本地机器;Web 应用程序,必须存储在服务器端,客户端没有运行程序,只有客户端使用浏览器访问时才从服务器传送到浏览器,在浏览器中边解释边执行,Web 应用程序被严禁访问本地机器。普通应用程序的屏幕输出是操作系统管理完成的,由程序调用操作系统的系统调用,直接送到屏幕终端显示;而 Web 应用程序的屏幕输出是浏览器完成的,浏览器遵循 HTTP 协议,由 HTML 语言表达输出,与操作系统无关。图 1-9 所示是同一个网站在操作系统不同的机器上运行的界面,(a)为界面运行在 Linux 操作系统上,(b)为界面运行在 Windows 7 操作系统上。

(a) Linux操作系统的网上书店运行

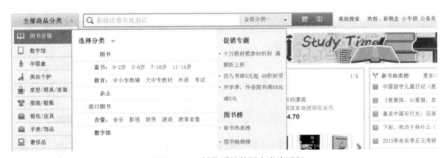

(b) Windows 7操作系统的网上书店运行

图 1-9 网上书店运行在不同操作系统上

1.2.3 BT 文件共享系统

网上书店是基于 Internet 的 Web 应用，系统采用浏览器-服务器模式，所有信息存储在网站的服务器上，用户将查询条件传到服务器，由服务器在它的数据库或文件系统中检索，如果需要下载信息，同样由服务器负责从网站的设备中传送给客户。当用户很多或用户需要的信息很大（如视频、音频文件）时，会造成服务器负载过重，用户使用不方便。本小节介绍的 BT 文件共享系统可以解决这个问题。

BT 文件共享系统，大多数用户称其为 BT 下载软件，是一种音频、视频免费下载软件，BT 的客户端软件有比特彗星（BitComet）、迅雷、电驴等，图 1-10 所示是 BitComet 的主页。BT 是 BitTorrent 的简称，是一个可以实现多点下载的文件分发协议，是 P2P（Peer to Peer）网络架构的典型应用。P2P 是 TCP/IP 协议的应用层协议，遵循 P2P 协议组成的网络称为对等网或 P2P 网络，在 P2P 网络中的节点（计算机）都处于同等地位，一般不依赖于专用的集中服务器，节点间可以直接交换来共享计算机资源和服务。

从用户使用的角度看，BT 文件共享系统有一个网站服务器，当某个用户想要共享文件或目录时，首先要为该文件或目录生成一个"种子"文件，或者叫作"元信息"文件，然后把这个"种子"文件上传到 BT 服务器上，等待别的用户来下载；需要下载某个文件的用户首先要到 BT 服务器上找到该文件的一个"种子"文件，然后根据"种子"文件提供的信息进行下载。一般的 HTTP/FTP 下载，发布文件仅存储在某个或某几个服务器上，下载的人太多，服务器的带宽很容易不胜负荷，变得很慢。而 BT 协议下载的特点是，下载的人越多，意味着"文件源"就越多，因此下载速度越快，体现出 BT 的基本原理，即每个人在下载的同时也为其他下载用户上传。

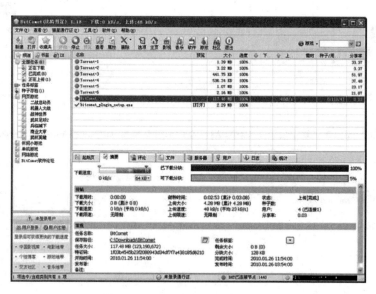

图 1-10　BitComet 的主页

从软件实现角度看，一个 BT 文件共享系统由下列实体组成：
- 一个普通的 Web 服务器；
- 一个静态的"元信息"文件（种子文件）；

- 一个 tracker 服务器(解析 P2P 协议);
- 一个原始下载者(第一个完整下载的人,可以继续作为信息源);
- 终端用户的 Web 浏览器;
- 终端下载者。

BT 系统网络结构示意图如图 1-11 所示。

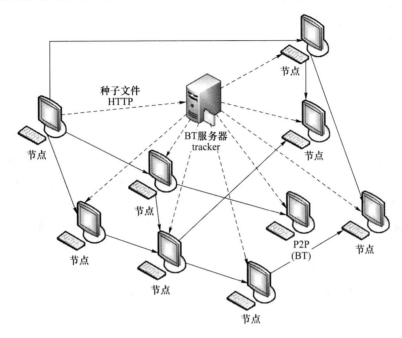

图 1-11　BT 系统网络结构示意图

从结构上来看,BT 系统属于中心拓扑的 P2P 网络,其中,种子文件的上传和下载以及各个节点和 BT 服务器之间的其他通信都是基于 HTTP 协议的,见图中虚线;各个节点间的通信,主要是文件块的传送,通信协议是由 BT 规范规定的。BT 服务器存储了共享文件的索引信息,各个节点在查找文件时可能作为服务器的客户端访问 BT 服务器,这时节点与服务器的关系是客户机/服务器模式,当节点下载文件时是节点与节点之间直接连接,节点间是点对点(P2P)模式。也可以说,服务器与各节点间是基于客户机/服务器模式工作的,而各节点间是基于 P2P 模式工作的。

用户创建的种子文件,可以称为"元信息"文件,描述共享文件或目录以及用户的 URL 等信息,主要数据结构如表 1-1 所示。

表 1-1　BT"元信息"文件的主要数据结构

字段名称	字段含义
announce	tracker 的主服务器
info	目标文件摘要,是一个数据结构,包括目标文件长度、文件名、块长度及所有块摘要
comment	目标文件的描述

续 表

字段名称	字段含义
creation date	种子文件建立的时间
creation by	生成种子文件的软件
encoding	种子文件的默认编码,如 GB2312、Big5、utf-8 等
piece length	每个文件块的大小,用 Byte 计算
pieces	目标文件的文件段的信息,BT 协议规定将所有文件按照 piece length 的字节大小分成块,每块计算一个 SHA1 值,然后将这些值连接起来就形成了 pieces 字段
publisher	发布者名字
publisher-url	发布者网址
……	

这个"元信息"文件包含的信息可以分为两部分,第 1 部分是目标文件属性的描述,第 2 部分是文件发布和下载状态记录,需要下载某个文件的用户根据元信息文件的第 1 部分信息进行下载,BT 服务器及时收集每个下载者的信息,包括地址以及目前拥有的文件块信息等,记录在元信息文件的第 2 部分,然后从下载者的列表中随机选取一组告诉某个正在下载的节点。BT 软件根据此文件完成 BT 工作。

BitComet 是国内比较流行的 P2P 软件,它是基于 BT 协议、采用 Python 语言开发的。BT 协议本身也包含了很多具体的内容协议和扩展协议,并在不断扩充中,协议是公开的,任何人都可以开发 BT 软件。

1.2.4 信息系统示例比较

上述 3 个例子都是典型的采用计算机技术、网络技术的信息系统,因为应用需求不同,运行环境不同,从而采用的具体技术有所不同,可以从信息应用范围、网络环境、系统环境、信息组织方式、开发工具等几方面进行比较,如表 1-2 所示。

表 1-2 信息系统组成元素比较

实例	应用范围	网络环境	系统环境	信息组织	开发工具	信息形式
实验室科研管理系统	实验室 6 人	局域网 客户机/服务器模式	Windows 操作系统(可以任意) 关系数据库	关系模型	C/Java	文本数据
网上书店	世界各地	Internet 网络 TCP/IP 协议 浏览器/服务器模式	Web 服务器 Web 应用服务器 关系数据库	关系模型 XML 文件 HTML 网页	HTML JSP/ASP/PHP Jscript/VBScript ……	文本数据 多媒体数据
BitComet 网上下载软件	世界各地	Internet 网络 TCP/IP 协议 BT 协议 P2P 模式	专用支持 BT 协议的服务器 关系数据库	二进制文件 BT 协议文件	Python/C/Java ……	文本数据 多媒体数据

表中几个因素存在互相影响或决定关系,在下节进行详细介绍。

1.3　网络信息系统技术框架

本小节首先讨论信息系统的内在组成要素,在此基础上定义实现信息网络应用的系统架构,使读者了解架构间的有机联系。

1.3.1　信息系统组成要素

抛开技术手段,来看看信息系统中使信息发挥作用、相互交流的自身组成。

早在几千年前,在没有现代化的信息技术时,就有大家熟知的一个早期最经典的信息系统——烽火台报警系统,为了防备敌人入侵,采用"烽燧"作为边防告急的联络信号,在各国从边疆到腹地的通道上,每隔一段距离,筑起一座烽火台,接连不断,台上有桔槔,桔槔头上有装着柴草的笼子,敌人入侵时,烽火台一个接一个地燃放烟火传递警报。每逢夜间预警,守台人点燃笼中柴草并把它举高,靠火光给领台传递信息,称为"烽";白天预警则点燃台上积存的薪草,以烟示急,称为"燧"。古人为了使烟直而不弯,以便远远就能望见,还常以狼粪代替薪草,所以又别称狼烟。朝廷规定:天子举烽燧各地诸侯必须马上带兵前去救援,共同抵抗敌人。由此可见,烽燧制度的实施,意味着古时就已出现了庞大而又完善的军事信息系统。

同样在早期,人们用旗语进行海上舰船联络,或用旗语指挥部队变阵和进行战斗。通过旗子的颜色、数量,挥动旗子的方向(上、下、左、右和倾斜的角度)等组合,定义要传达的信息的含义,由站在高处的旗令兵肉眼获得信息,再向下一站旗令兵传递出去。明确的信息含义约定和实施规则组成较完善的旗语指挥变阵信息系统。

1.2节中的BT文件共享系统是现代网络信息系统,采用视频、音频等计算机识别的文件存储原始信息,用约定协议定义"种子"文件,作为描述原始信息的元信息,它通过TCP/IP网络协议之上的P2P模型网络传递信息,为最终用户能够下载或在线观看视频和收听音频提供保障。

信息系统中,信息总是与一定的形式相联系,这种形式在古代可以是特殊声音,如钟声、鼓声、鞭炮声等,也可以是灯光、火光,如孔明灯、烽火台等,在近现代可以是语音、图像、文字文件等。一定形式的信息传递到某个或某些目的地才能够发挥效用。

在现代通信中传递的信息一定要"数据化",无论什么内容,一定要通过某种数据的形式传递到对端,无法用数据描述的信息是无法传递的,如气味。数据的形式要明确描述信息含义并便于传递。信息系统的根本目的是描述信息、处理信息、控制信息流向,实现信息的效用与价值。尽管随着时代的发展,原始信息的描述方式逐渐变化,信息传递手段越来越快捷,但是信息系统内在的要素却是不变的,这是信息的本质与人类对信息的需求决定的。信息系统的组成要素包含3个部分,定义为信息系统三要素:

- 信息含义定义;
- 信息传递工具;
- 信息传达接口。

"信息含义"是信息的价值体现,"信息含义定义"包括信息的含义及定义含义的方法;"信息传递"是指信息提供者根据用户的需求,有针对性地传递给信息接收者的过程,信息传递的目的是使信息用户及时、准确地接收和理解信息,信息传递工具决定信息传递的范围、速度和质量;"信息传达接口"是最直接的信息传递者,它和信息传递工具密切相关。

在烽火台报警系统中,信息含义是战况,定义方法是烟火;信息传递工具是烽火台、空气、光波;信息传达接口是值班哨兵用肉眼观看烽火台上的烟火。在旗语变阵系统中,信息含义是队形,定义方法是旗子的颜色、角度等;信息传递工具是空气、光波;信息传达接口是旗令兵用肉眼观看旗子的运动过程。在 BT 文件共享系统中,信息含义是某个影视剧或歌曲,定义方法是视音频文件和元信息文件(种子文件);信息传递工具是 Internet 网络;信息传达接口是各个计算机上运行的程序。

信息系统的三要素一直随着社会科学技术的发展而发展变化着。信息含义定义,从狼烟、旗语的定义一直到现在的计算机信息描述;信息传递工具从烽火台、驿站到现在的计算机网络;信息传达接口从人的眼观、耳闻到现在的计算机程序交互,由此可见,信息系统的实现方法、应用范围与网络技术有着相辅相成的关系。

1.3.2 网络信息系统技术架构

当前信息系统在网络环境下运行,信息处理技术的改变,带来了信息系统各要素的相应改变,比如为了在 Internet 网络传递信息,信息含义定义方法在原来的计算机文件、数据库文件的基础上增加了 HTTP 协议支持的 HTML 文件、可读性强的 XML 文件等;信息传递工具由烟火、旗语,到纸质文件,再到网络;信息传达接口由原来的肉眼到单机程序再到网络程序。网络环境下,信息系统需要一系列新的技术支撑,本节将给出一个网络信息系统的技术架构,使读者对整体的架构有个宏观的认识。

网络信息系统覆盖范围很大,每个系统的应用领域和应用目标各异,应用所涉及的环节和角色繁多,凡是在网络环境下通过信息交互实现的系统都可以称为网络信息系统,因此支持网络信息系统的技术是综合的、多层次的。

网络信息系统要在网络环境框架下,利用网络基础设施,在必备的系统环境下实现针对应用目标的信息服务软件。网络信息系统技术框架由网络环境框架、系统环境框架及信息应用服务框架三部分组成,如图 1-12 所示。图中被标为阴影的部分为本书重点讲述内容,用方框圈起的部分为本书在不同程度介绍的内容,二者构成一个从底向上的支持网络信息系统的关键技术子集。

1. 网络环境框架

网络环境框架包含物理网络基础、网络传输协议、网络应用体系结构。网络信息系统一般根据信息应用范围选择已建设的物理网络,如局域网、Internet 等,它是信息系统的传输通道,是信息交互及流动的载体;网络传输协议是网络中计算机间通信的约定,是网络节点进行信息共享的理论保障;网络应用体系结构决定网络节点间程序(进程)通信的模式及共享信息的存储位置,它直接影响信息访问效率、信息访问安全等问题。实验室科研项目管理系统的网络基础是局域网,网络体系结构是客户机/服务器(C/S)模式;网上书店的网络基础是 Internet 网络,网络应用体系结构是浏览器/服务器(B/S)模式。

2. 系统环境框架

系统环境框架是开发信息系统的软件支持环境,包括操作系统、数据库管理系统和网络环境下通信主体的通信平台。操作系统完成计算机所有软硬件资源的协调和管理,操作系统中的网络功能是网络传输协议的实现者,保证网络节点间的通信实现;数据库管理系统承担共享信息的结构化组织、存储、维护及检索；网络通信平台支持网络计算机中应用程序间不同的信息交互方式。在1.2.1的实验室科研项目管理系统中，服务器和各个终端采用Windows系列操作系统，数据库管理系统采用Oracle，局域网节点间的通信没有依托特殊的通信平台，采用操作系统中的进程通信方法。

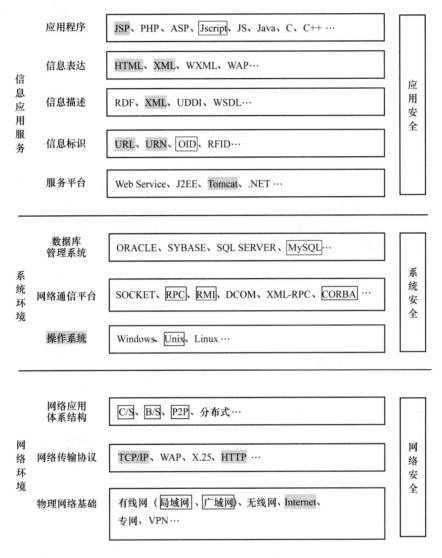

图1-12 网络信息系统技术框架

3. 信息应用服务框架

信息应用服务框架是网络信息系统技术框架的最上层，是最直接与信息应用者交互的部分，包括服务平台、信息标识、信息描述、信息表达和应用程序。服务平台承载信息应用软件，支持应用软件运行，决定应用软件的工作模式，如Tomcat是支持JSP运行的Web应用服务器；信息标识保证网络环境下信息的唯一、定位（URL、URN、OID），并且负责网络程序的定位及链接；信息描述提供信息及信息服务的描述方法，包括描述信息的网络位置（RDF等）、信息的语义和结构（RDF、XML等）、信息服务的注册信息（UDDI）及信息服务的属性（WSDL），保证用户在网络环境下可以兼容地使用信息及信息服务；信息表达相关技术保证信息在不同的网络环境下得以显示,如 Web 浏览器中信息的显示(HTML、XML 等)、移动终端上的信息显示(WXML 等);应用程序是完成信息应用服务的实体,它集前述所有功能于一体,完成不同网络协议、网络结构下的网络节点通信,进行数据组织、维护及检索,将定义的信息及服务提供给信息应用的用户,等等,应用程序可以由很多程序设计语言来完成。在网上书店的例子中,服务平台是 Tomcat,信息标识采用 URL,信息描述采用数据库及 XML 文件,信息表达采用HTML 及 JSP 编程语言。

4. 信息安全

信息安全是信息系统的一个关键问题,不论在哪一层次的框架中,都存在着安全问题,包括网络安全、系统安全及应用安全,不同层次中有不同的技术,它们互相结合保证信息在网络环境下的安全应用。

网络信息系统框架中的三部分存在互相影响甚至决定的关系,总的原则是底层框架的选择影响上层框架的选择,具体到各个因素间的关系要复杂一些,如图 1-13 所示。

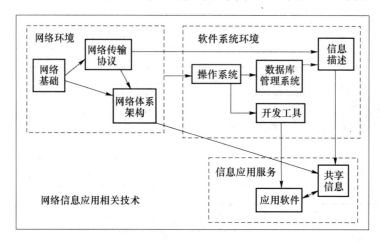

图 1-13　网络信息系统框架各因素关系

图 1-13 中,"网络基础"由用户或设计者根据信息应用范围选取,"网络基础"决定"网络传输协议"和"网络体系架构","网络体系架构"也可能受"网络传输协议"的影响,由"网络传输协议"决定;左上角的虚线框"网络环境"决定右上角虚线框"软件系统环境"中的"操作系统"选型,"操作系统"进而决定"数据库管理系统"和"开发工具"的选择;"信息描述"的结构化模型由"数据库管理系统"决定,"信息描述"还会因为"网络传输协议"的不同有不同的组织方式,例如,如果网络信息系统的"网络传输协议"采用 HTTP,那么可以由 XML 语言组织"信息描述";"开发工具"直接完成"应用软件";"共享信息"按照"信息描述"方法定义,"共享信息"的存储位置与"网络体系架构"有关,例如,在 P2P 网络架构下,共享信息存放在网络上的各个节点中。

1.4　本章小结

本章通过信息系统的实例,分析了网络信息系统的相关基础技术及它们之间的关系,给出了信息及信息系统的概念,定义了信息系统的内在组成要素,重点介绍了现代网络环境下的信息系统技术框架构成,使读者对网络信息系统技术基础有一个较全面的了解。

第2章 操作系统与进程通信

操作系统是计算机最核心的系统软件,也是网络信息系统框架中系统环境的基础,它负责计算机资源管理,负责网络节点的资源协调,保证网络通信协议的实现。操作系统中的进程概念是理解网络通信的基础,操作系统中文件的管理方法(目录)是理解网络应用层协议及信息组织方法的基础。本章介绍操作系统在计算机及计算机网络中的作用及原理,着重讲述进程及进程通信、文件目录组织及操作系统的网络功能。

2.1 操作系统概述

2.1.1 操作系统概念

1. 裸机与虚拟机

计算机已经是 21 世纪人们经常使用的工具,每一个使用过计算机的人,都以用户的身份使用过操作系统。因为用户使用的计算机是计算机硬件之上装配了操作系统等软件的计算机系统。计算机本身是硬件设备的组装,包括主机、键盘、显示器、鼠标、导线、网络接口卡等。这些配件装配好,通上电,是无法工作的,它既不能从键盘接收字符,也不能在屏幕上显示数据,更不用说执行程序了,人们很难与这些电子元件直接通信,我们把这种计算机叫作裸机,一个裸机的功能即使很强,往往也是不方便用户使用的,功能上也是有局限的。

用户如果想方便地使用计算机,就必须在裸机之上配装相关的软件,软件在硬件基础之上对硬件的性能加以扩充和完善,使之成为一台完整的计算机,我们称为虚拟机,如图 2-1 所示。

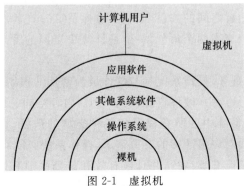

图 2-1 虚拟机

2. 系统软件与应用软件

现在一个完整的计算机系统,不论是大型机、小型机或微型机,都由两大部分组成:计算机的硬件部分和计算机的软件部分。通常硬件部分指计算机物理装置本身,它可以是电子的、电的、磁的、机械的、光的元件或装置,上面说的裸机即指这些物理装置构成的硬件。按照计算机的功能,计算机的基本硬件系统由控制器、运算器、存储器、输入设备和输出设备组成,如图 2-2 所示;而软件是针对硬件而言的,它是指计算机硬件完成一定任务的所有程序及数据。

计算机软件又分为两大类,即系统软件和应用软件(图 2-3),系统软件为计算机使用提供最基本的功能,用于计算机的管理、维护、控制和运行,以及对运行的程序进行翻译、装入、多媒体服务、网络通信等服务工作,是计算机运行所必需的,并不针对某一特定应用领域。而应用软件则恰好相反,是指那些为了某一类的应用需要而设计的程序,不同的应用软件根据用户和所服务的领域提供不同的功能。

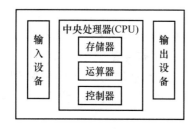

图 2-2 计算机基本硬件系统

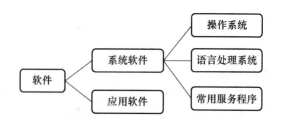

图 2-3 计算机软件构成

系统软件本身又包含三部分,即操作系统、语言处理系统和常用服务程序。操作系统是最接近硬件的部分,负责管理计算机资源,是计算机裸机与其他软件的接口;语言处理系统包括各种语言的编译程序、解释程序和汇编程序;常用服务程序的种类很多,通常包括数据库管理系统、存储介质间的复制程序等。

应用程序	
编辑程序	数据库管理系统
编译程序	汇编程序
操作系统	
裸机	

图 2-4 计算机软件层次结构

软件之间的关系是层次结构的关系,一部分软件的运行要以另一部分软件的存在为基础,并为其提供一定的运行条件,而新添加的软件可以看作在原来那部分软件基础上的扩充与完善,如图 2-4 所示。

3. 操作系统概念及目标

在计算机领域中,从裸机到用户之间有多层软件,通常将接近设备的软件称为底层软件,将接近用户的软件称为上层软件。操作系统是最接近硬件的、最底层的系统软件。

操作系统是系统软件的基本部分,它统一管理计算机资源,协调系统各部分之间、系统与使用者之间、使用者与使用者之间的关系,以利于发挥系统的效率,使系统方便使用。

从定义可见,操作系统充当两个角色,一个是计算机资源的管理者,一个是用户与计算机硬件的连接者。

作为计算机资源的管理者,操作系统是与硬件最为密切的程序,可以说操作系统是一个资源分配器。在现代计算机系统中,硬件资源包括 CPU、内存空间、文件存储空间、I/O 设备;软件资源包括存在于计算机系统中的所有程序和各种类型的数据,在操作系统中统称为文件。操作系统管理这些资源,面对许多冲突的资源请求,操作系统必须决定如何为各个程序和用户分配资源,以便计算机系统能有效运行,并且最有效和最公平地利用资源。例如,用户在一台计算机上(单 CPU)正在浏览网页,又开了一个窗口运行程序,还有一个窗口进行 QQ 聊天,每一项工作都是在 CPU 上运行的一段程序,一个 CPU 如何分配给 3 个程序运行使用? 这就需要操作系统发挥计算机资源管理功能。

作为用户与计算机硬件的连接者,操作系统为用户提供使用系统硬、软件资源的良好接口。用户对操作系统的内部结构并没有多大的兴趣,他们最关心的是如何利用操作系统提供的服务来有效地使用计算机。在用户眼里,它应能为用户提供比裸机功能更强、服务质量更高、更方便灵活的虚拟机器。举一个程序员通过计算机运行程序的例子,程序员要完成编辑、编译、运行程序等多个工作步骤,如图 2-5 所示。

如果将这些事情交给每个用户自己完成,不仅大大增加了用户的工作量,而且还会产生各种各样的错误,使计算机系统的可靠性和效率大大降低,甚至导致整个系统无法使用。因此操作系统将这些功能集中起来,统一编写、统一管理,提供给所有用户使用。

其中,1、2、3、5 步都由操作系统提供接口工具完成相应工作。现以磁盘操作系统(DOS,Disk Operation System)完成第 1 步为例,分析操作系统完成的工作。在用户输入程序编辑器的名字时,操作系统将其作为命令接收后进行判断,之后转入相应的处理程序,操作过程如图 2-6 所示。

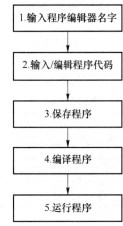

图 2-5　编辑、编译、运行程序的工作步骤

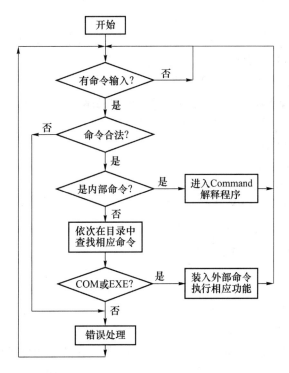

图 2-6　DOS 操作系统的命令管理

操作系统的设计目标如下。

- 有效性:提高资源利用率。操作系统充分合理地管理和分配系统内的各种软硬件资

源,提高整个系统的使用效率和经济效益。

- 方便性:方便用户使用。操作系统将裸机转变成一台用户易于使用的、功能更强的、服务质量更高的、更灵活安全可靠的虚拟机。
- 可扩充性:能适应硬件的发展,容易升级。便于增加新的功能层次和模块,并能修改老的功能层次和模块。
- 开放性:使应用程序具备可移植性和互操作性。为使来自不同厂家的计算机和设备能通过网络加以集成化,并能正确、有效地协同工作,必须具有统一的开放环境,进而要求操作系统具有开放性。

2.1.2 计算机结构与操作系统的产生

了解操作系统的发展历史,有助于理解操作系统的关键性设计需求,也有助于理解现代操作系统的基本特征。在研究操作系统的形成和发展之前,需要对计算机系统的结构有一个全面的了解。

1. 计算机系统结构简介

一台计算机由处理器、存储器、输入/输出(I/O)设备和系统总线等部件组成,这些部件以某种方式互相连接(一般为系统总线),共同实现计算机执行程序的功能,各个部件作用如下。

处理器:控制计算机的操作,执行数据处理功能。当只有一个处理器时,它通常指中央处理器(CPU)。

主存储器:存储数据和程序。这个存储器是易失的,通常称为主存储器或内存。

I/O设备:在计算机和外部环境之间移动数据。外部环境由各种外部设备组成,包括辅助存储器设备(通常为磁介质、光介质存储设备)、通信设备和终端、键盘、鼠标等。

系统总线:为处理器、主存储器和I/O设备间的通信提供的一些结构和机制。

现代通用计算机系统涉及的I/O设备很多,由设备控制器来管理,每个设备控制器负责一种特定类型的设备(如磁盘驱动器、音频设备、视频显示器)。CPU与设备控制器可以并发工作,并竞争内存周期。为了确保对共享内存的有序访问,需要内存控制器来协调对内存的访问。这些部件都是计算机硬件资源。

2. 操作系统的发展历史

从1946年世界上第一台计算机出现,到操作系统产生,在时间上经历了3个主要阶段:1946年~20世纪50年代中期无操作系统阶段;20世纪50年代后期简单操作系统阶段;20世纪60年代单CPU多道环境操作系统产生。正如2.1.1小节所说,操作系统最基本的目标是提高资源利用率和方便用户使用,因此在操作系统发展过程中,几个关键的技术阶段可以总结为:程序切换方式的变化——从手工处理到机器自动调度;多设备运行关系的变化——从串行运行到并行运行;程序运行方式的变化——从单道程序到多道程序。

(1)程序切换方式:从手工处理到机器自动调度——解决人机矛盾

20世纪40年代后期~20世纪50年代中期,是早期的计算机发展阶段,这期间称为第一代电子管计算机时代,当时还没有操作系统,程序员都是直接与计算机硬件打交道的,使用方式是用户独占计算机,每次只能一个用户使用计算机,一切资源由该用户占有。每台机器由控制台控制,控制台包括显示灯、触发器、某种类型的输入设备和打印机。用机器代码编写的程序通过输入设备(如卡片阅读机)人工控制载入计算机。如果程序运行出现错误,程序终止,错误提示由显示灯指示。程序员修改错误后,重新输入程序。如果程序正常完成,输出结果在打印机上打印。

　　计算机的主要工作是运行程序,程序的运行时间是机器的必须开销,除此之外,此时计算机的最大时间开销主要有两个:一个是运行程序间的调度时间,另一个是程序(作业)的准备时间。第一类时间开销,可以通过一定方法减少程序占用机器时间的浪费,比如每个用户为运行的程序预定使用机器的时间和时长,机器按照这个预定表调度程序,一个程序运行时间如果比预定时间短,空余的时间会浪费,相反,如果超时则会被强制停止,但是程序切换还需要人为干预;第二类时间开销只能由程序员将编写好的程序机器码穿成卡片,由卡片阅读机将程序装入内存。解决以上两类时间开销问题都需要人工介入,人工的速度相对于机器来说非常慢,所以产生了人机矛盾。

　　早期的机器非常昂贵,因此最大限度地使用机器非常重要,由于调度和准备而浪费的时间是难以接受的。为了提高机器利用率,人们开发了一个程序运行监督程序来解决第 1 个问题,由该程序来取代预定时间调度,监督程序实时了解程序运行状态,如果正在运行的程序出错或结束,监督程序自动调度下一个程序运行,实现自动的串行调度处理,在一定程度上解决了人机矛盾,后来称这种监督程序为批处理操作系统的雏形。根据这一雏形,20 世纪 50 年代中期由通用汽车公司开发了第 1 个批处理操作系统,也是第 1 个操作系统,在 IBM701 上运行。

　　(2) 多设备运行关系:从串行运行到并行运行——提高资源利用率

　　程序调度监督程序,实现了程序自动调度执行,解决了程序间人工调度或按预定时间表执行所浪费的时间,计算机的使用效率提高了,但是处理机仍然经常空闲。问题在于,一个程序计算的内容是依靠输入设备输入的,相对于处理器来说,I/O 设备速度太慢,造成 I/O 设备工作时,CPU 长时间空闲。看一个程序执行的例子,程序的任务是处理一个记录文件,每读一条记录后进行处理,之后进行输出。处理器的处理能力是平均每秒处理 100 条指令,图 2-7 给出了一组有代表性的数据,描述处理机的运行情况,整个工作时间中,计算机用 96.8% 的时间等待 I/O 设备读写数据,造成的浪费很明显。

从文件中读一条记录	0.001 5 s	I/O 工作,处理机等待
执行 100 条指令	0.000 1 s	处理机工作
向文件中写一条记录	0.001 5 s	I/O 工作,处理机等待
总计	0.003 1 s	
CPU 利用率=0.000 1/0.003 1=0.032=3.2%		

图 2-7　I/O 速度与 CPU 速度比较

　　这个问题是由作业的输入/输出联机(简称联机 I/O)造成的。所谓联机 I/O 是指由 CPU直接控制 I/O 设备,其工作过程是,程序员把写好的程序交给操作员,操作员把一批作业穿装到纸带上,输入设备(输入机或读卡机)读取纸带上的程序,将其写到磁带上,监督程序读取(CPU 直接控制)磁带数据装入内存运行;程序结束时,监督程序读取(CPU 直接控制)磁带上结果到输出设备。也就是说,作业从输入机到磁带,由磁带调入内存,以及结果的输出打印都是由 CPU 直接控制的(联机),如图 2-8 所示。在这种联机操作方式下,随着处理机速度的不断提高,处理机和 I/O 设备的速度差距形成了一对矛盾。因为在进行输入或输出时,CPU 是空闲的,使得高速的 CPU 要等慢速的 I/O 设备,从而不能发挥它应有的效率。为了克服这一缺点,在批处理系统中引入了脱机输入/输出(简称脱机 I/O)技术,即 CPU 不直接控制 I/O 设备,而是采用一个简单的外围机控制 I/O 设备,输入时,外围机将代码从低速 I/O 设备(如纸带机)读取到高速 I/O 设备(磁盘或磁带)中,输出时,外围机将代码从高速 I/O 设备(磁盘或磁带)读取到低速 I/O 设备(如纸带机)中,而 CPU 只与高速 I/O 设备交换数据,从而减少对 I/O 设备的依赖性,如图 2-9 所示。

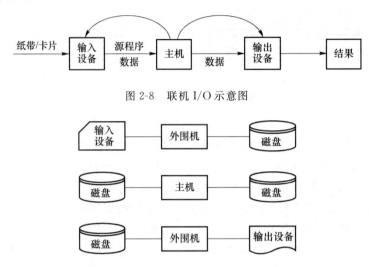

图 2-8　联机 I/O 示意图

图 2-9　脱机 I/O 示意图

　　为了消除而不是仅仅减少计算机处理效率对 I/O 设备的依赖性,必须使 I/O 和 CPU 并行处理,并行处理是在通道和中断两种硬件的帮助下得以实现的。通道是专门用来控制 I/O 设备的处理器,称为输入/输出处理器(简称 I/O 处理器);中断是可以中断/恢复 CPU 工作的机制。与主机相比,通道速度较慢,价格较便宜。它可以与 CPU 并行工作。当要传输数据时,CPU 只要命令通道去完成 I/O 工作,自己仍做计算工作,当通道完成传输工作后,用中断机构向 CPU 报告 I/O 工作完成情况,CPU 中断原有工作,转而完成接收/输出数据工作。这样,CPU 和 I/O 设备就可以并行工作,而不必让 CPU 空闲等待低速 I/O 设备工作,在很大程度上提高了资源的利用率。

　　(3)程序运行方式:从单道程序到多道程序——从根本上提高设备利用率

　　设备上的并行操作,初步解决了高速处理机和低速 I/O 设备的矛盾,提高了计算机的工作效率,但是不久又发现,这种并行是有限的,并不能完全消除 CPU 对 I/O 的等待。因为到目前为止,所讨论的计算机运行环境都是资源为一个程序所独占的环境(称为单道程序环境),在这种环境下,即使设备可以并行,由于内存中只有一个用户作业运行,CPU 在等待通道控制 I/O 的过程中,无事可做,仍然处于空闲状态。那么,为了提高设备的利用率,能否在系统内同时存放几道程序呢? 这就引入了多道程序的概念。所谓多道程序,是指在计算机内存中同时存在几道已经运行但尚未结束的相互独立的程序。

　　在多道环境下,CPU 在等待一个作业传输数据时,就可以转去执行内存中的其他作业,从而保证 CPU 以及系统中的其他设备尽可能被充分利用,图 2-10 所示为 2 道程序运行时 CPU 的利用率比单道运行有所提高。

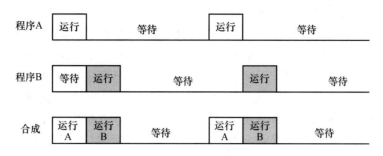

图 2-10　多道程序运行时 CPU 利用情况

3. 解决多道程序共享资源——操作系统的产生

多道程序设计的思想使设备利用率从根本上得到解决,但是,内存中存放多个作业,多个作业共享系统的所有资源,给系统带来一系列复杂的问题,例如,内存如何分配给多个作业? CPU 如何为多个作业所用? 不仅计算机的硬件资源,软件资源也面对如何为多道程序共享使用的问题。总的来说,多道程序环境下,需要解决以下问题:

- 处理机管理问题;
- 内存管理问题;
- I/O 设备管理问题;
- 文件管理问题;
- 作业管理问题。

解决这些问题是计算机有效工作的根本,需要专门的机制,因此操作系统产生了,这些问题恰恰就是操作系统要解决的问题。接下来就要在一个 CPU、一个内存、一套外设的环境下讨论操作系统的基本功能及作用。

2.1.3　操作系统的组成及功能

为了解决多道环境的计算机资源分配问题,操作系统定义为系统软件的基本部分,它统一管理计算机资源,协调系统各部分之间、系统与使用者之间、使用者与使用者之间的关系,以利于发挥系统的效率,使用户方便使用系统。

操作系统主要由五部分组成,如图 2-11 所示,它们的功能包括处理机管理、存储器管理、设备管理、文件管理、用户接口(早期还有作业管理功能)。前 4 个功能主要是为了有效管理利用系统资源,最后的用户接口功能是为用户使用计算机提供方便。下面以单机多用户(多作业)为运行环境讨论操作系统的功能。

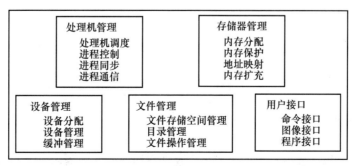

图 2-11　操作系统组成

处理机管理,面对多道程序环境,处理机管理最主要的问题是如何将一台处理机分配给多个程序使用。既要做到多个程序能够及时运行,又要做到处理机得到最充分的利用。操作系统处理机管理采用一种微观上串行、宏观上并行的操作方式,按照一定策略将处理机分配给要求的用户程序使用,解决处理机什么时间分配给哪个作业,分配多长时间,下一个轮到谁等问题,主要完成进程管理和调度,具体包括进程控制、进程同步、进程通信、进程调度等功能。

存储器管理,主要指内存储器管理,在采用多道程序设计的系统中,要决定将哪一部分内存分配给哪一道作业,分配多少空间。既要包括物理空间的分配,又要包括逻辑空间的扩充,并且考虑内存保护及数据安全,等等,具体包括内存分配、内存保护、地址映射、内存扩充等功能。

设备管理是操作系统最复杂的部分,计算机的设备种类繁多、物理特性差异巨大、使用方法各异,设备管理功能要在多道环境下保证所有设备都可以并行工作,并且要为多个用户程序共享。设备管理不仅要解决设备分配问题,还要解决设备分配的无关性,能够按照各类设备的不同特点和不同策略把设备分配给要求的作业使用,具体包括假脱机、缓冲管理等功能。

文件管理,确切地说是信息资源管理,包括系统中各类程序和数据,它们都是以文件的形式存储在外存储器中的,因此通常称为文件管理,这是操作系统对最接近用户的资源的管理。文件管理主要管理文件存储器及文件用户接口,具体包括文件的逻辑组织和物理组织、文件存取、文件目录以及对文件使用操作等功能。

以上的操作系统功能都是对计算机资源的管理,目标是有效协调、使用资源;操作系统的另一大目标——方便用户使用,由用户接口完成,它支持用户与操作系统之间进行交互,提供用户交互式接口及程序编程接口。

操作系统作为一个大型的系统软件,尽管随着时间的推移和技术的进步,操作系统在持续发展,不断加入新的功能和特性,但是从构成元素来看变化不大,只减少了初始时的作业管理功能。

操作系统的基本组成部分各有功能,但是相互之间并不是独立的,它们协同工作,共同完成操作系统的总任务。例如,用户通过操作系统提供的接口发出打开文件命令,文件管理模块接收文件名字,通过目录找到文件在磁盘中的所有存储单位的实际位置(物理地址),设备管理模块使用这些物理地址从磁盘上读取文件,即将文件读入内存供程序使用,内存管理模块要保证内存中有足够的空间来存储该文件,而处理机管理模块负责分配处理机来完成 I/O 操作。

操作系统作为软件,其软件架构有多种,包括最早的简单层次模块结构,以及现在的微内核、客户机/服务器结构,等等。

2.1.4　操作系统的特征

操作系统具有以下 4 个主要特征:
- 并发性(Concurrence);
- 共享性(Sharing);
- 虚拟性(Virtual);
- 异步性(Asynchronism)。

1. 并发性

从一般意义来说,并发性是指两个或多个事件在同一时间间隔内发生,对多道环境下的计算机系统来说,并发是指在一段时间间隔内,多道程序"宏观上同时运行",在这种现象下,操作系统体现了多种并发:内存中同时存放多道程序;多道程序同时处于运行状态;CPU的计算工作与I/O设备的输入/输出工作并发。因此,操作系统是一个并发系统的管理机构,其本身就是与用户程序一起并发执行的。

2. 共享性

多道环境下,一个角度是多个程序并发执行,另一个角度就是系统中的资源可供这多个并发的程序(进程/线程)共同使用,即共享,包括并发程序对CPU的共享,对内存的共享,对外部存储器的共享,以及对系统中的数据(文件)的共享。

3. 虚拟性

虚拟的本质含义是通过某种技术把一个物理对象实体变为若干个逻辑上的对应物。如通信领域的时分复用和频分复用。虚拟性之所以成为操作系统的特性,是因为多道环境下存在多种虚拟技术,包括虚拟机、虚拟内存、虚拟设备等。例如,虚拟机技术,简单说是把一个物理意义的CPU变为多个逻辑上的CPU,并使得在单个物理CPU上运行的多道程序都感觉到它自己独占一台CPU。

4. 异步性

异步性或称为不确定性(Indeterminacy),是指在操作系统控制下,多道并发程序(进程)是以人们不可预知的速度异步向前推进的,它们的执行顺序和速度是不确定的,尽管每个程序正确运行的结果是固定的,但是各个程序运行过程是异步的、不可再现的。导致这些不确定性的原因包括多道环境的复杂性、进程的动态性,等等。

并发、共享、虚拟、异步是操作系统共同的特性,其中并发特性是操作系统最重要的特性,其他三个特性都是以并发为前提的。

2.1.5 操作系统的分类

计算机从最早的仅用于科学计算,发展到今天深入人类生活的各个领域,伴随其发展的也有操作系统。在世界范围内,人们熟知的操作系统多达数十种。操作系统的发展动力主要包括计算机资源利用率的不断提高、计算机体系结构的不断发展、计算机器件的不断更新换代、各类用户方便使用的需求等。在计算机广泛的使用领域中,人们对计算机操作系统的性能要求、使用方式也是不同的,按照性能特点和使用方式不同,对操作系统的分类方法也有很多。例如,可以按照机器硬件的大小分为大型机操作系统、小型机操作系统和微型机操作系统;还可以按照操作系统软件结构分为微内核操作系统、模块化操作系统、分层操作系统等。本书按照计算机运行环境来分别介绍两大类操作系统,一类是单CPU、非分布式环境下的操作系统,另一类是多个计算机协作环境下的操作系统。

1. 单CPU、非分布式环境下的操作系统

根据被广泛采用的典型分类方法,单CPU、非分布式环境下的操作系统分为三类:批处理操作系统、分时操作系统、实时操作系统。

(1)批处理操作系统

批处理操作系统是能够将作业按照它们的性质分批进行自动处理、无须用户干预并输出结果的操作系统。根据在内存中允许存放的作业数,分为单道批处理系统和多道批处理系统。

单道批处理系统的概念源于20世纪50年代初,系统将多个作业组织为一批处理,由外围机将其输入到磁带中,多个作业是串行执行的,系统每次只能接纳一个作业(单道)。单道批处理系统的特征是自动性、顺序性和单道性,其原理和机制与现代操作系统有较大差距。

多道批处理系统的特点体现在多道和批量两点上,多道是指内存存放多个作业,批量是指系统按照调度策略和原则同时从磁盘调入一个或一批作业进入内存运行。多道批处理系统特征是多道性、无序性和调度性。多道性是指内存中存在多道以及开始运行但尚未结束的程序;无序性是指多个作业完成的先后顺序不定;调度性是指作业调度、进程调度,即从磁盘到内存(作业调度)、获得 CPU 顺序(进程调度)都是遵循一定的调度策略的。现代操作系统已经没有作业调度功能了。

多道批处理操作系统具有如下优点:

- 提高资源利用率(CPU 和 I/O 设备);
- 系统吞吐量大,即单位时间内处理作业的个数多;
- 系统切换开销小,并发的多道程序共享 CPU,切换时需要的时空开销小。

(2) 分时操作系统

多道批处理操作系统十分注重对系统资源的利用,追求高的吞吐量,各类资源管理功能非常强,但是没有提供用户与作业的交互能力,用户无法控制其作业的运行,造成用户响应时间过长。例如,早期使用多道批处理操作系统进行人口普查计算,计算机可以发挥其效用,计算量巨大,作业(程序)投入运行,几十小时之后才出现结果,同时,新开发的程序难免有不少错误和需要修改的地方,用户要在几小时甚至几十小时之后才知道程序有错误,修改后,又要重新开始几十小时的运行周期,给用户带来极大不便。因此导致人们去研究一种能够使用户和程序之间具备交互能力的系统。在 20 世纪 60 年代初期,美国麻省理工学院建立了第一个分时操作系统,简称分时系统。

分时系统的产生,既是由人们对人机交互能力、共享主机的需求推动的,也是由终端技术的成熟促成的。分时系统是多用户共享系统,一般是一台计算机连接多个终端,每个用户通过相应的终端使用计算机。所谓分时,是把每个作业的运行时间分成一个个的时间段,每个时间段称为一个时间片,从而可以将 CPU 工作时间分别提供给多个用户使用,每个用户依次轮流使用时间片。时间片非常小,一般以微秒为单位,用户从键盘输入/输出比较慢,有时还需要停下来思考,而 CPU 处理速度很快,这样用户在多个时间片间切换时感觉不到间断性,以为自己独占计算机,这就从"微观串行"达到"宏观并行"的效果。分时系统具有以下特征。

- 同时性(多路性):若干用户可同时上机共享一个 CPU。系统允许将多台终端同时连接到一台主机上,并按分时原则为每个终端分配系统资源,提高资源利用率,降低使用费用。
- 独占性:系统用户之间互相独立工作,独占一台终端,互不干涉,虽然共享 CPU 及其他资源,但是每个用户感觉好像独占计算机系统。
- 及时性:用户的请求能在很短的时间内得到响应。
- 交互性:用户可根据系统响应结果,通过终端直接控制程序运行,同其程序之间可以进行交互"会话",请求多方面的服务。

多道批处理系统和分时系统都使用多道程序设计,现在的商业操作系统都同时具有多道和分时功能,一般把分时功能称为前台功能,批处理功能称为后台功能。

(3) 实时操作系统

某些领域(如军事、工业、多媒体等)要求系统能够实时响应并安全可靠,实时操作系统在这样的需求下诞生。因此实时操作系统是指当外界事件或数据产生时,能够接受并以足够快的速度予以处理,其处理的结果又能在规定的时间之内来控制生产过程或对处理系统做出快速响应,调度一切可利用的资源完成实时任务,并控制所有实时任务协调一致运行的操作系统。

实时操作系统的处理机制与分时操作系统的处理机制在底层原理上相同,但实时操作系统有其独特的要求,如在规定时间内完成特定功能等。实时操作系统通常包括实时过程控制和实时信息处理两种系统。前者如钢厂高炉控制、轧钢系统控制,后者如订票系统、联机情报检索等,目前随着数据库技术的发展,有学者将后者归为数据库应用系统。实时任务从不同角度有着不同的分类。

按任务执行时是否呈现周期性变化可将实时任务分为周期性实时任务和非周期性实时任务。对于周期性实时任务,外部设备周期性地发出激励信号给计算机,要求它按照指定周期循环执行,以便周期性地控制某外部设备。对于非周期性实时任务,外部设备所发出的激励信号并无明显的周期性,但都必须联系着一个截止时间,这个截止时间可分为开始截止时间和完成截止时间。

按对截止时间的要求来划分,可将实时任务分为硬实时任务(Hard Real-time Task)和软实时任务(Soft Real-time Task)。硬实时任务是指系统必须满足任务对截止时间的要求,否则将会出现错误,带来难以预测的后果(工业和武器控制系统常用)。软实时任务对截止时间的要求不那么严格,即使偶尔出现错过截止时间的情况,对系统影响也不会太大(信息查询系统和多媒体系统等常用)。

实时操作系统有为特定应用设计的也有通用的,很多通用的系统,如 IBM 的 OS/390、微软的 Windows NT 等,都有实时操作系统的特征。因此即使一个操作系统不是严格意义上的实时操作系统,它们也能解决一部分实时应用问题。

2. 多个计算机协作环境下的操作系统

多个计算机协作环境下的操作系统,典型的有网络操作系统(NOS,Network Operating System)、分布式操作系统。

早期,计算机网络刚刚出现,为了实现计算机在网络互连下的通信及协调工作,出现了网络操作系统。网络操作系统是网络用户和计算机网络的接口,它除了提供标准操作系统功能外,还管理计算机与网络相关的硬件和软件资源,提供网络管理和通信服务。网络相关的硬件诸如网卡、网络打印机、大容量外存等,为用户提供的服务包括文件共享、打印共享等各种网络服务以及电子邮件、WWW 等专项服务。目前所有操作系统都具有网络功能,因此都可以称为网络操作系统。

分布式系统是将一组物理上分布的计算机系统通过网络连接在一起,形成逻辑上统一的系统。系统中任意两台计算机可以交换信息,每台计算机都具有同等地位,既没有主机,也没有从机,每台计算机上的资源为所有用户共享,任何工作都可以分布在几台计算机上,由它们并行工作协同完成。用于管理分布式计算机系统的操作系统称为分布式操作系统,负责全系统的协调控制、资源分配、任务划分、信息传输等工作,并为用户提供统一的界面和标准的接口。分布式操作系统是计算机网络环境下的理想目标,但是实现这个目标非常复杂,因此目前还没有完全商用化的成熟的分布式操作系统。

2.2 进程及进程通信

进程是信息在网络环境下每个运行单元之间通信的基本单位,在多道环境下的操作系统中,程序并不能独立运行,作为资源分配和独立运行的基本单位都是进程,操作系统所具有的四大特征都是基于进程而形成的。进程是理解和控制系统并发活动的最基本、最重要的概念,本节介绍进程的概念及进程通信相关技术。

2.2.1 进程的引入

到目前为止,本书讨论计算机系统的运行程序时,有多种称呼,在批处理时称为作业,分时系统时称为用户程序或任务,大多数情况下又称为程序,这些称呼都关乎 CPU 的执行单元,那么到底应该如何称呼或描述所有这些 CPU 的活动呢?

其实在早期的计算机系统中一直采用程序这个概念,那时计算机系统只允许一次执行一个程序(单道程序),程序对系统有完全的控制权,能访问所有的系统资源。但是多道程序设计出现之后,多个程序可以同时在内存中存在,共享系统的所有资源,情况产生了变化,什么变化呢? 下面就从单道程序与多道程序的不同说起。

单道环境下的程序特点统称为顺序可再现性,包括顺序性、封闭性和可再现性。

① 顺序性:处理机的操作严格按照程序所规定的顺序执行,只有当一个操作结束后才能进行下一个操作。

② 封闭性:程序是在封闭的环境下执行的,即程序运行的环境资源只能由程序本身访问和修改,与其他程序无关;环境资源包括程序本身使用的变量,更多的是程序运行时占用的系统资源,如程序地址栈、指令计数器等。

③ 可再现性:一个程序只要它的运行条件(初始数据)相同,不论运行速度如何,其运行结果一定相同,不管是运行错误或正确,并且每次运行过程都会不变地再现。

在多道环境下,程序可以并发执行,它们共享系统的所有资源,不再具有如上的程序的顺序可再现性,相对于顺序性、封闭性和可再现性,体现出的是与时间相关的不确定性,包括间断性、失去封闭性和不可再现性。

① 间断性:对并发的程序的整体来说,它们相互制约,各程序在执行时间上是重叠的,即当一个程序还未执行完成,就开始了另一个程序的执行;对每一个程序来说,则出现"执行—暂停—执行"的间断特点。

② 失去封闭性:并发的程序共享系统的某些资源,所以,一个程序的环境可能会受其他程序的影响,或说,一个程序可能会改变另一个程序的环境,程序环境不再封闭。

③ 不可再现性:以上的两个特点造成的后果就是,并发程序的运行过程和结果不确定,即使运行的初始条件(数据)相同,它在运行过程中会受到其他程序影响,而且这种影响不可预期,也无法再现,因此运行过程和结果不可再现。

多道环境下的间断性、失去封闭性和不可再现性统称为不确定性,也称为与时间相关的特性。为了更好地理解不确定性,下面举两个不确定性的例子。

【例 2-1】两并发执行的程序 P1、P2,共享公共变量 N,程序如下:

```
Begin
 integer N;
 N:=0;
P1:                  P2:
begin                  begin
 L1:N:=N+1            L2:print(N);
```

```
        GOTO L1;                    N: = 0
     end;                        GOTO L2;
                              end;
      End
```

两个程序并发执行,共享公共变量 N,程序段 P1 不断累加变量 N;程序段 P2 打印 N 后,将 N 清 0。由于执行的顺序是不定的,所以两个程序并发执行的结果是不定的,也是不可再现的,充分体现了并发程序的间断性、失去封闭性和不可再现性。

运行结果:

7,0,0,100,0...?

2,4,5,0,0...?

?

【例 2-2】多窗口并发火车售票。假设一个火车订票系统程序,其中读取某车次车票余额并售出车票的程序片段为 ticketP,现在两个窗口 T1 和 T2 并发执行这段程序,两个并发程序必须共享某车次的剩余车票数的变量 tNum,tNum 是多个售票程序共享使用的环境。

程序如下:

```
ticketP
……

Read(tNum);            //从共享文件中读取车票数 tNum
if tNum≥1 then tNum--;  //如果还有余票,则售出,票数减1,假设每次只能售一张
else return(-1);        //如果无余票,票数不变,返回

Write(tNum);           //车票数据写回共享文件

… …
```

同时售票的两个窗口 T1 和 T2 并发执行这段程序,若每段程序不加约束各自按自己的速度执行,每一时刻代表一个 CPU 单位,在一个时刻里只能有一个程序执行,将 CPU 分为 6 个时刻 t0~t5,两个窗口运行的程序顺序可能有多种组合,出现多种执行序列,产生不同的执行结果。下面给出两种执行组合,一种产生正确的结果,一种产生不正确的结果,如图 2-12 所示。

时刻	t0	t1	t2	t3	t4	t5	
变量 tNum 值	1	1	0	0	0	0	共 1 张车票
窗口 T1 执行	Read(tNum)	tNum--	Write(tNum)				卖出 1 张
窗口 T2 执行				Read(tNum)	return(-1)		无票

(a) 正确的情况

时刻	t0	t1	t2	t3	t4	t5	
变量 tNum 值	1	1	1→0	0	0→-1	-1	共 1 张车票
窗口 T1 执行	Read(tNum)		tNum--	Write(tNum)			卖出 1 张
窗口 T2 执行		Read(tNum)			tNum--	Write(tNum)	卖出 1 张

(b) 不正确的情况

图 2-12　并发程序的结果不确定性示例

并发程序设定共享变量 tNum 的初值为 1,即有一张火车票,按照图(a)的运行组合,系统

中的这张车票由先执行的 T1 窗口卖出(t0~t2 时刻),t3 时刻窗口 T2 执行时,tNum 为 0,已经无票,程序返回,这个运行结果是正确的;图(b)显示的情况则不同了,尽管 T1 和 T2 正常执行,却把一张票卖给了两个窗口的两个旅客,这显然是错误的。分析原因是,窗口 T1 和 T2 运行的程序使用的变量是共享的,两个程序运行环境不封闭,T1 中的变量 tNum 可以由 T2 的程序修改,T2 中的变量 tNum 也可以由 T1 的程序修改,这样,T1 读到有 1 张火车票,T2 也读到有 1 张火车票,而 T1 将火车票卖出,修改了 T2 读到的变量值,而 T2 却不知,造成一票多售的情况。

这个例子充分表现了并发的程序有间断性〔在图(b)情况下,T1 和 T2 都是执行—暂停—执行状态〕,失去封闭性和结果不可再现性〔T1 和 T2 进程运行程序 ticketP,不可预知是什么样的组合序列,如果形成图(a)组合,结果正确;如果形成图(b)组合,结果不正确〕正是与时间有关的错误。因此对一组并发程序的执行过程必须进行有效的控制,否则会造成不正确的结果。

由此也看出,程序这个概念已经无法体现多道环境下并发的特点,因此需要引进新的概念,这就是"进程"。

2.2.2　进程描述及状态

为了刻画多道程序环境下系统内出现的情况,描述并发程序的特点及活动规律,引进了进程的概念。进程是操作系统中最基本、最重要的概念。处理机调度、内存分配、设备共享等功能都是以进程为单位(线程出现之前)。

1. 进程的概念及特点

进程这一概念至今未形成公认的定义,目前不同教科书中给出的定义主要有以下几种:

- 进程是程序的一次执行;
- 进程是一个程序及其数据在处理机上顺序执行时所发生的活动;
- 进程是程序在一个数据集合上的运行过程,它是系统进行资源分配和调度的一个独立单位;
- 可以与其他程序并行执行的程序的一次执行。

这些定义都从不同的角度提出了对进程的看法,总结起来,进程与程序有关,与程序的并发执行有关,与多道环境下系统资源的共享有关。

本书采用一种使用较广的描述:进程是进程实体的运行过程,是系统进行资源分配和调度的一个独立单位。

进程有以下 4 点特征。

① 动态性:这是进程的最基本特性,进程是程序的执行,有产生和消亡的状态变化。

② 并发性:进程是可以并发执行的程序,因此具有并发性。

③ 独立性:进程是可并发的,但是并发的进程间是相互独立互不干扰的。

④ 异步性:进程的运行是异步的,运行速度是无法预测、不可再现的。

2. 进程与程序

从概念来看,进程与程序有关又与程序不同,为了更好地理解进程,下面来比较进程与程序的异同。

① 进程是程序的执行过程,是动态的概念;程序是一组指令的集合,是静态的概念。

② 进程是程序的执行,因而它有生命过程,从投入运行到运行完成,所以进程有诞生和死

亡。或者说,进程的存在是暂时的,程序的存在是永久的。

③ 进程是程序的执行,进程包括程序和数据,一个进程可以顺序地执行多个程序;一个程序可以对应多个进程(即由多个进程共享),如"售火车票"的多个窗口,每个窗口存在一个进程,但是执行的都是一个程序。

3. 进程控制块及进程映像

进程是程序的一次执行活动,如何描述这一活动呢?操作系统设计了一个数据结构——进程控制块(PCB,Process Control Block)。

进程控制块是唯一标识进程存在的数据结构,包含了进程的描述信息和控制信息,是进程的动态特征的集中反映。操作系统根据进程控制块而感知进程的存在,所以说它唯一标识进程的存在。它的主要作用是使一个在多道程序环境下不能独立运行的程序(含数据),成为一个能独立运行的基本单位,一个能与其他进程并发执行的进程。每个操作系统的 PCB 内容不尽相同,但是以下内容是必须包括的。

- 进程标识符:唯一标识一个进程,有内部标识(操作系统内部赋予的标识名)和外部标识(用户自定义的标识名)。
- 进程状态信息:描述进程的动态性,包括运行、就绪、阻塞等状态。
- 进程执行现场信息:包括处理机状态,通用寄存器(R,Register)、指令指针寄存器(IP,Instruction Pointer)、程序状态字(PSW,Program Status Word)、用户栈指针等。
- 进程调度信息:状态、优先级、其他信息、等待事件(阻塞原因)。
- 进程控制信息:程序和数据的地址、同步和通信机制、资源清单、链接指针等。

进程的实体即进程映像,是由程序、数据和进程控制块组成的。程序描述了进程所要完成的功能,数据是进程在执行时的操作对象,这两部分是进程存在的物理实体,而进程控制块是进程存在的物理标志和体现。进程映像的三部分可以有不同的组合,如图 2-13 所示。

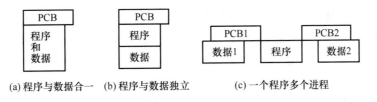

(a)程序与数据合一 (b)程序与数据独立 (c)一个程序多个进程

图 2-13 进程映像

其中:图(a)表示程序和数据捆绑在一起运行,这使程序无法处理其他数据,最不利于程序并发执行;图(b)表示程序和数据分离,但是目前也只有一个 PCB 标识,表示程序只对应一个进程;图(c)表示一个程序处理不同数据,对应多个进程,这是并发进程的进程映像的最一般形式。

4. 进程状态及状态变化

进程是程序的一次执行,是动态的,因此,进程从产生、存在到消亡是有不同的状态的,而且在进程的存在期间,由于系统中各个进程并发及相互制约的结果,所以它们的状态不断变化。通常一个进程有 3 种基本状态。

① 运行状态(Running):一个进程已获得处理机,正在执行。

② 就绪状态(Ready):一个进程得到了除 CPU 以外的所有必要资源,一旦得到处理机就可以运行,又称为逻辑可运行状态。

③ 阻塞状态(Blocked):一个进程因等待某事件发生(如申请打印机,打印机忙)而暂时无

法继续执行,从而放弃处理机,处于暂停状态,此时,即使该进程得到处理机也无法运行,又称为逻辑不可运行状态。

系统中不同的事件有可能引起进程状态的不同变化,如图 2-14 示。

图 2-14　进程基本状态变化

由图 2-14 可见,①当一个新进程被接纳,初始状态为就绪态。②处于就绪态的进程被进程调度程序选中后,分配处理机,转变为执行状态;③处于执行态的进程可以有 3 种状态变化:进程执行完成,转变为结束状态;系统分配给该进程的时间片到了,其转变为就绪态,等待再次调度;进程运行过程中由于等待某个事件,如申请打印机,而打印机正忙,或者等待某进程传来的数据未到,进程只能将自己阻塞,进入阻塞状态。④处于阻塞态的进程,若等待的事件发生,逻辑上可运行,则变为就绪态。

在不同的系统中,出于调度策略的考虑,可能将进程划分为更多的状态,如挂起状态。

2.2.3　进程控制

进程的状态变化是由操作系统的进程控制机构完成的,控制机构具有创建进程、撤销进程和实施进程间同步、通信等功能,控制机构是操作系统内核的主要部分。操作系统内核是计算机硬件的首次延伸,是加到硬件的第一层软件。内核由一些特殊的称为原语的程序段组成。原语是不可中断的程序段,它是一种特殊的系统调用命令,可以完成一个特定的功能,一般为外层软件所调用,其特点是执行时不可中断,在操作系统中原语作为一个基本执行单位出现。

进程控制的原语有:创建原语、撤销原语、阻塞原语、唤醒原语等。

1. 创建原语

创建原语创建一个新进程。通常,主要有 4 类事件会导致创建一个进程:①在批处理环境中,响应作业的提交会创建进程;②在交互环境中,当一个用户登录时会创建进程;③操作系统提供一项服务时,系统会创建一个系统进程提供服务,如用户请求打印操作,系统会创建一个管理打印的进程,使得原进程可以与打印进程并发执行;④用户请求创建进程时,也会创建进程。

一个进程生成另一个进程时,称前一个进程为父进程,生成的进程为子进程。一个系统运行初始只有一个进程,称为根进程,其后出现的进程都为根进程的子孙进程,随着系统运行,所有进程形成一棵进程树,如图 2-15 所示。

创建原语的主要工作是为被创建进程建立一个 PCB,分配进程标识符,形成 PCB。操作过程是:向系统申请一个空闲 PCB,然后为新进程分配请求的资源,根据父进程提供的参数以及获得的资源情况初始化 PCB,将新进程插入就绪队列。

操作系统创建进程的方式对用户和应用程序都是透明的。

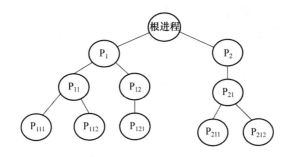

图 2-15　进程树

2. 撤销原语

撤销原语撤销或终止一个进程。通常有主要几类事件会导致撤销一个进程：①进程完成了运行任务正常终止；②进程由于错误而非正常终止；③进程由于其祖先进程的要求被撤销。撤销进程一般由父进程或祖先进程发出，给出的参数是进程标识符或优先级。如果一个进程被撤销，那么它的子孙进程必须先行撤销。

撤销原语的主要工作有两个：一是将被撤销进程及其子孙进程的所有资源（主存、外设、PCB）全部收回，归还系统；二是根据被撤销进程状态，决定是否重新调度 CPU 分配。具体操作过程为根据被终止进程的标识符，从 PCB 队列中检索出该进程的 PCB，以该进程为初始节点，寻找其所有子孙进程，从其子孙进程节点树的叶子节点开始向上逐一撤销每个进程，收回每个节点所占系统资源，将被终止进程的 PCB 从所在队列移除；判断在以上被终止的所有节点中是否有正在运行的进程，如果有，启动 CPU 调度程序，重新分配处理机。

3. 阻塞原语

创建原语和撤销原语解决了进程从无到有，从存在到消亡的变化，阻塞和唤醒原语则完成进程由"运行"到"等待"，由"等待"到"就绪"的变化。

当一个进程期待某一事件（如请求系统服务、启动某种操作、数据尚未到达、无新工作可做等）出现时，该进程就调用阻塞原语将自己置为阻塞（等待）状态。阻塞原语的主要工作是保存阻塞进程的现场，让出处理机，具体工作过程为，发现上述事件，调用阻塞原语把自己阻塞；停止进程的执行，修改 PCB 中的状态信息，把阻塞进程的运行环境信息保存在 PCB 中，并将其插入相应的阻塞队列；转处理机调度程序，选择一个进程运行。

4. 唤醒原语

当处于阻塞状态的进程所等待的事件出现时，由发现者进程调用唤醒原语唤醒该阻塞进程。引起唤醒的事件与引起阻塞的事件是相对应的。唤醒原语的主要工作是将阻塞进程从阻塞队列移到就绪队列，工作过程为，将该阻塞进程的 PCB 从阻塞队列中移出，修改 PCB 中的状态信息，再将其插入就绪进程队列中。

阻塞与唤醒要匹配使用，以免造成"永久阻塞"。

2.2.4　并发进程的相互制约——同步与互斥

并发是操作系统最基本的特征，多道环境下的操作系统支持进程并发，并发进程的运行面临很多问题，诸如进程间的通信、资源的共享与争用、多个进程运行速度的协调等，本小节讨论单机多道环境下的并发进程关系。

并发的进程既有独立性又有相互制约性。独立性是指各进程都可以独立向前推进；制约性则是指进程之间有时会相互制约。这种制约分为两种，一种是直接制约，一种是间接制约。直接制约源于进程间的合作，间接制约源于进程对资源的共享和争用。一般称进程的直接制约为同步关系，间接制约为互斥关系。进程间的同步与互斥需要操作系统设有控制措施，这是并发系统的关键问题，关系到操作系统的成败。

1. 互斥

当并发进程竞争使用同一个资源时，它们之间会发生冲突。比如，两个或多个进程在执行过程中需要访问同一个资源，它们之间没有任何信息交换，每个进程不知道其他进程的存在，并且每个进程也不受其他进程的影响。但是，一旦操作系统将这个竞争资源分配给其中一个进程，其他进程就必须等待，直到前者完成任务释放资源为止，这就是进程的互斥。

竞争资源的进程首先面临的是互斥的要求，这种要求与竞争的资源特性有关，某些资源由于其物理特性，一次只允许一个进程使用，不能多进程同时共享，我们称其为临界资源。多个进程之间需要互斥使用临界资源，即一个进程正在访问临界资源，另一个要访问该资源的进程必须等待，直到前者使用完毕并释放之后，后者才能使用。许多物理设备属于临界资源，如打印机、磁带机；许多变量、数据、队列也可以由若干进程共享使用，这时这些资源也是临界资源，被称为软临界资源，如车票文件。软临界资源互斥使用的原因是为了避免与时间有关的错误（如 2.2.1 节中的火车售票系统），导致错误的原因有两个：一是共享了变量（例中的车票数量变量），二是同时使用了这个变量。所谓同时是指在一个进程开始使用但尚未结束使用期间，另一个进程也开始了使用（例中的同时读出、写入车票数量变量）。

临界资源的物理特性是不能改变的，于是转而讨论访问临界资源的程序（进程），我们将一个进程分为两部分考虑：使用临界资源的程序和不使用临界资源的程序，并发进程在使用临界资源时必须互斥使用，而在不使用临界资源时则没有约束。为了控制进程的互斥，可将这两段程序从概念上分开，把访问临界资源的程序段称为临界区（CS，Critical Section），而把其他程序段统称为非临界区（non_CS），并且把与同一个临界资源相关联的临界区称为同类临界区。这样，互斥使用临界资源的问题就可以转变为控制不允许进程同时进入各自的同类临界区的问题。使用临界区的基本要求总结如下。

- 互斥进入：在共享同一个临界资源的所有进程中，在同一时间，每次至多有一个进程处在临界区内，即只允许一个进程访问该临界资源。
- 不互相阻塞：如果有若干进程都要求进入临界区，必须在有限时间内允许一个进程进入，不应互相阻塞，以至于哪个进程都无法进入。
- 公平性：进入临界区的进程要在有限时间内退出，不让等待者无限等待。

要想满足以上 3 个基本要求，应该在临界区前后都加以标识和控制，每一个进程的描述如下。

```
Repeat
        Non_CS;
        临界区入口控制代码 CS-inCode;
          CS;
        临界区出口控制代码 CS-outCode;
Until false
```

可以看出，解决互斥问题的关键在于临界区的入口控制代码和出口控制代码，计算机专家从 20 世纪 60 年代中期开始，不断提出代码中控制互斥的相应算法，不断改进，直到使用信号量机制和管程概念才为用户提供了简单的、成熟的解决互斥问题的方法。

2. 同步概念与同步问题

同步(Synchronism)是指有协作关系的进程之间需要调整它们之间的相对速度。例如,两个合作进程,计算进程(Computing)和打印进程(Printer),共同使用同一个单缓冲区(一个存储单位),Computing 进程对数据进行计算,并把结果送入单缓冲区;然后由 Printer 进程把单缓冲区的数据打印出来。这是两个具有协作关系的进程,在运行过程中存在一种制约关系:当计算结果未出来前,Printer 进程必须等待;反之,当上一次计算结果还在缓冲区未被打印时,Computing 进程不能向其中送入新的计算结果,计算进程必须等待。这就需要调整它们的相对速度,即同步。同步现象在计算机内到处可见,其实,互斥也是一种特殊的同步,而同步时共享的资源(缓冲区)也是临界资源,因此有时将同步和互斥面临的问题统称为同步问题。

为了有效管理进程的同步和互斥,实现进程互斥地进入自己的临界区,操作系统设置了专门的同步机制来协调各进程间的运行。所有同步机制都应遵循下述 4 条准则。

① 空闲让进。当无进程进入临界区,即临界资源处于空闲状态时,应允许一个请求进入临界区的进程立即进入临界区。

② 忙则等待。当已有进程进入临界区,即临界资源正在被访问,其他请求进入临界区的进程必须等待,以保证对临界资源的互斥访问。

③ 有限等待。对请求进入临界区的进程,应保证在有限时间内能够进入临界区,避免"死等"。

④ 让权等待。当进程不能进入自己的临界区时,应立即释放已占用资源,以免产生死锁。

2.2.5　信号量机制

在解决并发进程的同步和互斥问题的过程中,人们经过了许多尝试和探讨,在总结这些探讨的基础上,1965 年荷兰学者 Dijkstra 提出了信号量(Semaphores)机制,该机制可以很容易地被用户进程使用,是现代操作系统在进程之间实现互斥与同步的基本工具。它的基本原理是:两个或多个进程可以通过简单的信号进行合作,一个进程可以被迫在某一位置停止,直到它接收到一个特定的信号。任何复杂的合作需求都可以通过适当的信号结构得到满足,目前使用的是一种特殊的数据结构——信号量。

信号量是一个数据结构,它由一个信号量变量以及对该变量进行的原语操作组成,操作系统利用信号量实现进程同步与互斥的机制称为信号量机制。根据数据结构中定义的变量类型的不同,信号量也有不同的类型,这里主要讲整型信号量和记录型信号量。

1. 整型信号量机制

整型信号量机制中的数据结构——整型信号量由 1 个整型变量和 3 个操作组成,3 个操作如下。

① 初始化操作:可以将信号量变量初始化为非负整数。

② 原语操作 P(P 操作):判断信号量值,如果为 0,忙等待(判断-空操作),否则将信号量值减 1。

③ 原语操作 V(V 操作):将信号量值加 1。

P、V 操作的算法描述如下。

```
P(S)
    While S <= 0 do no-op;
    S: = S - 1;
```

V(S)：

   S：= S + 1；

P、V 操作都是原语操作，因此在运行过程中不能被中断。使用 P、V 操作作为进入临界区的入口控制代码和出口控制代码，可以有效实现临界资源的互斥使用。

【例 2-3】两个进程 P1、P2，共享临界资源 CR，同类临界区为 CS_1、CS_2。使用 P、V 操作作为 CS_1、CS_2 的入口和出口控制代码，二者共享信号量 mutex，进程算法如图 2-16 所示。

Cobegin
Semaphore mutex = 1;

P1:	P2:
Repeat	Repeat
P(mutex);	P(mutex);
CS1;	CS2;
V(mutex);	V(mutex);
non_CS1;	non_CS2;
Until false	Until false

Coend

图 2-16 使用整型信号量控制互斥

分析两个进程的一种极端推进顺序，如图 2-17 所示。

时刻	t0	t1	t2	t3	t4	t5	t6
mutex	1	0	0	1	0	0	1
进程 P1 执行	P 操作：判断 mutex 值为 1；mutex --；进入临界区	临界区工作，访问临界资源		退出临界区；执行 V 操作：mutex++；		non_CS1；	non_CS1；
进程 P2 执行			P 操作：判断 mutex 值为 0；在 P 操作中等待		P 操作：判断 mutex 值为 1；mutex --；进入临界区	临界区工作，访问临界资源	退出临界区；执行 V 操作：mutex++；

图 2-17 两个临界区的一种推进顺序

两个进程进入临界区前都要执行 P 操作，先执行 P 操作的进程将信号量减 1，进入临界区；后执行 P 操作的进程判断信号量时已经为 0，只能不断检查信号量值，在 P 操作中忙等待，直到进入临界区的进程，访问临界资源结束，退出临界区时，执行 V 操作，将信号量值加 1，等待的进程此时判断信号量值为 1，将其减 1，进入临界区；如果有多个进程想要进入临界区，都会在 P 操作中忙等待。

2. 记录型信号量机制

整型信号量机制成功地控制了进程对临界资源的互斥访问,但是当进程在 P 操作中等待的过程中,虽然进程没有实质上的运行进展,但是却在执行语句 while,这个语句每次也需要占用处理机,这就浪费了宝贵的处理机资源,因此产生了记录型信号量机制。

在记录型信号量机制的数据结构中,除了一个整数变量外,还加了一个指针队列,用以记录等待进程,变量组成如下。

```
Struct Semaphore {
    int value;
    List_of_process L;
}S;
```

记录型信号量的操作仍然为 3 个。

① 初始化:将记录型信号量结构变量中的整型变量初始化为非负整数。

② 原语操作 Wait:Wait 操作带有参数 S,即记录型信号量变量。原语首先将整型值 value 减 1,之后判断 value 值是否小于 0,如果小于 0,调用 block 原语,将自己阻塞。Wait 操作算法描述如下。

```
Wait (S) {
  S.value--;
  if S.value < 0 then block(S,L);
}
```

其中:block 是操作系统进程控制机制的阻塞原语,block(S,L)是将调用此原语的进程挂在(阻塞在)L 队列中,等待资源为 S 的信号量。

③ 原语操作 Signal:Signal 操作带有参数 S,即记录型信号量变量。原语首先将整型值 value 加 1,之后判断 value 值是否小于等于 0,如果小于等于 0,调用 wakeup 原语,将因等待 S 信号量而挂在(阻塞在)L 队列上的进程唤醒。Signal 操作算法描述如下。

```
Signal (S) {
    S.value++;
    if S.value ≤ 0 then wakeup(S,L);
}
```

其中:wakeup 是操作系统进程控制机制的唤醒原语,wakeup(S,L)将因等待 S 信号量的、挂在(阻塞在)L 队列中的进程唤醒。

类似之前 P、V 操作的作用,现在仍然可以用 Wait、Signal 操作作为临界区的入口、出口控制码,此时,先执行 Wait 操作的进程仍然将信号量值减 1,直接进入临界区,只是其后执行 Wait 操作的进程,将信号量值减 1 后,发现无法进入临界区,则调用阻塞原语将自己阻塞,并将自己挂在等待该临界资源的队列 L 中,等待唤醒。谁来唤醒它呢?就是从临界区出来的进程,执行 Signal 操作,当发现 S.value 值小于等于 0 时,说明有进程等待该临界资源,则调用 wakeup 原语从队列中唤醒阻塞进程。

例 2-3 的两个进程的一种极端推进顺序,如图 2-18 所示。

时刻	t0	t1	t2	t3	t4	t5
mutex. value	1	0	0→—1	—1→0	0	1
进程 P1 执行	Wait 操作：mutex. value --；判断 mutex 值为 0；进入临界区	临界区工作，访问临界资源		退出临界区；执行 Signal 操作：mutex. value ++；判断 mutex 值为 0，唤醒挂在 mutex. L 中的进程	non_CS$_1$；	non_CS$_1$；
进程 P2 执行			Wait 操作：mutex. value --；判断 mutex 值为—1；阻塞，将自己挂在 mutex. L 中	阻塞	进入临界区工作，访问临界资源	退出临界区；执行 Signal 操作：mutex. value ++；判断 mutex 值为 1，说明没有阻塞进程，不做唤醒操作，进入 non _CS$_1$；

图 2-18 例 2-3 运行顺序示例

从图 2-18 中可以看出，等待的进程被阻塞，不再参与资源分配。

本书后续使用的信号量机制都是记录型信号量机制，不再特意说明。

3. 利用信号量实现进程互斥

有了信号量机制，用户可以方便地解决进程的互斥和同步问题。

使用信号量互斥访问临界资源，需要设置一个互斥信号量，其初值必须为 1，然后以 Wait 操作作为临界区入口控制码，Signal 操作作为临界区出口控制码，如图 2-19 所示。

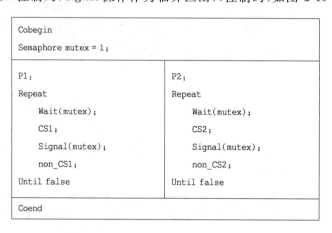

图 2-19 使用记录型信号量控制互斥

4. 利用信号量实现进程同步

信号量机制也可以用来解决同步问题。

【例 2-4】假设有 4 个程序协作完成一项任务，它们的运行逻辑关系如图 2-20 所示。4 个程序可以并发执行，同时申请系统资源。为了确保进程间的同步，在存在直接关系的进程间各设一个同步信号量，如图 2-20 所示。

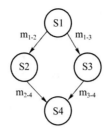

图 2-20 例 2-4 进程逻辑顺序及信号量设置

信号量 m_{1-2} 控制进程 S1 和 S2 之间的同步；信号量 m_{1-3} 控制进程 S1 和 S3 之间的同步；信号量 m_{2-4} 控制进程 S2 和 S4 之间的同步；信号量 m_{3-4} 控制进程 S3 和 S4 之间的同步。注意，这 4 个同步信号量初值设为 0。

4 个进程的同步形式如图 2-21 所示。

Cobegin
Semaphore m_{1-2} = 0；m_{1-3} = 0；m_{2-4} = 0；m_{3-4} = 0；

S1：	S2：	S3：	S4：
Repeat	Repeat	Repeat	Repeat
S1；	Wait(m_{1-2})；	Wait(m_{1-3})；	Wait(m_{2-4})；
Signal(m_{1-2})；	S2；	S2；	Wait(m_{3-4})；
Signal(m_{1-3})；	Signal(m_{2-4})；	Signal(m_{3-4})；	S2；
Until false	Until false	Until false	Until false

Coend

图 2-21 信号量机制解决同步问题

4 个进程执行过程如下。

① 如果 S1 先得到处理机，它可以运行，因为它是执行逻辑的第 1 个进程；但是运行结束后要通知等待它运行结果的 S2 和 S3，这种通知靠对进程间的信号量的 Signal 操作完成。

② 如果 S2 先得到处理机，它要等待 S1 的运行结果，因此，它要先执行 Wait(m_{1-2})操作，如果 S1 没有执行完毕，S2 进程将自己阻塞，等待 S1 的 Signal 操作唤醒；并且 S2 操作执行完毕，要通知等待它的 S4 进程，执行 Signal(m_{2-4})，唤醒 S4。

③ S3 与 S2 运行过程相同，不再赘述。

④ 进程 S4 运行需要 S2 和 S3 两个进程的运算结果，因此进程的入口执行 Wait(m_{2-4})和 Wait(m_{3-4})，分别等待两个进程的唤醒；S4 作为整项任务的结束，不需要唤醒其他进程，因此不再有出口码。

值得注意的是，若 Wait 操作和 Signal 操作使用不当，仍然会出现与时间有关的错误。当使用多个 Wait 操作时，一定要注意它们的使用顺序，这个在下一小节会详细介绍。

在长期且广泛的应用中，信号量机制得到了很大发展，它从整型信号量经记录型信号量，进而发展为"信号量集"机制，已被广泛用于单处理机和多处理机以及计算机网络环境的进程通信中。

2.2.6 经典的进程同步问题

这里介绍两个经典的进程同步问题以及它们的解决方法,这些问题代表了计算机应用中进程之间并发及共享资源的典型问题,深入分析和理解这些例子对于全面解决操作系统内同步、互斥问题有很大启发,同时对设计计算机应用软件有重要指导作用。

1. 生产者-消费者问题

生产者-消费者问题是计算机中某些实际问题的一个抽象,代表两类对象共享资源,形成间接制约的关系。将问题描述为:一组生产者和一组消费者,通过一个有界的缓冲池进行通信。生产者不断(循环)将产品送入缓冲池,消费者不断(循环)从中取用产品。这里既存在同步问题又存在互斥问题。

这里将生产者和消费者看为两类进程,同步问题存在于两类进程之间。

- 若缓冲池满(供过于求),则生产者不能将产品送入,必须等待消费者取出产品;
- 若缓冲池已空(供不应求),则消费者不能取得产品,必须等待生产者送入产品。

互斥问题则存在于所有进程之间:缓冲池是临界资源,所有进程必须互斥地使用缓冲池,不论是存放产品还是取出产品。

使用信号量机制解决这个同步与互斥问题。先来看同步问题,如上分析,生产者和消费者的执行顺序,初始时,生产者先生产产品,之后消费者才能消费;接下来二者的执行顺序是不可预测的,但是与产品多少有关,也与缓冲池大小有关,因此控制二者同步,需要设置两个同步信号量,一个是产品数量(也可以看成满缓冲数量),一个是空缓冲数量,前者记为 full,后者记为 empty,这两个同步变量有语义含义,因此其初值设置也与语义相关,full 的初值为 0(开始时无产品),empty 的初值为 n。再来看互斥问题,这里只有一种临界资源,缓冲池,因此设一个互斥信号量 mutex,切记,互斥信号量初值一定为 1。

为了描述这个问题,将每类进程分为两部分:生产者的工作分为"生产产品"和"存放产品",其中"生产产品"为非临界区,"存放产品"为临界区;消费者的工作分为"取出产品"和"消费产品",其中"消费产品"为非临界区,"取出产品"为临界区。使用 Wait 作为临界区入口码,Signal 作为临界区出口码。设 producer 为生产者进程,consumer 为消费者进程,数组 buffer 表示一个环形缓冲池,in 为缓冲池存放产品的指针,out 为缓冲池取出产品的指针,nextp 代表生产的产品,nextc 代表消费的产品,则生产者与消费者并发执行过程形式描述如图 2-22 所示。

图 2-22 中对于生产者来说执行以下步骤。

① 首先生产产品。

② 将产品放入缓冲区(即将进入临界区)。

③ 执行临界区入口码程序:

- 申请空缓冲区,执行 Wait(empty),申请同步信号量 empty,如果当前有空缓冲区,则进程继续执行;否则进程阻塞——阻塞点 P1;
- 生产者获得空缓冲区后,申请互斥进入临界区,执行 Wait(mutex),如果此时无进程在临界区,则生产者进入临界区,否则进程阻塞——阻塞点 P2。

④ 在临界区存放产品结束,退出临界区,执行临界区出口码:

- 执行出口码 Signal(mutex),唤醒因等待互斥信号量而阻塞的进程,如生产者的 P2 阻塞点或者消费者的 S2 阻塞点;

- 执行出口码 Signal(full)，唤醒因等待产品而阻塞的进程，如消费者的 S1 阻塞点。

```
var mutex, empty, full : semaphore : = 1, n, 0;
buffer : array[0,···,n-1] of item;
in, out : integer : = 0, 0;
begin
  parbegin //并发进程起始

producer :                          consumer :
  begin                               begin
    repeat                              repeat
        //非临界区                         //临界区入口码
        生产产品;                            Wait (full);
        //临界区入口码                        Wait (mutex);
        Wait (empty);                     //临界区,取出产品
        Wait (mutex);                     nextc: = buffer(out);
        //临界区,存放产品                     out: = (out + 1) mod n;
        buffer(in): = nextp;              //临界区出口码
        in: = (in + 1) mod n;             Signal (mutex);
        //临界区出口码                        Signal (empty);
        Signal (mutex);                   //非临界区
        Signal (full);                    消费产品;
    until false;                        until false;
  end                                 end

  parend//并发进程结束
end
```

图 2-22　生产者与消费者并发执行过程形式描述

对于消费者来说执行以下步骤。

① 从缓冲区取出产品（即将进入临界区）。

② 执行临界区入口码程序：

- 申请取出产品，执行 Wait(full)，申请同步信号量 full，如果当前缓冲区有产品，则进程继续执行；否则进程阻塞——阻塞点 S1；
- 消费者得知有产品后，申请互斥进入临界区，执行 Wait(mutex)，如果此时无进程在临界区，则消费者进入临界区，否则进程阻塞——阻塞点 S2。

③ 在临界区取出产品结束，退出临界区，执行临界区出口码：

- 执行出口码 Signal(mutex)，唤醒因等待互斥信号量而阻塞的进程，如生产者的 P2 阻塞点或者消费者的 S2 阻塞点；
- 执行出口码 Signal(empty)，唤醒因等待空缓冲区而阻塞的进程，如生产者的 P1 阻塞点。

④ 消费产品。

两类进程同步过程如图 2-23 所示。

这里临界区的入口控制码都由两个 Wait 操作组成，注意这两个 Wait 操作的顺序千万不能颠倒，否则可能引起死锁（Deadlock）。死锁是并发进程竞争资源的最大问题。死锁概念是

由荷兰学者 Dijkstra 在 1965 年提出的。死锁是指两个或两个以上的进程在运行过程中,因争夺资源而造成的一种互相等待(谁也无法再继续推进)的现象。若无外力作用,它们都将无法推进下去,造成进程永远不能完成,并且阻碍使用系统资源,阻止了其他作业开始执行,导致系统的资源利用率急剧下降,最终会导致操作系统崩溃。读者如果想进一步了解死锁的相关概念,可以阅读其他操作系统书籍。

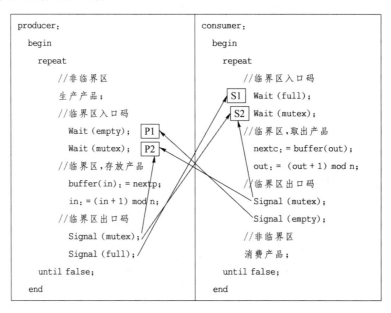

图 2-23　生产者与消费者进程同步过程示意图

计算机应用程序中存在许多生产者-消费者问题。如手机短信网关,接收上行短信进程和转发下行短信进程,共享一个存储短信的缓冲池,二者构成生产者-消费者关系,接收进程将短信写入缓冲池,转发进程从中取出短信。当缓冲池满时,接收进程不能接收短信,或者接收新短信写入缓冲池,覆盖掉旧短信(高峰期短信丢失可能与缓冲池不够大有关);当缓冲池为空时,转发进程等待。对缓冲池的互斥访问也与典型问题相同。

2. 读者-写者问题

生产者-消费者问题描述的情况是协作的进程运行比较均衡,这里考虑另一类较普遍的情况,从被共享的数据对象考虑,多个并发进程共享一个数据对象(如数据库或文件),这些进程中有的只想读共享数据,而其他一些进程可能要更新(即改和写)共享数据,把前者称为读者,后者称为写者,将这类问题抽象为读者-写者问题来描述和解决。

一个数据文件或记录,可被多个进程共享,我们把只要求读该文件的进程称为"Reader 进程",其他进程则称为"Writer 进程"。显然,多个读者同时读共享数据是没有问题的,然而一个写者和别的进程同时存取共享数据,则可能产生混乱。这个问题和前面所举火车售票系统很相似,车票文件即共享数据,对车票的查询程序为读者,而售出车票程序是写者,多个窗口运行查询程序,为并发的读者进程,可以同时查询到正确的车票数量,但是当售出车票程序改写车票数量时则不允许有其他进程读或者写该车次的车票数量,否则,读取或售出都会造成车票数量的不正确。因此解决读者-写者问题,是指保证一个 Writer 进程必须与其他进程互斥地访问共享对象的同步问题。即允许多个进程同时读一个共享对象,但不允许一个 Writer 进程和其他 Reader 进程或 Writer 进程同时访问共享对象。

为了解决读者-写者问题,先来分析多个并发进程的行为。进程分为两类,读者 Reader 进程和写者 Writer 进程,它们共同访问临界资源——数据对象。多个 Reader 进程和多个 Writer 进程各自以自己的速度运行,各自的工作如下。

Reader 进程临界区入口时:首先判断是否有 Reader 进程在访问数据对象,如果没有,说明有可能有 Writer 进程在访问数据对象,需要与 Writer 进程互斥访问数据对象;否则直接进入临界区读数据对象。

Reader 进程临界区出口时:判断是否还有 Reader 进程在访问数据对象,如果没有,可以唤醒等待进入的 Writer 进程;否则直接退出临界区。

Writer 进程:只单纯考虑与其他 Writer 进程的互斥即可。

利用信号量机制解决读者-写者问题,首先设置一个写数据对象的互斥信号量 Wmutex,初值为 1;另外,由以上分析发现,Reader 进程处在临界区的数量对各进程运行有很大影响,因此设一个整数变量 ReaderCount,记录 Reader 进程处在临界区的数量,这个变量初值为 0,它的变化由 Reader 进程进出临界区时加 1 或减 1,注意,每个 Reader 进程都要访问 ReaderCount 变量,但是对其加 1 或减 1 的操作需要互斥进行,否则会出现混乱,显然变量 ReaderCount 也是一个临界资源,而对它的加减操作的程序段也是临界区,因此对该临界资源设一个互斥信号量 RCmutex,初值为 1。利用信号量机制解决读者-写者问题的算法描述如图 2-24 所示。

```
Var Wmutex, RCmutex: semaphore: = 1,1;
ReaderCount: integer: = 0;
Begin
    parbegin //并发进程起始
```

| Reader:
　begin
　 repeat
　　//非临界区
　　...
　　//访问 ReaderCount 临界区入口码
　　Wait(RCmutex);
　　 if ReaderCount == 0
　　　 then Wait(Wmutext);
　　 ReaderCount ++ ;
　　//退出 ReaderCount 临界区出口码
　　Signal(RCmutext);
　　 读数据对象;
　　//访问 ReaderCount 临界区入口码
　　Wait(RCmutex);
　　//访问 ReaderCount 临界区
　　ReaderCount -- ;
　　//退出 ReaderCount 临界区出口码
　　If ReaderCount == 0
　　　 then Signal(Wmutext);
　　Signal(RCmutex);
　　 until false;
　 end | Writer:
　begin
　 repeat
　　//非临界区
　　...
　　//访问临界区入口码
　　Wait(Wmutext);
　　//临界区
　　更新数据对象;
　　//退出临界区出口码
　　Signal(Wmutex);
　 until false;
　end |

```
    parend //并发进程结束
End
```

图 2-24 信号量机制解决读者-写者问题的算法描述

在 Reader 进程中,在"读数据对象"前后,分别要对读进程数量变量 ReaderCount 进行加减操作,形成两个临界区,如图中虚线框所示,ReaderCount 的值变化影响读者和写者进程运行关系,算法通过两个临界区的入口码和出口码进行控制。

Reader 进程(读者进程)工作流程如下。

① 读者为了进行"读数据对象"工作,先要对 ReaderCount 变量进行操作,进入第一临界区(ReaderCount++),要执行进入此临界区的入口码代码。

- 申请互斥信号量 RCmutex,执行 Wait(RCmutex);如果没有申请到互斥信号量,说明有进程在临界区内,本进程阻塞——阻塞点 R1;否则继续执行。
- 判断 ReaderCount 是否为 0,如果为 0,说明没有读者在进行读操作,那么有可能有 Writer 进程在临界区内进行写操作,因此申请互斥信号量 Wmutex,执行 Wait(Wmutex)操作。
- 执行 Wait(Wmutex)操作,判断如果 Writer 进程没有在临界区,那么读者从此入口码出来,进入读者第一临界区。
- 如果 Writer 进程在临界区,那么读者进程阻塞在此——阻塞点 R2。

② 第一临界区操作:ReaderCount++。

③ 第一临界区出口码:执行 Signal(RCmutext);唤醒因等待 RCmutex 而阻塞的进程(其他进程的阻塞点 R1,阻塞点 R3)。

④ 读者进程读数据操作。

⑤ 读者进程结束读数据操作,退出,要对 ReaderCount 变量操作,即进入第二临界区(ReaderCount−−),要执行进入此临界区的入口码代码。

申请互斥信号量 RCmutex,执行 Wait(RCmutex);如果没有申请到互斥信号量,说明有进程在临界区内,本进程阻塞——阻塞点 R3;否则继续执行。

⑥ 第二临界区操作:ReaderCount−−。

⑦ 退出第二临界区出口码。

- 判断 ReaderCount 是否为 0,如果为 0,首先判断是否有读者在申请写操作,如果唤醒因此阻塞的写者进程,执行 Signal(Wmutex),唤醒阻塞在阻塞点 W1 的写者。
- 执行 Signal(RCmutext);唤醒因等待 RCmutex 而阻塞的读者进程(其他进程的阻塞点 R1,阻塞点 R3)。

Writer 进程(写者进程)工作流程如下。

① 执行"更新数据操作"临界区入口码。

申请写操作互斥信号量,执行 Wait(Wmutex),如果无法得到,阻塞自己——阻塞点 W1;否则继续执行。

② 进入临界区,更新数据操作。

③ 更新数据操作结束,退出临界区,执行 Signal(Wmutex),唤醒阻塞在阻塞点 W1 的写者,或者阻塞在阻塞点 R1 的读者。

读者-写者同步关系如图 2-25 所示。

读者-写者问题对解决非对称进程的同步及互斥有很好的借鉴作用。

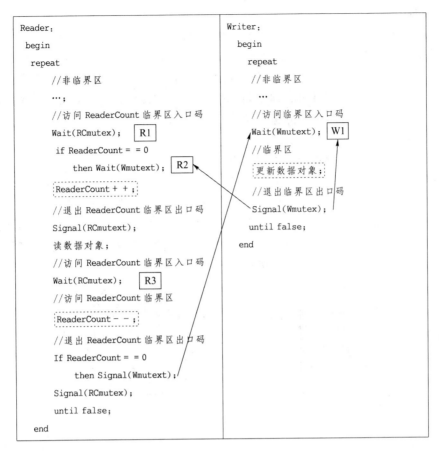

图 2-25 读者-写者同步关系

2.2.7 进程通信

进程是操作系统的核心,目前的计算机系统均运行在多道程序设计环境中,其操作系统都建立在进程的概念之上。如前面章节所述,无论是应用程序还是系统程序,都需要针对每一个任务创建相应的进程,每个进程具有各自不同的进程映像。由于不同的进程运行在各自不同的内存空间中,一方对于变量的修改另一方是无法感知的。因此,进程之间的信息传递不可能通过变量或其他数据结构直接进行,只能通过进程间通信来完成。进程通信即并发进程之间相互交换信息,是操作系统内核层极为重要的部分。进程通信根据交换信息量的多少和效率的高低,分为低级通信和高级通信。高级通信可以传递大数据量,低级通信一般只传递状态和整数值。

进程低级通信的特点是传送信息量小,效率低,每次通信传递的信息量固定,可以利用信号量机制实现进程间的数据传递。若传递较多信息则需要进行多次通信。前节讲的进程同步和互斥中的信号传递就是一种低级通信。低级通信从数据传递的角度讲效率很低,同时对用户不透明,即由用户直接实现通信的细节,容易出错。

进程高级通信中,进程之间可以利用操作系统提供的一组通信命令,高效地传送大量数据,同时简化了通信程序的设计。高级通信主要有 3 种基本模式:共享内存、消息传递和管道通信。

1. 共享内存模式

在共享内存模式中,建立起一块供协作进程共享的内存区域,进程通过此共享区域读或写入数据来交换信息(图 2-26)。一般这个内存区域在进程的地址范围内,协作进程通过在共享区域内读或写来交换数据,在使用共享区域读操作或写操作时必须互斥,否则会产生错误。在这种方案中,操作系统只提供共享存储空间,对共享区域的使用和进程间的互斥关系都由程序员来控制。生产者-消费者问题在传递数据时可以利用共享内存模式来解决。

2. 消息传递模式

在消息传递模式中,通过在协作进程间交换信息来实现通信(图 2-27)。

消息传递模式提供一种机制,使协作进程不必通过共享地址空间来进行信息交换,这在分布式环境中特别有用。消息传递工具提供至少两种操作:发送消息和接收消息。进程发送的消息可以是定长的或变长的,发送消息包含 3 个数据项:接收进程标识、消息大小和消息正文;接收消息也包含 3 个数据项:发送进程标识、消息大小和消息正文。发送消息和接收消息操作都是原语操作。

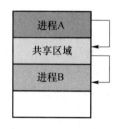

图 2-26　共享内存模式

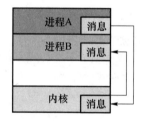

图 2-27　消息传递模式

3. 管道通信模式

管道通信模式采用一种信息流缓冲机构,管道是一个共享文件,连结读进程和写进程以实现它们之间的通信。UNIX 系统中管道基于文件系统,在内核中通过文件描述符表示。管道以先进先出(FIFO)方式组织数据传输(图 2-28)。

图 2-28　管道通信模式

在操作系统中,上述 3 种模式都已经实现。几种通信模式各自有各自的优点和缺点:使用共享内存模式进行通信的速度比使用消息传递模式要快,消息传递模式一般用于进程间交换数据较少的情况。管道通信模式简单方便,但是其长期存于系统中,使用不当容易出错。对于不同的应用问题,要根据问题本身的情况来选择进程间的通信方式。

2.3　线　　程

随着计算机硬件、软件的发展以及计算机应用环境的网络化变化,操作系统也在不断地变化和发展,线程就是近年来操作系统领域出现的一个重要的新技术,其重要程度一点也不亚于进程。本节对线程的概念和机制进行介绍。

2.3.1 线程的引入

自计算机出现到其逐渐发展成为人们生活的必备工具,提高资源利用率及使用效率一直是计算机领域致力研究的目标。并行性,包括硬件并行和软件并行,是计算机资源利用率及使用效率的根本指标。多道处理及进程机制的出现,使操作系统具备了并发能力,大大提高了计算机资源利用率及使用效率。但是,随着多媒体技术和网络服务技术的发展,一个应用程序可能需要执行多个相似的任务,因而对并发有了更高的要求。例如,网页服务器接收用户关于网页、图像、声音等的请求,忙碌时可能有多个(最多可达数千个)客户并发访问服务器,如果服务器采用进程来处理,为每个用户建立一个进程,响应不同的用户时,要进行进程切换,需要保存进程现场,造成响应时间很长。再如,使用 Web 浏览器的用户可能一边下载某个图形或程序,一边处理多媒体文件中的声音,或者还想在屏幕中输入信息,为了提高效率,现在的做法是编写可以并行计算的程序,完成各个子任务,为这个程序建立一个进程,该进程再建立几个子进程,完成整个工作。并发是解决了,但每个进程在运行中都需要切换,保存现场涉及内存等工作,造成进程并发运行的开销很大,这些开销的总和,在一定程度上降低了并发进程所带来的利益。

进程的并发能力是毋庸置疑的,关键是切换开销过大,这是由于每个进程作为申请资源的独立单位,其在运行过程中占有所有各类资源,包括虚拟地址空间以容纳进程映像,I/O 资源(I/O 通道、I/O 控制器和 I/O 设备)以及运行时占用的处理机。其实前面所说的多进程并发(Web 浏览器)中,某些运行单位可以很小,运行时间可以很短,不需要过多资源。因此人们想到将进程所占资源分为两类,一类为处理机,重点是关于应用程序的执行;另一类为其他资源,重点是关于拥有资源的主权。以前的操作系统把这两类资源都集中在进程这个基本实体单位上,现在考虑把这两类资源分开,引入更小的单位来负责执行程序,这样就可以有较少开销了。这个更小的单位就是线程。

2.3.2 线程的描述及状态

1. 线程的描述及特点

关于线程至今尚无统一的定义,以下各种说法都描述了线程的特点:

- 线程是进程内的一个执行单元;
- 线程是进程内的一个可调度实体;
- 线程是程序中相对独立的一个控制流序列。

本书将线程描述为:线程是进程中可独立执行的子任务,是系统独立调度和分派 CPU 的基本单位。

线程有以下几个特点。

① 轻型实体:线程的实体中拥有尽量少的系统资源,以保证线程独立运行。因此说线程是"轻"型实体。

② 独立调度和分派 CPU 的基本单位:因为线程是独立运行的基本单位,所以它是独立调度和分派 CPU 的基本单位。

③ 可并发执行:一个进程中的多个线程可以并发执行,不同进程中的线程也可以并发执行。

④ 共享进程资源：在同一个进程中的所有线程都可以共享该进程的所有资源，包括虚拟地址空间、打开的文件、信号量机制等，并且同属一个进程的所有线程具有相同的地址空间。

操作系统中引入线程后，进程仍作为拥有系统资源的独立单位。通常一个进程包含多个线程并为它们提供资源，但是进程不再是执行实体。

从拥有资源的角度看，线程几乎不占资源，同族的线程共享进程的资源；从处理机调度角度看，进程不再是处理机调度的基本单位，通常一个进程都含有多个相对独立的线程，其数目可多可少，但至少要有一个线程，由进程为这些线程提供资源及运行环境，使这些线程可以并发执行。在操作系统中的所有线程都只能属于某一个特定进程。进程和线程都有并发性，进程之间可以并发执行，线程之间也可以并发执行；而对于系统开销来说，线程的创建、撤销与切换的系统开销比进程小得多，这也正是引入线程的初衷。

2. 线程控制块及线程映像

与进程一样，线程也是动态概念，它的动态特性由线程控制块（TCB，Thread Control Block）描述，主要包括下列信息：

图 2-29　线程映像

- 线程状态；
- 当线程不运行时，被保存的现场，线程的现场相对简单，主要包括程序计数器、寄存器集合；
- 一个执行堆栈；
- 存放每个线程的局部变量主存区。

线程的实体称为线程映像，由程序、数据和 TCB 组成，如图 2-29 所示。

3. 线程状态及控制

和进程一样，线程也是有生命期的，从产生到消亡有状态变化。线程的状态包括运行、就绪和阻塞。运行状态即线程占有处理机正在运行；就绪状态即线程具备运行的所有条件，逻辑上可以运行，在等待处理机；阻塞状态即线程在等待一个事件（如某个信号量），逻辑上不可执行。与线程状态变化有关的 4 个基本操作如下。

（1）创建线程

一般来说，当创建一个新的进程时，也创建一个新的线程，之后，进程中的线程可以在同一进程中创建新的线程。创建新线程要为其分配 TCB，提供指令指针和参数，同时还提供新线程的寄存器和栈空间，之后将其置为就绪态，挂到线程就绪队列。线程之间是并列的，并不存在层级关系，每一个进程初始创建时只有一个线程。

（2）阻塞线程

当线程等待某个事件无法运行时，停止其运行，保护线程的用户寄存器、程序计数器和栈指针，将线程置为阻塞状态，调度处理机调度程序。

（3）唤醒线程

当阻塞线程的事件发生时，将被阻塞的线程状态置为就绪态，将其挂到就绪队列。

（4）终止线程

一个线程在完成了自己的工作后，可以正常终止自己，也可能某个线程执行错误，由其他线程强行终止。终止线程操作主要负责释放线程占有的寄存器和栈。

尽管在多线程操作系统中，进程不再是执行实体，但是进程仍然具有与执行相关的状态。例如，所谓进程处于"执行"状态，实际上是指该进程中的某线程正在执行。对进程施加的与进程状态有关的操作,也对其线程起作用。

例如,把某个进程挂起时,该进程中的所有线程也都被挂起,激活也是同样。

线程阻塞不等于进程阻塞。一个线程的阻塞会导致进程阻塞吗? 或者,一个线程被阻塞,会阻止该进程中的其他线程运行吗? 前者答案是否定的,后者情况比较复杂,具体可见 William Stallings 所著的《操作系统——内核与设计原理(第四版)》。

2.3.3 线程同步和通信

一个进程中的所有线程共享同一个地址空间和诸如打开的文件之类的其他资源,因此,一个线程对资源的任何修改都会影响同一个进程中其他线程的环境。这就需要各种线程活动进行同步,以便它们互不干扰且不破坏数据结构。例如,两个线程都试图往一个双链表中增加一个元素,则可能会丢失一个元素或者会使链表畸形,这就需要互斥访问链表。另外,线程之间也会有合作类的同步需求。为使系统的多线程能有条不紊地运行,操作系统提供了用于线程同步和通信的机制,如互斥锁、条件变量、计数信号量等。

2.3.4 多线程系统

现代操作系统是多线程的,线程是形成多线程计算机的基础。目前一个应用程序是作为一个具有多个控制线程的独立进程运行的。例如,前述的 Web 浏览器的例子,可能有一个线程用于显示图像和文本,另一个线程用于处理声音,还有线程用来处理屏幕输入。

多线程是指操作系统支持在一个进程中执行多个线程的能力,现在大多数操作系统支持多线程,如 Windows 2000 及以上版本、Solaris、Linux、OS/2 等操作系统,多线程编程具有以下优点。

(1) 响应度高

如果对于一个交互程序,采用多线程,那么即使部分线程阻塞或执行时间较长,该程序仍能继续执行,从而增加了对用户的响应程度。例如,多线程 Web 浏览器,在一个线程装入图像时(时间很长),可以由另外的线程与用户交互,或显示文字。

(2) 资源共享及经济

线程共享它们所属进程的其他资源,其优点是允许一个应用程序在同一个地址空间有多个不同的活动线程,因而线程切换会更为经济。

(3) 更适合于多处理器体系结构

因为单线程(进程)操作系统下,硬件体系结构无论增加多少处理器,单线程(进程)只能运行在一个处理机上,有了多线程系统就可以使多处理器得到更充分的利用。

线程应用示例

线程应用具体示例,请扫二维码。

2.4 文件及文件系统

文件系统是操作系统中负责管理和存储文件信息的软件机构,是操作系统中最接近用户的管理模块,本节介绍文件的概念及文件系统的部分功能和原理。

2.4.1 文件及文件系统

在计算机系统中,信息是其管理的唯一的软资源,存储在不同的介质上(如磁盘、磁带和光盘),为了用户方便地使用计算机系统中的软资源,操作系统提供了信息存储的统一逻辑接口,对存储设备的各种属性加以抽象,定义了逻辑存储单元,即文件。对操作系统来说,文件是记录在外存上的具有符号名字(文件名)的一组相关元素的有序集合;对用户来说,文件是在逻辑上具有完整意义的信息集合,是记录在外存的最小逻辑单位。

1. 文件

文件的概念极为广泛,可以按照不同的标准,从不同的角度对文件进行分类。

① 按照文件的生成方式可以分为系统文件、用户文件、库文件等。

- 系统文件:由操作系统的执行程序和它所用的数据组成,使用权仅归操作系统。
- 用户文件:由用户的程序和数据组成,使用权归文件的建立者。
- 库文件:由操作系统或某些系统服务程序的标准函数和子程序组成,使用权一般归用户。

② 按照文件的保护级别可以分为只读文件、读写文件、可执行文件、不保护文件等。

- 只读文件:只允许对其进行读操作。
- 读写文件:既可以读又可以写的文件。
- 可执行文件:只能将其调入内存执行,不能对其进行读写操作。
- 不保护文件:不做任何操作限制的文件。

③ 按照文件的信息类型可以分为二进制文件、文本文件等。

- 二进制文件:由二进制数字组成的文件,如可执行的程序文件、图像文件、声音文件。
- 文本文件:由可显示字符序列组成的文件。

④ 按照文件的性质可以分为普通文件、目录文件、特殊文件等。

- 普通文件:一般的用户文件和系统文件。
- 目录文件:由文件目录构成的文件。
- 特殊文件:一般指设备文件,因为很多操作系统将设备作为文件管理。

文件由文件的属性来描述,不同的系统中文件属性会有不同,但是通常都包含如下属性。

- 名称:用户用以唯一标识一个文件的符号名,通常为字符串,根据系统的不同,字符串的长短、大小写规定都有不同,但一般是按照用户容易引用和理解的角度去定义的。
- 标识符:文件系统内唯一标识文件的标签,通常为数字,用户不可读。
- 类型:不同系统有不同的文件分类,文件的分类或它们的组合都可以是文件的类型。
- 位置:指向文件所在的存储介质的位置指针,这是文件系统可以将逻辑文件与物理介质中的信息关联的关键数据。位置数据用户不可读。
- 大小:文件当前的大小,以字节、字或块来统计。
- 控制信息:记录诸如谁能读、写、执行文件的访问控制信息。
- 时间、日期:文件创建、上次修改和上次访问的时间信息。
- 文件主:创建文件的用户,对文件拥有最大的使用权限。

2. 文件系统

文件系统是操作系统管理信息或文件的子模块,提供了存储文件、检索文件以及长期保存文件的能力。文件系统是操作系统的重要组成部分,也是操作系统中最为可见的部分。

文件系统的功能,可以从两个方面阐述:一个是系统角度,一个是用户角度。从系统角度看,文件系统是对文件存储器(各种存储介质)的存储空间进行组织、分配,负责文件的存储并对存入的文件进行保护、检索的系统;从用户角度看,文件系统能够完成对文件的存储和检索,即实现"按名存取"文件,实现共享和保护文件,提供对文件的操作和使用。

文件系统的设计目标是:

① 用户能方便访问信息;

② 有利于用户之间共享信息;

③ 信息安全可靠;

④ 合理地组织信息的存取和检索。

文件系统的组成如图 2-30 所示。

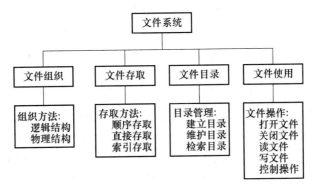

图 2-30　文件系统的组成

本书只对与网络信息系统直接相关的部分——目录管理进行介绍,其他部分读者可以参考任意操作系统书籍。

2.4.2　目录及文件控制块

计算机的文件系统可以保存数以百万计的文件,为了管理这些数据,需要通过数据结构来组织,该数据结构称为目录。可以说,文件系统由两个部分组成,一部分是文件,用于存储相关数据和程序;另一部分是目录结构,用于组织系统内的文件、记录并提供有关文件的信息,文件的属性信息都保存在目录结构中。

目录是一种数据结构,用于标识系统中的文件、描述文件属性及其物理位置,供存储、管理及检索文件时使用。文件目录本身也是一个文件,称为目录文件,它由目录项(条目)组成,一个目录项描述一个文件的属性,称为文件控制块(FCB,File Control Block),文件与文件控制块一一对应。因此,又可以说,文件控制块的有序集合称为文件目录,一个文件控制块就是一个目录项。在一个文件目录中不允许有相同的文件名字。

文件控制块通常含有三类信息,即文件的基本信息、存取控制信息及使用信息。基本信息包括文件名、文件物理位置、文件逻辑结构、文件物理结构等;存取控制信息包括文件主的存取权限、核准用户的存取权限以及一般用户的存取权限等;使用信息包括文件的建立时间和日期、文件上次修改时间和日期,以及其他一些使用信息,如当前已打开文件的进程数、是否被其他进程锁住等,如图 2-31 所示。

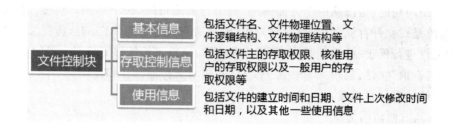

图 2-31　文件控制块信息

2.4.3　目录结构及索引节点

计算机对文件的组织和检索都与对目录的操作有关。

- 搜索文件：当需要查找某个文件时，文件系统按照给定的文件名搜索目录文件，以查找匹配的目录项，将目录项中的文件的物理地址返回给操作系统，这就是"按名查找"。
- 创建文件：当需要建立一个新文件时，文件系统将新建文件的描述填充到文件控制块，并作为目录项增加到目录文件中。
- 删除文件：当需要删除一个文件时，文件系统将对应的目录项从目录文件中删除。

还有遍历系统文件、重命名文件等操作都对应为对目录的操作。因此目录文件本身的组织关系到系统对文件访问的效率，目录文件的结构设计对文件系统性能的影响至关重要。

文件目录结构经历的发展过程包括：最早的简单目录结构称为一级目录结构，随着文件系统的发展，出现了为每个用户提供一个目录的二级目录结构，当代操作系统都使用多级的树形目录结构。

1.　一级目录结构

目录结构刚刚提出时，所有文件都包含在同一个目录中（图 2-32），每个目录项直接指向一个文件，这种形式称为一级目录结构。其特点是构造简单，便于管理，能实现目录管理的基本功能——按名存取。

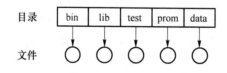

图 2-32　一级目录结构

一级目录结构适用于早期的单用户操作系统，但是对于文件较多的多用户操作系统，系统可能存在数百个文件，此时一级目录结构的缺点也是很明显的，由于文件较多，目录文件过大，在目录中查找文件速度很慢；另外，多个用户的文件可能会重名，但是在一个目录文件中，它们必须有唯一的名字，显然重名是不允许的。

2.　二级目录结构

为了解决一级目录不允许重名的问题，二级目录结构得以发展，系统为每个用户建立一个用户文件目录（UFD，User File Directory），每个 UFD 都有相似的结构，只保存用户自己的文件目录项。系统建立一个主文件目录（MFD，Main File Directory），记录每个用户目录的名字和指向用户文件目录 UFD 的指针，如图 2-33 所示。

二级目录结构做到了各个用户的目录相互独立，当一个用户访问自己的文件时，只需要搜索他自己的 UFD,这样不仅检索速度较之检索整个系统文件的单级目录要快,而且不同用户也可以拥有相同的文件名字,解决了不同用户间的文件重名问题。但是由于用户文件独立隔离,造成了用户间共享文件困难,使用户合作缺乏灵活性。

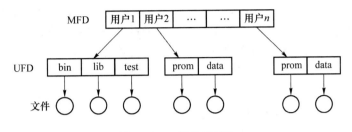

图 2-33　二级目录结构

3. 树形目录结构

在目前的操作系统中,文件系统广泛采用的是多级目录结构,用户可以任意创建自己的子目录,系统中每个目录(或子目录)包括一组文件和子目录。一个目录也作为一个文件看待,它只是一个需要按特定方式访问的文件。所有目录具有同样的内部格式,并且用一个标识位来描述文件是目录(目录文件)或是文件(数据文件)。这样,系统的目录结构就成为一个树状结构,我们称之为树形目录结构,如图 2-34 所示。

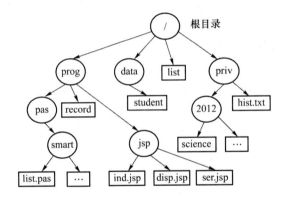

图 2-34　树形目录结构

在树形目录结构中,只有一个根目录,是每次操作系统初启运行时创建的,根目录可以拥有任意多个子目录或文件,每个子目录同样可以创建多个子目录或文件,创建子目录的目录就被称为该子目录的父目录。图中每个目录或文件都称为节点,圆形表示的是目录文件,方形表示的是数据文件,数据节点不可以有子节点,因此也称为叶子节点。

4. 路径名

文件系统采用二级或多级目录后,能够为用户提供同名的文件,也能使一个文件有多个不同的名字,在这种情况下,仅仅使用文件名字就不能唯一指定一个文件了,因此操作系统定义了"路径名"的概念,并且用"设备名"+"路径名"来唯一标识一个文件(有的操作系统不需要给出设备名)。设备名是指一个相对独立的存储单位,如一个磁盘分区,或者一个文件卷。

所谓文件的路径名是指从根目录出发,一直到所要找的文件,把途经的各分支子目录名字(节点名)连接一起而形成的字符串,两个分支名(节点名)之间用分隔符分开。目前分隔符有两种,UNIX 操作系统的分隔符为"/",而 Windows 操作系统的分隔符为"\"。如 UNIX 操作系统下的一个文件的路径名记为"/user1/program/c/test.c",Windows 操作系统下的一个文件的路径名记为"c:\client1\program\jsp\test.jsp",其中"c:"为存储设备名字。

虽然采用路径名可以无二义性地标识多级目录下的文件,但是,系统每次搜索文件都要从根目录开始,沿着路径查找文件目录,会耗费更多的查询时间,一次查询可能要经过若干次间接查找才能找到所要的文件,为此,系统引入了"当前目录"或"工作目录"的概念。用户当前工作的目录就称为当前目录或工作目录,用户访问这个目录下的文件,可以不必指定设备名和文件的路径,仅当访问其他目录下的文件时才要指定文件的路径名。用户可以通过系统调用改变工作目录。

在引入当前目录后,路径名就有两种形式:绝对路径名和相对路径名。绝对路径名是指从根开始给出路径上的目录名直到所指定的文件;相对路径名是指从当前目录开始定义路径。例如,在图2-34中,如果当前目录名是/prog/pas,那么相对路径名smart/list.pas与绝对路径名/prog/pas/smart/list.pas指向同一个文件。

很多系统还支持两种特殊的路径分量,一个是".",代表当前工作目录;另一个是"..",指当前工作目录的父目录。根目录没有父目录,因此它的".."指向自己。

5. 索引节点

通常文件目录存储在磁盘上,当访问或检索文件时,操作系统先要将目录调入内存,之后才能进行检索,我们稍加分析可以发现,在检索目录文件的过程中,开始只用到了文件名,仅当按照文件名找到相应的目录项时,才需要读取该文件的其他属性。显然,这些属性信息在检索目录时,不需要调入内存。文件的属性信息占据目录的绝大部分存储量,减少将其读入内存将节省很多时间和空间,提高操作系统访问文件的效率,为此,UNIX操作系统最先把文件名与文件的其他属性信息分开,使文件属性信息单独形成一个数据结构,称为索引节点,简称为i节点,而文件目录中的目录项,仅由文件名和指向该文件对应的i节点的指针构成,如图2-35所示。

文件名	i 节点指针
文件名 1	
文件名 2	
...	

图 2-35　引入索引节点后的目录结构

引入i节点后,大大提高了目录检索效率,假设一个系统,原来的FCB(一个目录项)为64 B,则600个目录项占用约40个盘块(设一个盘块为1 KB),每次查找一个文件需要访问约40个盘块,需要启动磁盘20次(这是最耗时的动作),如果引入i节点,则目录项约占16 B,1 KB的盘块可以存放64个目录项,这样为了查找一个文件,只需访问10个盘块,启动磁盘次数减少到原来的1/4,大大节省了系统开销。现在大部分操作系统采用索引节点结构的目录管理方法。

2.4.4 UNIX 文件系统简介

UNIX是当前最著名的多用户、多任务分时操作系统,UNIX文件系统即指UNIX操作系统的文件系统。在UNIX文件系统中,文件分为3类:普通文件、目录文件和特殊文件。

① 普通文件。由用户和系统的有关数据和程序所形成的文件,是一种无结构、无记录概念的字符流式文件。

② 目录文件。由文件系统中的各个目录所形成的文件,这种文件在形式上与普通文件相同,由系统将其解释成目录。

③ 特殊文件。也称为设备文件,UNIX 系统中将设备也作为文件来处理,对于设备的所有操作都需要经过文件系统。设备文件与上两个文件不同,它除了在目录文件和 i 节点中占据相应位置之外,并不占有实际的物理存储块。将设备作为特殊文件管理是 UNIX 系统的成功特点之一,并被后来其他一些操作系统所借鉴。

从用户的角度看,UNIX 文件系统如图 2-36 所示。

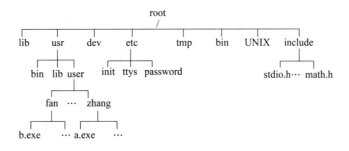

图 2-36　UNIX 文件系统树形结构

图中"/"为根目录,包含在"/"中的每个目录都服务于某个特殊的目的,最常见的目录名有以下几种。

"/bin":包含应用程序和实用工具的许多目录中的一个。

"/dev":包含系统中所安装的所有硬件,包括终端和 USB 设备(以及从物理上连接到这台计算机的其他外围设备)、伪终端(用于与 X 终端窗口进行交互)、硬盘驱动器,等等。

"/etc":专门用于系统配置,包含用于系统守护进程、启动脚本、系统参数和更多其他方面的配置文件。

"/lib":用于存储基本的系统库文件。

"/tmp":系统范围的暂存存储区。Web 服务器可能会将会话数据文件保存在这里,并且其他实用工具将使用 /tmp 中的空间对中间结果进行缓存。

"/usr":用于存储最终用户应用程序,如编辑器、游戏和接口。

"/UNIX":存放 UNIX 操作系统核心程序自身。

某些 UNIX 版本之间目录会存在细微的差异。

UNIX 操作系统把所有的文件组织当作一系列连续的物理块看待,一个独立的最小文件存储单位称为文件卷,以文件卷的存储格式和组织格式作为文件系统的存储格式,而不同的 UNIX 操作系统,文件卷格式是有差异的,甚至即使是同一 UNIX 操作系统的不同版本,其文件系统也未必完全相同,例如,SCO UNIX 4.1 版与 5.0 版文件系统结构就有明显差异,但只要是 UNIX 操作系统,其文件卷的基本结构是一致的。文件卷至少包括引导块、超级块、i 节点表 i-node、数据块等部分,如图 2-37 所示。

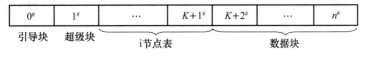

图 2-37　UNIX 文件卷结构

① 引导块。位于文件卷最开始的第 0 块,装有文件系统的引导代码或初启操作系统的引导代码。

② 超级块。描述文件卷的状态,如文件卷的大小、i 节点长度、有关空闲区分配和回收用的堆栈等。其结构存放于/usr/include/sys/filsys. h 中,主要描述信息如表 2-1 所示。

表 2-1　超级块主要信息

字段名	信息含义
ushort s_isize	磁盘索引节点区所占用的数据块数
daddr_t s_fsize	整个文件系统的数据块数
short s_nfree	在空闲块登录表中当前登记的空闲块数目
daddr_t s_free[NICFREE]	空闲块登记表
short s_ninode	空闲索引节点数
ino_t s_inode[NICINOD]	空闲节点登记表
…	
daddr_t s_tfree;	空闲块总数
ino_t s_tinode	空闲节点总数
char s_fname	文件系统名称

③ i 节点表。从第 2 块开始到第 $K+1^{\sharp}$ 块为止的区域被用来存放文件说明信息,即索引节点,其长度是由超级块中的 s_isize 字段决定的,其数据结构在/usr/include/sys/ino. h 中,如表 2-2 所示。

表 2-2　i 节点表主要信息

字段名	信息含义
ushort di_mode	文件模式
short di_nlink	与该 i 节点连接的文件数
ushort di_uid	用户标识
ushort di_gid	同组用户标识
off_t di_size	文件大小
char di_addr	该文件所用物理块的块号
time_t di_atime	文件存取时间
time_t di_mtime	文件修改时间
time_t di_ctime	文件建立时间

④ 数据块。$K+2^{\sharp}$ 块及其之后的块称为数据块,其中存放文件数据,包括目录文件数据。

从这个文件卷例子可以更清楚地看到,一个文件存储在计算机存储介质上,是由文件系统中的目录进行标识和描述的,操作系统通过目录检索文件,为用户提供访问接口。如果目录数据混乱或者存储信息的物理介质损坏,普通用户都将无法使用文件。但是对于具有操作系统专业知识的技术人员,在目录数据混乱而存储介质未损的情况下仍然可以读出或恢复文件。

2.5 操作系统的网络服务

计算机网络的出现和发展,给计算机的运行环境带来了改变,使计算机从独立运行变为互相连接、通信和理解的关系。作为计算机的核心管理软件,操作系统自然需要提供相应的网络服务,早期出现专门的网络操作系统完成这一功能,今天所有的操作系统都是网络操作系统,它们都可以提供丰富的、多种类的网络服务。本节首先介绍计算机运行环境,然后从发展的角度介绍早期的网络操作系统,最后侧重描述网络环境下操作系统提供的网络服务。

2.5.1 计算机运行环境与网络应用体系结构

计算机的工作方式与计算机运行环境密切相关。随着计算机的不断发展,计算机的运行环境也在不断变化,从最早的单机单用户的传统运行环境,发展到今天网络环境下的多种运行模式。不同的运行模式,决定相关联的应用程序协作方式的不同,我们称网络环境下应用程序的运行模式为网络应用体系结构。网络应用体系结构决定网络环境中运行程序之间的关系,决定网络应用程序间的通信模式,操作系统也需要提供相应的、不同的服务。为了了解现代操作系统提供的功能,有必要了解计算机的运行环境。

1. 传统中心系统结构模式

计算机刚刚出现的时候(20 世纪 40 年代),计算机资源非常贫乏,计算机运行环境多是单机单用户的集中式模式,称为中心系统结构模式,多个终端共用一个主机、一套内存和外部设备,如图 2-38 所示,各个终端称为哑终端或哑元,它们只拥有显示器和键盘,没有处理器及内存和外部设备,相应的操作系统是批处理系统和交互式的分时系统,多个用户共享系统处理机时间。

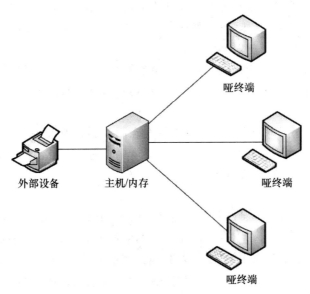

图 2-38 传统中心系统结构模式运行环境

2. 客户机/服务器模式

随着计算机硬件的发展和丰富,以及计算机网络的出现,计算机的运行环境不再是孤立的单机系统,而是多个计算机互联系统。组成网络的计算机能够共享数据、硬件和软件。互联环境下的计算机根据各个计算机扮演角色的不同、互相通信的模式不同,也分为不同的运行模式,客户机/服务器(C/S,Client/Server)模式是目前网络计算机采取的一种主要运行模式。

所谓客户机/服务器模式是指将某项任务在两台或多台计算机之间进行分配,一般客户机负责与用户交互,接收用户输入,显示和格式化表达数据,而服务器负责向客户机提供各种资源及事务处理的服务,包括通信服务、打印服务、数据服务,等等。在客户机/服务器模式的网络中,一个专门的计算机被指定为网络服务器,其他与之相连的计算机作为客户机,网络服务器提供相应的网络服务。服务器程序通常监听客户对服务的请求,直到一个客户机的连接请求到达为止;此时服务器被"唤醒",进而为客户机提供服务,对客户机的请求做出适当的响应,运行模式如图 2-39 所示。在 1.2.1 节的实验室科研项目管理系统实例中,程序运行在客户机/服务器模式下,客户机程序负责与用户交互,服务器运行数据库管理系统,负责数据管理。

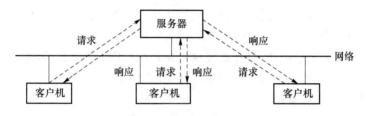

图 2-39　客户机/服务器模式计算环境

客户机/服务器模式已经成为当前网络环境下软件的主要工作模式,主要由于该模式具有传统中心系统结构模式所无法比拟的一系列优点。

① 均衡利用计算机资源、降低系统通信开销。客户机/服务器模式可以充分利用两端硬件环境的优势,将任务合理分配到客户机端和服务器端来实现,降低了系统的通信开销。

② 提高系统吞吐量和响应时间。服务器专门负责事务处理,将结果返回给客户机,客户机专门与用户交互,响应用户的时间缩短。

③ 灵活性好、易于扩充。理论上,客户机和服务器的数量不受限制,虽然实际上会受网络操作系统功能的限制,但是客户机数量仍然可以达到数百个,而且客户机和服务器的类型可以配置多种。

除了上述优点外,客户机/服务器模式系统存在服务器瓶颈问题及单点失效问题。前者由于服务器事务处理过重,影响整个系统的效率;后者的问题更严重,整个系统的核心过重地依赖于服务器,一旦服务器故障,会导致整个系统失效。

3. 对等模式

计算机互联环境下的另一种运行模式是对等(P2P,Peer to Peer)模式。在对等模式下,彼此连接的计算机都处于对等地位,整个网络一般不依赖于专用的集中服务器,网络中的每一台计算机既能充当网络服务的请求者,又能对其他计算机的请求做出响应,提供资源与服务,即每台机器都可以作为客户机或服务器。对等系统由分布在网络中的多个节点来提供服务,从根本上克服了客户机/服务器的瓶颈问题和单点失效问题,并提供了更好的系统性能。任何处于网络中的计算机,都可以加入对等系统。网络节点首先申请加入对等网络,之后就可以开始向网络中的其他节点提供服务或请求服务。

采用对等模式组成的网络构成一个应用层的对等网络,对等网络的定义有很多,不同的组织或团体给出了多种定义,我们采用 Intel 工作组给出的对等网络定义:对等网络是通过在系统之间直接交换来共享计算机资源和服务的一种应用模式。对等网络的体系结构有 3 种。

第 1 代集中式 P2P 网络,形式上有一个中央服务器,负责记录共享信息,以及回答对这些信息的查询,每一个对等实体根据需要直接在其他对等实体上下载所需信息。虽然形式上与客户机/服务器模式相似,但是本质是不同的,在客户机/服务器模式中,服务器垄断所有的信息,客户机被动读取信息。而集中式对等网络的中心服务器只是存放信息的索引资料。这一代的 P2P 生命力十分脆弱——只要关闭服务器,网络就不存在了。

第 2 代完全分布式非结构化 P2P 网络,没有中央服务器,采用随机图方式形成一个松散的网络,虽然它有较好的容错能力,但是结构复杂,检索速度太慢 。

第 3 代混合型 P2P 网络,结合了集中式和分布式两种形式的优点,在分布式模式的基础上,将用户节点按能力进行分类,使某些节点担任特殊任务,成为临时的中心节点。对等网络在 20 世纪 90 年代后期得到越来越多的应用,并将在分布式计算及网格计算、文件共享与存储、即时通信交流、语音与流媒体等方面有更大的发展。

4. 浏览器/服务器模式

浏览器/服务器(B/S,Browser/Server)模式是随着互联网技术的兴起,对客户机/服务器结构的一种变化或改进的模式。浏览器/服务器模式指在 WWW(World Wide Web)网络环境下,采用 Web 协议的信息系统任务分为 3 个层次完成,一是与用户交互的输入/输出任务,包括浏览、查询、显示等功能,由支持 Web 的浏览器(Browser)端完成;二是业务逻辑处理任务以及 Web 协议解析任务,由 Web 服务器完成;三是信息系统的数据管理任务,由数据库服务器完成。浏览器/服务器模式三层结构如图 2-40 所示。

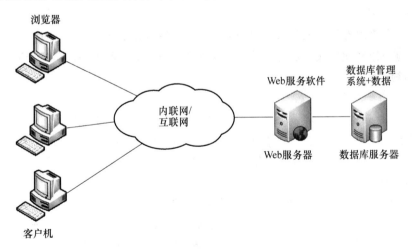

图 2-40 浏览器/服务器模式计算环境

随着互联网的普及,浏览器/服务器模式逐渐成为网络信息系统的主要工作模式,由其带来的一系列新的开发技术是本书重点讲述的内容。

2.5.2 操作系统的网络服务

面对网络环境下计算机的互相通信问题,产生了相应的网络通信协议,这里关心的是,协议定好了,要执行协议,显然由程序软件来完成,那么这个软件在什么位置执行,由谁来控制和管理呢? 加利福尼亚大学伯克利分校的 UNIX 操作系统工作组最早把网络协议的实现软件加入它的 UNIX 操作系统中,支持网络环境下的计算机通信,逐渐地在操作系统中增加更多的网络功能,形成了网络操作系统。

网络操作系统(NOS,Network Operating System)是网络用户和计算机网络的接口,它除了提供标准操作系统的功能外,最重要的是保证网络节点互相通信,还管理计算机与网络相关的硬件和软件资源。从 20 世纪 70 年代开始,有专门的网络操作系统出现,主要的是 Novell 公司的 NetWare 操作系统和 Microsoft 公司的 Windows NT 操作系统。随着网络的快速发展,网络服务的需求越来越多,所有的操作系统都具有了网络功能,不再单独定义哪些操作系统是网络操作系统了,而是侧重发展操作系统的网络功能,其中包括电子邮件服务、文件服务、打印服务、目录服务等。

当计算机在单机环境下工作时,用户只面对一台工作设备,当计算机在网络环境下工作时,用户可以通过面前操作的这台机器访问其他任何一台机器。我们把用户面对的这台机器称为本地(机器)设备,其他机器统称为远程(机器)设备。访问远程设备的能力和方法一般由操作系统的网络功能实现。

1. 文件服务

文件服务使网络用户可以通过访问虚拟磁盘来访问远程网络主机或服务器,创建、检索和更新远程文件系统中的文件。网络客户端用户向服务器发出访问文件系统的请求,对用户是透明的,用户可以像使用本地机一样使用远程服务器。文件服务能指定访问和控制信息,也提供文件压缩实用程序和数据转移实用程序,数据转移实用程序可以管理不同类型存储设备上的数据。文件服务的主要形式如下。

(1)文件共享

文件共享主要用于局域网环境。允许通过映射,使登录到文件服务器的用户可以像使用本地文件系统一样来使用文件服务器上的文件资源。UNIX、Windows 和 NetWare 均提供这种形式的文件服务。

(2)基于 FTP 的文件传输

FTP(File Transfer Protocol)是 TCP/IP 协议应用层的文件传输协议,基于 FTP 的文件传输主要用于广域网环境。客户端的用户通过系统注册和登录,可以下载 FTP 服务器中的文件或将本地的文件资源上传到 FTP 服务器上。

2. 打印服务

网络客户机可以使用网络(远程)打印机,使用方法与本地打印机完全相同,客户机并不知道是由网络中的打印机完成的打印任务。操作系统的打印服务截取了向本地打印机的输出请求,把请求重定向到服务器,服务器按照调度策略,把打印任务传送给网络打印机。使用网络打印服务,可以将多个用户的打印请求放到一台打印机上处理。

3. 目录服务

我们了解操作系统的文件系统的目录,记录的是文件的目录,包括文件名和它的属性信息,用来管理文件系统中的文件。这里所说的目录服务的目录,是指网络环境下的资源的信息描述,记录的是网络中的三大资源:物理设备、网络服务和用户,它们的名字、属性以及当前位置和习惯位置;目录服务则对这些资源进行有效的管理和利用。

网络上,特别是互联网上资源丰富并且庞大,这些资源杂乱地散在网络中,虽然网络用户可以共享使用它们,但是要找到这些资源很费力,用户需要知道远程资源的具体地址,要具有使用权限,并且登录远程设备才能使用。为了方便使用,需要一定的机制来访问这些资源,为网络用户提供相关的服务,于是就有了目录服务。早期的目录服务主要提供文件检索功能,Novell 就是广为使用的目录服务器系统;随着互联网的发展,网站的定位又成了难题,于是有了域名系统(DNS,Domain Name System)服务,它也是典型的目录服务,即帮用户实现域名与IP 地址之间的转换。在 Windows 体系中,活动目录(AD,Active Directory)功能强大,是符合工业标准的目录服务器。在 UNIX 或 Linux 中,也有相应的目录服务器。目录服务对于网络的作用就像黄页(政府及法人机构、工商企业电话号码簿)对电话号码的作用一样。人们可以使用目录服务按名称查找对象或者使用它们查找服务。

目录服务的主要功能是提供资源与地址的对应关系,比如用户想找一台网上的共享打印机或主机时,只需要知道名字就可以了,而不必去关心它真正的物理位置。由目录服务帮助维护这样的资源-地址映射。用户希望在使用网络资源时,不必关心信息和服务在何处或从哪里找到或得到,目录服务就是组织网络资源使之能简单被用户使用。在理想情况下,目录服务将物理网络的拓扑结构和网络协议等细节掩盖起来,这样用户不必了解网络资源的具体位置和连接方式就可以进行访问,由目录服务提供对网络资源和服务的单一逻辑视图,这个视图就是目录,并以统一的界面提供给用户进行访问。

目录服务具有两个组成部分:目录和目录服务。目录,是存储了各种网络对象(用户账户、网络上的计算机、服务器、打印机、容器、组)及其属性的全局数据库。目录服务,提供用户使用资源及存储、更新、定位和保护目录中信息的方法。目录服务提供如下功能。

① 用户管理:对用户进行身份验证和授权管理,保证核准用户能够方便地访问各种网络资源,禁止非核准用户的访问。

② 分区和复制功能:由于网络规模巨大,网络资源的目录非常多,因此目录服务负责将庞大的目录库分成若干分区,再将这些分区复制到多台服务器中,且使每个分区被复制的位置尽量靠近最常使用这些资源的用户。

③ 创建、扩充和继承功能:允许在目录中创建新的对象、扩充服务新功能,并且目录对象可以继承其他对象的属性和权利。

④ 多平台支持功能:目录服务具有跨平台的能力,能支持网络上各种类型的服务器,与企业网络的平台无关。

总的来说,资源访问的传统方法是,要想访问网络上的共享资源,用户必须知道共享资源所在的工作站和服务器的位置,并需要依次登录到每一台提供资源的计算机上。目录服务却使用户无须了解网络中共享资源的位置,只需通过一次登录就可以定位和访问所有的共享资源。这意味着不必每访问一个共享资源就要在提供资源的那台计算机上登录一次。

4. 电子邮件服务

电子邮件服务最早出现在电信系统中,后被引入局域网和广域网中,如今,电子邮件服务是使用得最多的网络服务之一。服务器上的电子邮件就像一个邮局,客户端发出的消息到达并存放在这里。当用户有邮件时,电子邮件服务器通知客户端、分发电子邮件并允许用户读、写和回复消息。

2.6 操作系统接口

操作系统的两大目标,一是有效利用计算机资源,二是方便用户使用。操作系统是用户与计算机硬件系统之间的接口,即操作系统接口,也称用户接口。前面几节侧重介绍操作系统的资源管理功能,本节介绍操作系统如何为用户使用提供方便。

2.6.1 操作系统接口的发展及类型

用户使用的计算机是硬件加上软件的一个虚拟机,而操作系统是计算机裸机之上的第一层软件,用户是通过操作系统来控制和使用计算机硬件的。用户控制计算机硬件的方法是操作系统为用户提供的,用户通过操作系统接口与操作系统打交道,接口以不同的方式请求操作系统提供某项功能,如让用户登录、启动一个应用程序、分配外部设备等。

早期的批处理操作系统时期,用户不需要与计算机实时交互,因此接口比较简单,以作业控制语言为主,能够描述一个作业的属性,包括作业标识、作业运行时间、作业运行时需要的操作系统资源,操作系统根据这些作业描述调度作业、分配相应资源。分时操作系统出现后,增强了用户与操作系统的交互性,要求操作系统随时了解用户的需求,并能尽快响应用户,因此操作系统提供了一种联机接口。无论是批处理操作系统还是分时操作系统,运行用户程序是必须的任务,程序是使用系统资源的主要实体,程序使用系统资源的接口是各种操作系统必须提供的。随着计算机硬件的发展,计算机存储设备与初期相比变化很大,促使早期的单纯的批处理操作系统逐渐退出了操作系统的历史舞台,作业控制接口也没有用武之地了。因此在很长一段时间,操作系统的接口有两类,一类是联机命令接口,另一类是程序接口。20 世纪 80 年代,图形界面技术的大力推广,使操作系统的图形接口成为另一主要接口形式。

目前操作系统接口有 3 种类型:联机命令接口、联机图形接口、程序接口。

1. 联机命令接口

联机命令接口是指联机状态下用户与计算机间的接口,接口形式是命令行,在用户界面中使用命令行,实现用户与计算机间的联机交互。用户在终端上输入联机命令,实时得到操作系统的服务,并控制自己的程序运行。

2. 联机图形接口

联机图形接口是指联机状态下用户与计算机间的接口,接口形式是图形界面,实现用户与计算机间的联机交互。用户在终端图形界面上,通过点击相应的图标,完成对操作系统的操作请求,实时得到操作系统的服务,并控制自己的程序运行。

3. 程序接口

程序接口提供了用户程序和操作系统间的接口,是操作系统专门为用户程序设置的,也是用户程序取得操作系统服务的唯一途径。程序接口通常由各种类型的系统调用组成。

操作系统接口提供用户使用操作系统功能的示意图如图 2-41 所示。

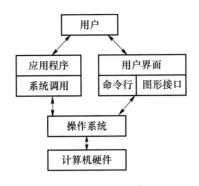

图 2-41　操作系统接口

2.6.2　联机命令接口

联机命令接口需要用户输入简短、有含义的命令。联机命令接口的工作方式是,在键盘上输入命令、从屏幕上查看结果,这是用户和操作系统交流中最常用、最直接的方式。几乎每种操作系统都有大量(几十条甚至上百条)命令来为用户提供多方面的服务。根据命令所完成的功能的不同,联机命令主要分为文件操作类、目录操作类、磁盘操作类、系统访问类、其他命令等。

1. 联机命令类型

① 文件操作类。完成用户在界面中对文件的交互操作要求,命令包括显示文件、复制文件、删除文件、文件比较、文件重新命名等。

② 目录操作类。完成用户在界面中对目录的交互操作要求,命令包括建立目录、显示目录(内容)、删除目录、改变目录、显示目录结构等。

③ 磁盘操作类。一般在微型计算机操作系统中提供,完成用户在界面中对磁盘的交互操作要求,命令包括格式化磁盘、复制整个磁盘、软盘比较、备份磁盘等。

④ 系统访问类:一般在多用户操作系统中提供,完成系统对用户的身份确认,命令包括注册、输入口令以及退出等。用户在进入系统时,系统要求用户注册用户名,并首次设置口令,以后登录时,以用户名和密码(口令)确认用户是否合法,在离开系统时,需要退出。

⑤ 其他命令。每个操作系统会有一些不同的命令,方便用户使用,比如重定向、管道、批处理命令等。

每个操作系统设置的命令功能大致相似,但是格式会有区别,这里简单介绍磁盘操作系统(DOS,Disk Operating System)和 UNIX 操作系统的联机命令。

2. DOS 的联机命令

DOS 是一种供个人计算机使用的微型计算机操作系统,是一个用户命令驱动的操作系统。虽然现在大部分用户使用图形界面,但是微软公司的所有操作系统都配有 DOS 用户界面,而且在以下两种情况下仍然有必要使用 DOS 的命令行,一是需要更直接理解操作系统的工作时,二是恢复瘫痪的计算机时。Windows 系列的操作系统界面从用户的角度来说"太友好"了,从专业的角度说,它们隐藏了操作系统工作的内容和性质,使用户对操作系统概念很疏离。而 DOS 更基本、更直接,如果能了解 DOS 在做什么,也就很容易了解 Windows 在做什么了。如果你的计算机发生故障或感染了病毒,许多实用工具和杀毒软件提供的恢复盘都被设计为用 DOS 引导的,并且用 DOS 命令来恢复工作。

下面简单介绍 DOS 命令。

DOS 命令的一般格式为

驱动器 + 系统提示符 命令名［选项］［参数 1］［参数 2］ …

其中：驱动器，从广义上指的是驱动某类设备的驱动硬件，这里指命令程序所在的设备或文件卷。系统提示符，标志系统处在等待接收命令的状态，DOS 的操作系统提示符为">"。联机命令必须在操作系统的系统提示符下输入，以回车键为命令结束符，在操作系统响应命令结束后，重新出现操作系统提示符，表示一个命令执行完毕，等待下一个命令。

DOS 的一些常用联机命令如表 2-3 所示。

表 2-3　DOS 常用联机命令

类别	命令	功能	备注
文件操作类	type	内部命令，把指定的文件内容在屏幕上显示	
	copy	复制文件	
	comp	文件比较	
	rename	重命名文件	
目录操作类	md	建立目录	
	dir	内部命令，显示指定目录下文件目录	示例如图 2-42(b)所示
	rd	删除目录	
	tree	显示目录结构	
	cd	更改当前工作目录	
磁盘操作类	format	格式化磁盘	
	diskcopy	磁盘整体复制	
	diskcomp	磁盘比较	
	backup	备份	

在 DOS 操作系统中，可以用 help 命令获得任何联机命令的语法格式，例如，如果查询"dir"（显示目录）命令格式，查询和显示结果如图 2-42 所示。

3. Shell 联机命令

Shell 是 UNIX 操作系统为用户提供的键盘命令解释程序的集合，Shell 可以作为联机命令语言，为用户提供使用操作系统的接口，用户利用该接口与计算机交互；Shell 也是一种程序设计语言，用以生成 Shell 过程。Shell 又分为 B_Shell 和 C_Shell，其中 B_Shell 是 1978 年由 Bourne 开发的，主要用在 AT＆T 系列的 UNIX system V 中，C_Shell 是 1983 年由 Joy 开发的，主要用在 BSD 系列（加利福尼亚大学伯克利分校的用户社团系列软件）的 UNIX 中。Shell 是操作系统的最外层，也称外壳。这里只介绍 Shell 作为联机命令语言的使用方法。无论是 B_Shell 还是 C_Shell，都提供 300 个以上的命令，下面仅做简单介绍。

Shell 命令的一般格式为

系统提示符 命令名［选项］［参数 1］［参数 2］ …

UNIX 操作系统的提示符为"＄"，有的为"％"。

Shell 的一些常用联机命令如表 2-4 所示。

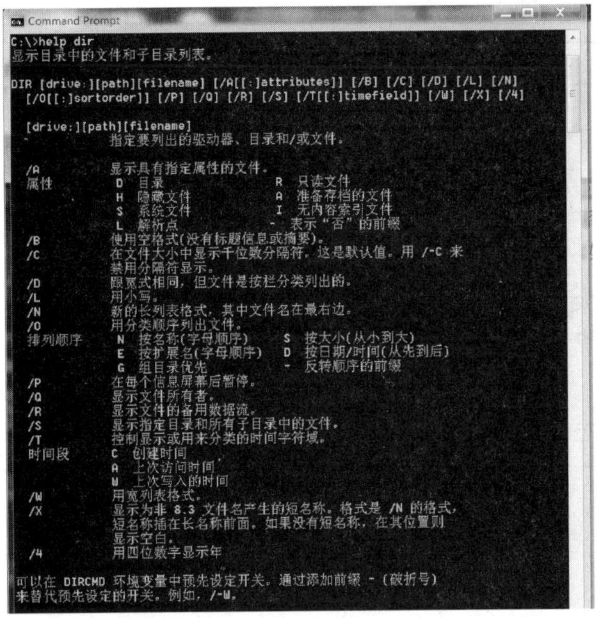

（a）获得 dir 命令格式

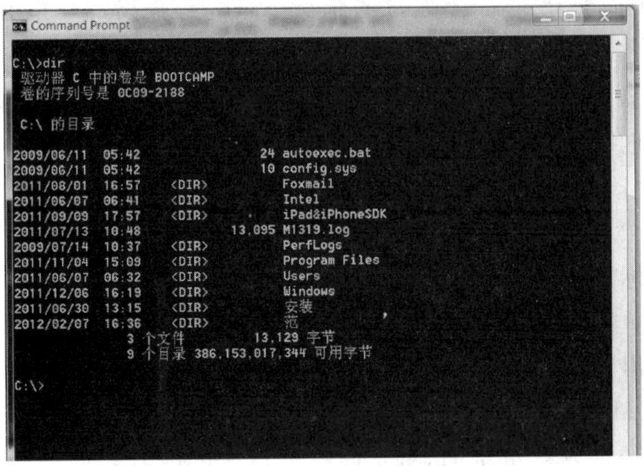

（b）dir 命令执行结果

图 2-42 DOS 联机命令界面

表 2-4 Shell 常用联机命令

类别	命令	功能	备注
系统访问类	login	用户登录	
	password	输入口令	
	logoff	退出系统（注销）	
文件操作类	cat	显示文件	
	cp	复制文件	（cp source target）
	mv	修改文件名	
	rm	删除文件	
	file	确定文件类型	

续 表

类别	命令	功能	备注
目录操作类	mkdir	建立目录	
	ls	显示目录内容	
	rmdir	删除目录	
	chdir	修改当前工作目录(cd)	
	chmod	改变文件存取方式	
系统询问类	date	访问当前日期和时间	
	who	询问当前用户,可以列出当前每一个处在系统中的用户的注册名、终端名和注册时间	
	pwd	显示当前目录路径,给出绝对路径	

除此之外,还有一些特殊命令,其概念始于 UNIX 操作系统,后来其他操作系统也提供了相似功能。

（1）重定向命令

在 UNIX 操作系统中,定义了标准输入文件和标准输出文件,分别为终端键盘输入和终端屏幕输出,在程序中或交互式命令中,缺省情况下,输入/输出都是指的标准输入/输出设备。用户经常会不使用标准输入/输出设备进行输入/输出,比如运行程序的数据来某个文件,这时就需要指定输入设备,Shell 的重定向命令就是用来改变输入/输出设备的。

重定向:用户不使用标准输入、标准输出,而是把另外的某个指定文件或设备,作为输入或输出文件。重定向符"<"表示输入重定向,重定向符">"表示输出重定向,如

    $ cat file

会将文件 file 显示在标准输出文件——终端屏幕上,而

    $ cat file > refile1

则将文件 file 显示输出到文件 refile1 中。

重定向命令是由 UNIX 操作系统首先提出和使用的,现在很多操作系统也采用了重定向命令,如 DOS 操作系统就支持重定向,重定向符也与 Shell 相同,如

    c:> type file > refile1

与上面的"$ cat file > refile1"命令功能一样。

（2）管道命令

管道命令也具有改变命令输入/输出的功能,利用管道功能,可以以流水线的方式实现命令的流水线化,即在单一命令行下,同时运行多条命令,使其前一条命令的输出作为后一条命令的输入,以加速复杂任务的完成。管道命令用管道符号"|"连接两条命令,形式为

    $ comd1 | comd2

例如,希望统计目录内容的字数,可以使用管道命令,将查看目录内容命令 ls 的输出作为统计字数命令 wc 的输入,形式如下:

    $ ls | wc

同重定向命令一样,DOS 操作系统也支持管道命令,管道符号也使用"|"。例如,在 DOS 下,若希望在屏幕上分页显示一个较长的文件,可以使用管道命令:

    c:> type f1 | more

其中,more 为 DOS 的分页命令。

（3）后台命令

对执行时间较长的命令,可以将该命令放在后台执行,以便用户在前台进行其他工作。为此,UNIX 操作系统设置了后台命令,在命令后面再加上"&"符号,就可以将该命令放入后台执行。值得注意的是,后台命令仍然以屏幕作为它的标准输出文件,所以,为了使后台进程与前台进程的输入/输出不至于混乱,通常后台命令与重定向一起使用。

（4）控制命令

用控制命令了解和控制后台进程运行,如:

- ps——查看进程号,查看正在运行的进程的内部 ID。
- kill——删除后台进程,后面参数为进程号。一旦某个用户进程出现异常,系统管理员可以先查找其内部进程 ID 号,然后删除它。

2.6.3　联机图形接口

图形界面是近年来操作系统较普遍使用的一种联机接口,它允许用户在窗口、图标、菜单和光标之间进行选择,请求操作系统服务。方法包括将选项设为高亮并按回车键,用鼠标点击所选择的选项,用鼠标双击图标或拖拽图标等。通常选择一个选项会出现许多子选项（子菜单）,用户可以依次遍历或选择下去。

图形界面以桌面为初始界面,桌面用鼠标操纵,滑动鼠标指针至图标之上称为指向该图标,然后单击鼠标左键即为选中该图标。如果指向程序图标,双击该图标即可装入程序（或运行程序）。从功能上来说,图形接口提供的接口功能与命令接口提供的功能无异,操作起来更容易、更方便,只是其操作系统的含义表达不是很直接和集中。下面按照联机命令的功能分类来介绍图形接口的文件目录类操作、磁盘类操作以及程序控制类操作（以 Windows 系列操作系统为例）。

1. 文件目录类操作

可以直接在"资源管理器"或"我的电脑"界面中看到所有存储设备及选中设备中的文件（目录）清单,清单可以以树形显示,也可以以图标二维排列显示。通过选中图标,单击鼠标右键,在弹出的操作子菜单中进行文件及目录操作（图 2-43）,包括以下内容。

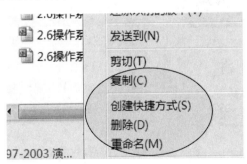

图 2-43　联机图形接口示例

- 创建目录:光标选中所建目录的父目录,单击鼠标右键,在弹出的操作子菜单中选择创建目录功能,输入目录名字。
- 创建文件:光标选中所建文件的目录,单击鼠标右键,在弹出的操作子菜单中选择创建文件,输入文件名字。

- 复制文件:通过鼠标拖拽可以完成复制重名文件、复制到不同文件夹(目录)、复制多个文件、复制整个文件夹(目录)等操作。
- 查找文件:在资源管理器中,点击搜索图标,输入查找文件的名字。
- 删除文件:光标选中要删除的文件,单击鼠标右键,在弹出的操作子菜单中选择删除文件功能。

2. 磁盘类操作

操作系统或者外装程序提供了灵活的磁盘管理功能。

- 磁盘格式化:在"我的电脑"界面中,选择磁盘所在驱动器的图标,单击鼠标右键,在弹出的操作子菜单中选择磁盘格式化功能。
- 对硬盘碎片整理:在 Windows 2003 工具栏"控制面板→系统与安全→管理工具"中选择"对硬盘进行碎片整理",可以完成硬盘空间存储文件的物理顺序的整理,提高硬盘服务速度。
- 创建并格式化硬盘分区:在 Windows 2003 工具栏"控制面板→系统与安全→管理工具"中选择"创建并格式化硬盘分区",可以完成硬盘的格式化和分区。

3. 程序控制类操作

图形接口最方便的是对多任务、多进程的创建和切换以及对运行进程的控制。

- 多进程运行(创建进程):双击运行程序图标,即可以运行一个程序(创建一个进程),一个界面下可以点击多个程序运行,即建立多个进程。
- 程序切换:任务栏(桌面底部)的图标代表正在运行的程序,可以单击这些图标进行程序(进程)间的切换。
- 查看进程及删除进程:在桌面底部单击鼠标右键,在弹出的菜单中选择"启动任务管理器"就可以查看正在运行的进程(图 2-44),也可以结束(删除)进程。

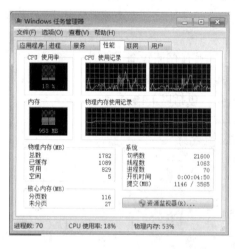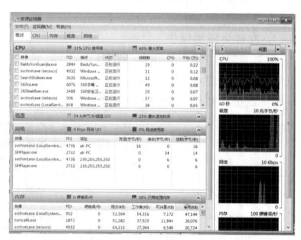

图 2-44　查看正在运行的进程

2.6.4　程序接口(系统调用)

程序接口是操作系统专门为用户程序设置取得操作系统服务的唯一途径。程序接口通常由各种类型的系统调用组成,因而,也可以说,系统调用提供了用户程序和操作系统之间的接口。所谓系统调用,本质上是应用程序请求操作系统内核完成某功能时的一种过程调用,它与一般的过程调用的关键差别是:一般的过程调用运行在用户态,系统调用运行在系统态。系统调用的主要目的是使用户可以使用操作系统提供的有关输入/输出管理、文件系统和进程控制、通信以及存储管理等方面的功能,而不必了解系统内部程序的结构和有关硬件细节,从而保护系统、减轻用户负担、提高资源利用率。

1. 系统调用类型

每个操作系统提供的系统调用数量和类型有所不同,但是它们的概念是类似的,种类也大致相同。下面以 UNIX 操作系统为例,介绍主要几类系统调用。

(1)有关设备管理的系统调用

用户使用这些系统调用对有关设备进行读写和控制。例如,系统调用 read 和 write 用来对指定设备进行读和写,系统调用 open 和 close 用来打开和关闭某一指定设备。

(2)有关文件系统的系统调用

这一类系统调用是用户使用最为频繁的系统调用,也是种类较多的系统调用,包括文件的打开(open)、关闭(close)、读(read)、写(write)、创建(create)和删除(unlink)等,还包括文件的执行(execl)、控制(fnctl)、加解锁(flock)、文件状态获取(stat)和安装文件系统(mount)等。

(3)有关进程控制的系统调用

进程控制是操作系统的核心任务,系统也允许用户进行必要的进程控制,有关进程控制的系统调用很多,常用的有创建进程(fork())、阻塞当前执行进程(wait())、终止进程(exit())、获得进程标识符(getpid())、获得进程优先级(getpriority())、暂停进程(pause())、管道调用(pipe())等,还有两个常用的实用程序睡眠(sleep(n))和互斥(lockf(fd,mode,size)),睡眠(sleep(n))使当前执行进程睡眠 n 秒,互斥(lockf(fd,mode,size))将文件 fd 指定的区域进行加锁或解锁,以解决临界资源的竞争问题。

(4)有关进程通信的系统调用

主要包括套接字的建立、连接、控制、删除以及进程间通信的消息队列、同步机制的建立、连接、控制、删除等。

(5)有关存储管理的系统调用

主要包括获取内存现有空间大小、检查内存中现有进程以及内存区的保护和改变堆栈的大小等。

(6)管理用的系统调用

例如,设置和读取日期和时间,获取用户和主机的标识符等系统调用。

系统提供的系统调用越多,功能就越强,用户使用起来就越方便灵活。

2. 系统调用使用方式

一般系统调用以标准实用子程序形式提供给用户在编程中使用,从而减少用户程序设计和编程的难度和时间。目前很多用户编程时使用的一些库函数,就是简化了系统调用的接口,但是库函数也要通过系统调用获得操作系统的服务。

用户在不同层次编程,使用系统调用的方式也是不同的。底层编程,使用汇编语言时,系统调用是作为汇编语言的指令使用的,系统调用会在程序员手册中列出;使用一般高级语言进行顶层应用编程时,系统调用通常以函数调用的形式出现(如 C 语言、PASCAL 语言);而在使用面向对象编程语言时,系统调用都封装为类的方法。这里给出一个 C 语言使用系统调用的例子。

【例 2-5】使用 C 语言,调用操作系统的系统调用 fork()创建进程,并且打印活动进程号。

以下是程序片段。

```
main()
{
 int i;
 while ( (i == fork( ) ) == -1){//若创建进程失败
   printf( "fork create failed");
   exit(1);
 }
//创建进程成功,出现 2 个进程,当前进程为父进程
 if ( i > 0 ) printf("this is parent process! id = %d", getppid());//父进程运行,打印父进程号
 else if (i ==0){ //子进程被调度运行,先睡眠 2 秒,打印子进程号
    sleep(2);
    printf("this is child process! id = %d", getppid());
 }
}
```

该 C 程序直接调用系统调用 fork()。fork()的功能是创建新进程,如果创建成功,分配处理机,其返回值有以下 3 个。

- -1:若创建进程失败,返回-1;
- 0:创建进程成功,处理机分配给新创建的子进程;
- > 0:创建进程成功,处理机分配给当前运行的父进程。

各个进程的进程号是调用系统调用 getppid()获得的。

3. 系统调用的实现机制

尽管系统调用形式与普通的函数调用相似,但是系统调用的实现与一般过程调用的实现相比有很大差异。这主要是系统调用实现机制造成的。该机制由"中断与陷入硬件机构"和"中断与陷入处理程序"两部分组成。

(1)中断与陷入硬件机构

先看什么是中断与陷入,中断是指 CPU 对系统发生某件事时的一种响应,中断发生时,CPU 暂停正在执行的进程,保护现场后转去执行该事件的中断处理程序,执行完成后返回被中断的程序继续执行。中断分为内中断和外中断,外中断指外部设备引起的中断,如打印机中断、时钟中断;而内中断指由 CPU 内部事件引起的中断,如程序出错等,内中断又称陷入(trap)。中断与陷入的硬件机构完成暂停执行进程、保护现场、转入中断或陷入程序一系列工作。系统调用通过一条陷入指令实现,该指令是一条机器硬件指令,其操作数部分对应于系统调用号。

(2)中断与陷入处理程序

中断与陷入处理程序就是系统调用的处理程序,又称为系统调用子程序,系统调用的功能主要由它来实现。系统调用子程序由系统调用号来标明入口,在系统中有一张系统调用入口表,用来指示各系统调用处理程序的入口地址,从而,只要把系统调用的编号与系统调用入口表中处理程序入口地址对应起来,当用户调用系统调用时,系统就可以通过陷入指令而找到并执行有关的处理程序,以完成系统调用的功能。

4. 系统调用实现过程

系统调用实现过程分为以下 3 步。

首先,中断与陷入硬件机构将处理机状态由用户态转为系统态,保护被中断进程的 CPU 环境,然后将用户定义的参数传送到指定的地方保存起来。

其次,分析系统调用类型,按照陷入号,根据系统调用入口表,转入系统调用子程序(中断与陷入处理程序),系统调用子程序执行,完成相应功能。

最后,在系统调用子程序执行完后,返回被中断进程或新进程,继续执行。

【例 2-6】在 C 程序中执行一个向已打开文件写一批数据的任务,显然 C 程序中要执行系统调用。

```
...
rflag = read(fd, buf, count);
...
```

这条语句被编译后形成的汇编指令如下。

```
trap 4
参数 1
参数 2
参数 3
k1:...
```

其中参数 1、2、3 分别对应 C 语句中的文件描述符 fd,读出数据存放地址指针 buf,读出字节数 count。完成这个系统调用的步骤如下。

① CPU 执行到 trap 4 指令时,产生陷入事件,硬件做出中断响应:保留该进程现场;程序控制转向一段核心码,即中断与陷入处理程序,将进程状态由用户态改为系统态。

② 根据系统调用号 4 查找系统调用入口表,得到相应系统调用子程序入口地址。

③ 转入文件系统。根据文件描述符 fd,查找目录,找到文件所在物理设备。

④ 启动设备驱动程序,将设备上文件 fd 读入缓冲区。

⑤ 启动 CPU 调度进程,如果选择本例的读文件进程执行,则恢复该进程现场,继续执行。否则执行新进程。

整个过程如图 2-45 所示。

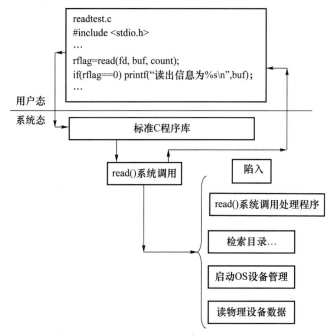

图 2-45 系统调用执行过程

2.7　本章小结

操作系统是计算机系统最核心的系统软件,进程是理解操作系统的最基本概念,是操作系统进行资源管理的基本单位,是网络节点计算机间通信的执行实体,本章介绍了进程的概念,侧重讲述并发进程的同步和互斥及进程通信方法;文件目录不仅是操作系统管理软资源的数据结构,其形成的层次树状目录结构也是网络协议(如 DNS)、应用程序等信息应用中解决问题的基本结构,本章讲述了文件及文件目录的基本概念及 UNIX 文件卷的构成;计算机网络的出现直接影响了计算机的运行环境,产生了新的计算模式:从传统的中心模式到客户机/服务器、浏览器/服务器以及对等模式,网络环境下计算机节点间选择的计算模式不同会导致进程通信方式的不同以及实现技术的不同,本章在介绍计算机运行环境的基础上,讲述了操作系统的网络功能。

本章虽然只是对操作系统的部分内容(进程、文件、接口及网络功能)进行了介绍,但却为读者理解网络信息系统体系架构奠定了基础。

第 **3** 章 网络协议与网络编程

从第一封电子邮件到如今流行的万维网、Skype、微博等,各种网络信息系统的产生与发展都极大地改变了人们的工作和生活。而正是无处不在的计算机网络为信息传递提供了媒介、为这些令人兴奋的应用提供了平台。为了设计实现网络信息系统,需要对网络环境、网络协议以及网络编程基础知识有所了解。本章将介绍网络的概貌、网络协议与网络体系结构,以及网络编程的基本概念和技术分类。

3.1 计算机网络概述

本节首先介绍计算机网络的概念、网络的构成及分类。由于大量网络信息系统目前都由 Internet 承载,接下来将对这个最著名的网络实例 Internet 进行描述以加深对实际网络信息系统的网络环境的理解。最后将考察网络的标准化工作,为后续介绍应用协议提供基础。

3.1.1 计算机网络的概念及分类

1. 计算机网络的定义和特征

随着计算机工业的诞生,20 世纪进入了信息时代。虽然计算机工业仍然非常年轻,但其发展速度却是惊人的。计算机技术和通信技术相结合,使以往计算任务由单个大型机集中处理的形式逐渐被新的形式取代,即大量独立的相互连接起来的计算机共同完成计算任务,这种形式就是计算机网络。而计算机网络的产生也将信息系统推向了网络时代。

关于计算机网络目前还没有统一的精确定义,本书采用一个比较简单的定义:计算机网络是相互连接、自主的计算机的集合。其中,相互连接是指两台计算机能够实现相互通信、交换信息;而自主是指每台计算机都能够独立完整地实现计算机的各种功能。

计算机之间可能需要通过铜线、光纤、微波、红外线和通信卫星等通信链路进行连接,也可能还需要通信连接设备如交换机、路由器、微波站等建立连接。当然计算机网络最简单的形式就是两台计算机通过链路进行连接。

自主的计算机系统与早期主从式计算机系统是相对的。在主从式系统中,多个终端与一个主机相连并受控于该主机,主机与终端属于主从关系。而在计算机网络中,自主计算机不从属于任何一台主机。需要强调的是,由于网络信息系统的网络环境并不局限于由个人计算机组成的网络,所以本书讨论的计算机泛指具有计算能力的设备,包括手持终端、传感器等。

目前计算机网络的一些基本特征如下:

① 计算机网络建立的主要目的是实现通信和资源共享;

② 构成网络互连的计算机是分布在不同地理位置的多台独立的"自主计算机系统";

③ 多台计算机要实现通信需要依赖通信媒介,包括通信设备和线路;

④ 连网计算机要实现通信还必须遵循相同的网络协议。

2. 计算机网络的构成

为了更好地了解计算机网络,下面讲述网络的具体构成。计算机网络由硬件和软件构成。

(1) 硬件构成

网络硬件主要包括:网络中的计算设备、传输介质、通信连接设备。

传统的计算设备多数是客户机(网络中个人使用的计算机)以及服务器(它们负责对网络进行管理,提供网络服务功能和共享资源,如存储信息、传输 Web 页面和提供电子邮件服务等)。现在,有越来越多的非传统计算设备,如个人数字助手(PDA, Personal Digital Assistant)、数字电视、移动计算机、蜂窝电话、汽车、环境传感设备和家用电器,都在与网络相连。所有这些设备都称为主机或端系统。

这些端系统在网络中是通过传输介质以及通信连接设备相互连接在一起的。传输介质由多种不同类型的物理媒体组成,包括常用于电话到本地交换机之间的双绞铜线、有线电视系统和城域网中应用很广泛的同轴电缆、用于长途电话网络以及 Internet 主干的光纤、无线局域网和蜂窝移动通信系统中的地面无线信道和卫星无线信道等。不同的传输介质,特性不同,传输的速率也有所不同。

除了传输介质之外,还需要一些通信连接设备将端系统连起来,如网卡、再生器(或集线器)、网桥(或交换机)和路由器。这些连接设备可以保证通信的可靠有效进行。网卡是网络接口卡(NIC, Network Interface Card)的简称,是网络中连接计算机和传输介质的接口设备。再生器(或集线器)工作在协议栈的物理层,负责将接收到的信号再生并转发到另一段链路上。它能够延伸链路长度、扩展网络的作用范围,是在同一网络中使用的连接设备。网桥工作在物理层和数据链路层,不仅能再生信号,还能识别帧中的物理地址,具备过滤能力。但它不改变分组的格式和内容,只能用于连接使用相同协议的网络。路由器工作在物理层、数据链路层和网络层,能够识别数据报中的逻辑地址,在多个互相连接的网络中选择路由、转发分组。它更为复杂和智能,可用于连接不同类型的网络,如任意类型的局域网或/和广域网,实现互联网的功能。

(2) 软件构成

网络软件主要包括:网络操作系统、网络通信协议以及网络应用程序。

从第 1 章看到,网络操作系统是计算机网络的核心软件。网络操作系统除了具有一般单机操作系统的基本功能外,还具备如网络的通信、管理以及服务功能等。

网络通信协议是网络实体进行通信的规则的集合。网络中需要进行通信的计算机都要遵守相同的通信协议。端系统、分组交换设备和其他网络组件,都要运行控制网络信息接收和发送的一系列协议。

网络应用程序为用户提供许多的网络应用。网络应用程序能够通过网络提供电子邮件、Web 冲浪、即时信息、网络电话(VoIP, Voice over Internet Protocol)、Internet 广播、视频流业务、分布式游戏、对等(P2P)的文件共享、Internet 电视、远程注册等信息应用服务。这一部分是用户可以直接接触到的,如果没有这些吸引人的网络应用,那么网络的存在就没有意义了。

3. 网络的分类

关于计算机网络,没有一种统一的分类方法,这里介绍 3 种分类标准:按照传输技术分类、按照传输距离分类和按照网络用途分类。

(1)按照传输技术分类

目前普遍使用的传输技术有两种,分别是:广播式链接和点到点式链接。因此按网络传输技术分类,网络可以分为广播式网络和点对点式网络。

在广播式网络中,所有联网计算机共享一个公共通信信道,当一台计算机发送分组时,所有其他计算机都会"收听"到这个分组。为了能将分组准确送达目的地,在发送的分组中有一个地址域,包含了有关该分组目标接收者的信息。每台机器收到分组后,都会检查这个地址域。如果地址域表明该分组是发送给它的,则接收这个分组,否则就忽略该分组。这种模式称为广播。有些广播网络也允许将分组传输给其中一组计算机,即所有机器的一个子集,这种模式称为多播。

在点对点式网络中,整个网络由许多连接/通道构成,每一条连接对应一对计算机。当然,这对计算机不一定直接相连,分组从源端传送到目的地需要通过一个或者多个中间节点,即通信连接设备,选择合适的路径,进行接收、存储、转发。采用分组存储转发与路由选择机制是点对点式网络和广播式网络最重要的区别。只有一个发送方和一个接收方的点到点传输模式有时候也称为单播。

(2)按照传输距离分类

网络分类的另一个准则是网络的距离尺度或者作用范围。按照网络的距离尺度或作用范围分类,可以将网络分为:个人区域网、局域网、城域网、广域网等。表 3-1 所示为按照距离尺度来划分网络。

表 3-1 按照距离尺度对网络进行分类

处理器间的距离	多个处理器的位置	网络分类
1 m	一平方米范围内	个人区域网
10 m	同一房间	局域网
100 m	同一建筑物	
1 km	同一园区	
10 km	同一城市	城域网
100 km	同一国家	广域网
1 000 km	同一洲内	
10 000 km	同一行星	Internet

距离作为一种分类的度量是非常重要的,因为不同的距离尺度将会使用不同的技术。下面按距离尺度由小到大,对这几种网络进行简要的介绍。

个人区域网(PAN,Personal Area Network),简称个域网,是指在个人周边范围内把电子设备连接起来的网络,仅供个人使用,其范围在 1 m 左右。典型的例子是通过无线技术(如蓝牙技术)将计算机和外设连接成的网络,也常称为无线个人区域网(WPAN,Wireless Personal

Area Network)。将嵌入式的起搏器、助听器等与一个用户操控的远程控制终端相连形成的网络也属于这一类。

局域网(LAN,Local Area Network)通常位于一个建筑物内,或者一个校园内,地理上局限在较小的范围(如1 km左右)。局域网一般通过高速通信线路将计算机连接起来,以便共享资源和交换信息。它往往是专有网络,早期一个学校或企业往往只拥有一个局域网,但现在局域网已被非常广泛地使用,一个学校或企业大都拥有许多个互联的局域网(常称为校园网或企业网)。

城域网(MAN,Metropolitan Area Network)的作用范围一般是一个城市,可跨越几个街区甚至整个城市,其作用距离约为几千米到几十千米。城域网可以为一个或几个单位所拥有,也可以是一种公用设施,用来将多个局域网进行互联,使用技术与局域网相似。最著名的城域网的例子是有线电视网。此外还有用于高速Internet接入的城域网,目前已被标准化的IEEE 802.16,也称全球互联微波接入(WiMAX,Worldwide Interoperability for Microwave Access)。

广域网(WAN,Wide Area Network)覆盖的范围更大,通常为几十到几千千米,可跨越一个国家甚至一个大洲。广域网是Internet的核心部分,其任务是通过长距离(例如,跨越不同的国家)运送主机所发送的数据。连接广域网各节点连接设备的链路一般都是高速链路,具有较大的通信容量。

最后,两个或者多个网络连接起来之后称为互联网。世界范围的Internet是一个最有名的互联网例子。关于互联网的概念将在3.1.2节进行介绍。

还有一类比较特殊的计算机网络,是用于将端系统连接到其边缘路由器的物理链路,称为接入网(AN,Access Network)。边缘路由器是端系统到任何其他远程端系统的路径上的第一台路由器。接入网可分为将用户家庭端系统与网络相连的住宅接入、将商业或教育机构中的端系统与网络相连的公司接入和将移动端系统与网络相连的无线接入。实际上,接入网只是起到让用户能够与网络尤其是Internet连接的"桥梁"作用。图3-1显示了广域网、城域网、接入网以及局域网的关系。

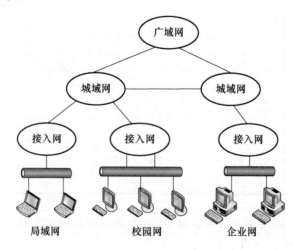

图3-1 广域网、城域网、接入网以及局域网的关系

(3)按照网络用途分类

按照网络用途进行分类,可以将网络分为公用网和专用网。

公用网是为签约用户提供服务的网络。所谓"公用"指的是任何支付签约费用的个体或团体都能使用这种网络,因此公用网也可称为公众网。提供通信服务的公司称为服务提供商。所谓"公"是指网络服务的公众可用性,而不是针对传输的数据而言的,因此服务提供商需要保证通过公用网传输的数据的安全性。通常公用网是由电信公司(国有或私有)出资建造的大型网络。

专用网可以为个体消费者、小型办公室、中小型企业和大型企业提供网络服务。这种网络一般是根据特殊的工作需要而建造的,因此不向其他公众开放。例如,军队、铁路、电力等系统均有本系统的专用网。专用网的线路可以从运营商那里租用。

3.1.2 网络实例:Internet

从上小节可以看到计算机网络涵盖了许多不同规模和技术的网络,有大的、有小的、有简单的、也有复杂的,它们都承载了许多不同的网络信息系统。而目前广受人们喜爱的一些应用如万维网、电子购物、电子邮件、即时消息、Skype、BitTorrent 文件共享等都是构筑在 Internet 这个网络平台上的。本小节将介绍 Internet 这个典型的网络实例,包括它的概念、发展和传统应用,以便加深对于网络信息系统的网络环境的认识。

1. 互联网与 Internet 的概念

目前我们周围有大量网络在运行,这些网络的结构和采用的技术往往不尽相同,而一个网络中的人常常希望可以和另一个网络中的人进行通信,这就要求将那些互不兼容的不同网络连接起来。这些由网络相互连接起来形成的网络称为互联网(internetwork 或 internet)。比如将两个局域网连接起来就构成了一个互联网,当然更为普遍的形式则是通过一个广域网将多个局域网组织起来。因此互联网是"网络的网络"(network of networks)。而著名的因特网(Internet)则是典型的互联网络。

这里需要对两个常见的词:internet 和 Internet 做一下特别说明。它们形式上的区别仅在开头的字母是小写 i 还是大写 I,但含义却完全不同。internet 翻译为互联网或互连网,是一个通用名词,泛指由多个计算机网络互联而成的网络。而 Internet 翻译为因特网,是一个专有名词,它指由美国的 ARPANET(Advanced Research Project Agency Network)发展起来的当前全球最大的、开放的、由众多网络相互连接而成的特定计算机网络,它是世界范围内计算机网络的集合,这些网络之间共同协作,使用一组公共的通信协议 TCP/IP 交换信息,将世界各地的用户连接在一起。

网络互联是一个非常活跃且发展迅速的领域,其中存在许多各具特色的技术,而这些技术又可以采用许多方法进行组合和互连,因此网络互连的问题非常复杂。仅从物理上将网络用链路连接起来是无法实现异构网络的互联互通的。前面说过网络的另一个重要的组件是网络软件,互联网中的计算机上必须安装适当的软件,运行相应的通信协议,才能够实现通过网络传送信息。

2. Internet 的发展

1969 年美国国防部创建了一个被称为 ARPANET 的网络。这是第一个采用分组交换的网络。网络的节点都配有相应的软件,包括通信协议和应用软件。1969 年 12 月,包含 4 个节点,即加州大学洛杉矶分校(UCLA,University of California, Los Angeles)、加州大学圣塔芭芭拉分校(UCSB,University of California, Santa Barbara)、斯坦福研究院(SRI,Stanford Research Institute)和犹他大学(UTAH,University of Utah)的实验网络开始运行,如图 3-2

所示。随后 ARPANET 得到了快速增长并很快扩展到了整个美国。

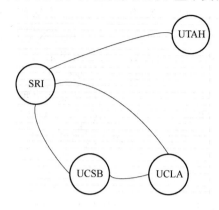

图 3-2 初期 ARPANET 的节点分布

ARPANET 最初并不是一个互连的网络。很快人们认识到一个单独的网络无法满足所有的通信问题，于是就开始了多种网络互联技术的研究，并开发了用于网络互连的 TCP/IP 协议。

美国国家科学基金会（NSF，National Science Foundation）设计了一个 ARPANET 的后继网络，即国家科学基金网（NSFNET，National Science Foundation NETwork）。它使用 TCP/IP 协议将一个骨干网络和一些区域性网络相互连接起来，并通过通信连接设备与 ARPANET 相连。NFSNET 在 1986 年后取代 ARPANET 成为 Internet 的主干网。1990 年由于实验任务已经完成，ARPANET 正式宣布关闭。

值得一提的是，由于 1983 年 TCP/IP 协议成为 ARPANET 上的标准协议，使计算机通过互联网通信成为可能，因而人们通常把 1983 年作为 Internet 的诞生时间。

从 1993 年开始，由美国政府资助的 NSFNET 逐渐被若干个商用的 Internet 服务提供商（ISP，Internet Service Provider）网络所代替。ISP 能够从 Internet 管理机构申请到 IP 地址，并拥有通信线路以及路由器等连网设备。只要交纳相应的费用，端系统就可以通过 ISP 接入 Internet。

3. Internet 的应用

Internet 成为世界上规模最大和增长速率最快的计算机互联网络，其迅猛增长应归功于 ISP，它们为用户提供了连接到 Internet 的能力，使用户可以访问电子邮件、万维网以及其他的 Internet 服务。所谓"连接到 Internet"是指如果一台机器运行了 TCP/IP 协议栈并拥有一个 IP 地址，可以向 Internet 上所有其他的机器发送 IP 分组，那么这台机器就是在 Internet 上。实际上只要一台机器被连接到 Internet ISP 的路由器上了，那么就可以认为它连接到 Internet 上了，因为 ISP 向连接到 Internet 的用户提供了 IP 地址。

20 世纪 90 年代早期及以前，Internet 和它的前身网络的传统应用主要包括：电子邮件、新闻组、远程登录、文件传输。

① 电子邮件。现在非常普及的电子邮件实际在 ARPANET 的早期就已经问世了。许多人每天都会通过电子邮件收到大量的消息。它已成为人们与外界交流的主要途径之一，远远超过了电话和缓慢的邮政信件。

② 新闻组。新闻组是一些专门的论坛，话题囊括方方面面，包括计算机、科学、娱乐和政治，等等。同一论坛的用户们往往有共同的兴趣，他们通过新闻组相互交换消息。

③ 远程登录。通过远程终端协议（TELNET，TErminaL NETwork）、安全外壳协议（SSH，Secure Shell）等，在 Internet 上任何地方的用户都可以通过拥有的合法账号登录到任何一台远程的机器上。

④ 文件传输。通过文件传输协议（FTP，File Transfer Protocol），用户可以将 Internet 上一台机器上的文件复制到另一台机器上，从而访问大量的文章、数据库和其他的信息。

那时 Internet 主要流行于政府以及学术界和工业界的研究人员之间。但由欧洲原子核研究组织开发的新的应用，即万维网 WWW 改变了这种状况。它被广泛地使用在 Internet 上，使得一个站点有可能存储大量的信息页面，内容可以包括文字、图片、声音、视频，还可以嵌入指向其他页面的链接，极大地方便了非专业人员对网络的使用，推动了 Internet 的迅猛发展。

3.1.3　网络标准化

网络的规模、结构、技术都是多种多样的，为了保证网络的互联互通以便在各种网络中实现信息应用，必须遵循统一的标准。标准可以分为两大类：事实标准与法定标准。所谓事实标准是指那些已经发生并获得认可的、但事先没有任何正式计划的标准。例如，IBM 个人计算机（PC，Personal Computer）及后继产品是小型办公和家庭计算机的事实标准，UNIX 是大学计算机系操作系统的事实标准。法定标准是指由某个权威的标准化组织采纳的正式的合法的标准。下面将对网络尤其是 Internet 法定标准的相关组织和标准化过程进行介绍。

1. 有影响的标准化组织

（1）国际电信联盟

为了提供全球范围内的兼容性以保证一个国家的用户可以呼叫另一个国家的用户，在 1865 年，欧洲成立了标准化组织，后发展为国际电信联盟（ITU，International Telecommunication Union）。它的任务是对国际电信（当时指电报）进行标准化。

ITU 包括 3 个主要部门：无线电通信部门（ITU-R，Radio Communication Sector of ITU），电信标准化部门（ITU-T，Telecommunication Standardization Sector of ITU），电信发展部门（ITU-D，Telecommunication Development Sector of ITU）。其中 ITU-R 关注全球范围内的无线电频率分配事宜。

下面主要来看一下 ITU-T。在 20 世纪 70 年代早期，一些国家确定了电信的国际标准，但由于标准在国际范围的兼容性较差，于是联合国就在国际电联下面成立了一个国际电报电话咨询委员会（CCITT，Consultative Committee on International Telecommunications and Telegraph）。这个委员会致力于研究和建立电信的通用标准，特别关注电话和数据通信系统。1993 年 3 月，CCITT 改名为 ITU 电信标准化部门（ITU-T）。ITU-T 的任务是对电话、电报和数据通信接口提供一些技术性的建议，这些建议通常会变成国际上认可的标准。

ITU-T 的实际工作通过它的 14 个研究组来完成。覆盖了各方面的主题，从电话计费到多媒体服务。为了尽可能完成自己的任务，研究者又分成工作组，工作组进一步分为专家组，再分为特别组。随着电信业逐渐转变成全球性的行业，标准也变得越来越重要，越来越多的组织也积极参与到标准制定工作中来。

（2）国际标准化组织

国际标准是由国际标准化组织（ISO，International Organization for Standardization）制定和发布的。ISO 是一个于 1947 年成立的自愿、非条约性组织，它作为一个多国团体，其成员主要来自于世界上许多政府的标准创建委员会。ISO 的目标是使国际范围内商品和服务的交换更加容易,同时提供一些模型以促进兼容性、质量改进、生产率增长和价格下降。它为大量的学科制定标准。在电信标准方面,ISO 和 ITU/T 通常联合起来以避免出现两个正式的但相互不兼容的国际标准。ISO 有将近 200 个技术委员会(TC,Technical Committee),按照创建的顺序进行编号,每个技术委员会处理一个专门的主题,如 TC97 处理计算机和信息处理技术方面的事宜。每个技术委员会有一些分委员会(SC,SubCommittee),SC 又分成若干工作组(WG,Work Group)。

（3）电气和电子工程师协会

电气和电子工程师协会(IEEE,Institute of Electrical and Electronics Engineers)是世界上最大的专业的工程师学会。它的范围是国际性的,目标是在电气工程、电子学、无线电以及工程的相关分支领域中推动相关理论发展、提高产品质量。IEEE 也有标准化组,专门开发电气工程和计算领域中的标准。例如,IEEE 802 标准化委员会制定了以太网和无线保真(WiFi,Wireless Fidelity)的标准。

2. Internet 的标准化

全球性的 Internet 有它自己的标准化机制,与 ITU-T 和 ISO 的标准化机制截然不同,主要区别在于 Internet 在制定时是面向公众的。Internet 所有的请求评论(RFC,Request for Comments)文档都可从 Internet 上免费下载,而且任何人都可以用电子邮件随时发表对某个文档的意见或建议。这样的特点对 Internet 的发展起到了非常重要的作用。

ARPANET 刚建立时,美国国防部建立了非正式委员会来监督它,后来更名为 Internet 架构委员会(IAB,Internet Architecture Board),负责管理 Internet 有关协议的研究开发。随着 Internet 的迅速增长,IAB 再次重组,下设 Internet 研究专门工作组(IRTF,Internet Research Task Force),专注于长期理论方面的研究和开发工作。它由一些研究组(RG,Research Group)组成,具体工作由 Internet 研究指导小组(IRSG,Internet Research Steering Group)管理。另外 Internet 工程任务组(IETF,Internet Engineering Task Force)负责处理短期的工程事项,主要针对协议的开发和标准化,它由许多工作组组成。具体工作由 Internet 工程指导小组(IESG,Internet Engineering Steering Group)管理。IRTF 和 IETF 一起成为 IAB 的附属机构。1992 年成立了一个国际性组织叫作 Internet 协会(ISOC,Internet Society),以便对 Internet 进行全面管理并促进其发展和使用。从某种意义上讲,ISOC 可以与 IEEE 相提并论。IAB 成员由 ISOC 的理事会指定。图 3-3 给出了 Internet 标准化组织结构。

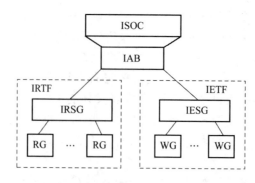

图 3-3　Internet 标准化组织结构

Internet 标准化需要经过严格的过程。制定 Internet 的正式标准要经过以下 4 个阶段:

① Internet 草案(Internet Draft);

② 建议标准(Proposed Standard);

③ 草案标准(Draft Standard);

④ Internet 标准(Internet Standard)。

标准的制定是从 Internet 草案开始的。Internet 草案是正在加工的文档(工作正在进行),它不是正式的文档,其生存期为 6 个月。到了建议标准阶段,需要以 RFC 的形式描述提案思想并进行公布。所有的 RFC 文档都可从 Internet 上免费下载。每一个 RFC 在编辑时按收到时间的先后从小到大指派一个编号(即 RFC ××××,这里的×××是阿拉伯数字)。一个 RFC 文档更新后就使用一个新的编号,并在文档中指出原来老编号的 RFC 文档已过时。通常一个被广泛了解的、让 Internet 业界有足够兴趣的提案才能形成建议标准,并需要经过多项测试和实现。建议标准在经过至少两个成功的、独立的及可互操作的实现后才能上升为草案标准。而草案标准在经过实现和严格测试后,由 IAB 确认合理,才能声明成为 Internet 标准。

3.2 网络协议及网络体系结构

本节介绍网络协议和分层的网络体系结构的相关概念,重点讲述两种典型的分层参考模型:开放系统互联参考模型(OSI/RM,Open System Interconnection/Reference Model)和 TCP/IP 参考模型。尽管 OSI 在 20 世纪 90 年代以前在与数据通信和网络相关的文献中占据主导地位,但是获得实际应用的却是 TCP/IP。寻址对于网络应用是必需的,最后将介绍 TCP/IP 协议栈的网络层中的编址机制。

3.2.1 网络协议的概念

1. 协议

在介绍协议的概念之前,先来看看日常活动中经常碰见的场景。例如,当一个外国人想要向你寻求帮助时,他以"Can you speak English?"这类问话开始,希望与对方建立通信,此时这个"Can you speak English?"相当于发起一个通信请求。而另一方可能会以"Yes"作为回应,预示着你们的对话可以继续进行。当然他也许会收到"对不起,听不懂"或者"现在 6 点"这样的回复,按照约定俗成的规约这意味着你们的对话可能无法继续,他应该转向其他人进行询问。这里的语言,如英语或汉语,就是协议。当对方以"Yes"作为回应时,说明通信双方执行着相同的协议:英语,寻求帮助的对话才可以继续下去。但如果收到非英语的响应,则双方执行的协议不同,通信无法建立。

在计算机网络中,通信发生在不同系统的实体之间。通信过程中至少会涉及发送信息的一方与接收信息的一方。而所有参与通信的实体,必须在所交换的数据格式、传输顺序、收到相应报文的处理方式上达成一致。这里的报文是指网络中交换与传输的数据单元。为确保这些通信细节的一致性,必须制定一套精密的网络通信规约,并要求所有通信方都遵守。这些为进行网络数据交换而建立的规则、标准或约定称为网络协议(Network Protocol),简称为协议。凡是涉及两个或多个通信的实体都受协议的制约,并且这些实体必须使用相同的协议。

2. 协议的三要素

网络协议主要由以下 3 个要素组成：

- 语法——网络中数据交换的结构或格式；
- 语义——网络中交换的数据各部分的解释以及由此采取的响应动作；
- 定时——事件实现顺序的详细说明，如数据应何时发、应当发多快等。

下面以网络中两个节点之间传输数据为例说明协议的三要素。首先，节点 A 发送的数据可以分为 3 个部分。其中第 1 个 8 比特和第 2 个 8 比特都是地址域，其余比特则是数据部分。这就是语法的例子，它指明了数据的结构。其次，第 1 个 8 比特放置的是节点 A 的 IP 地址，而第 2 个 8 比特放置的则是下一跳节点 B（如负责转接的路由器）的 IP 地址。可以看出这是在解析每一部分数据内容的含义，即为语义的例子。最后，规定节点 A 在什么时刻发送数据，而接收方应在什么时刻接收数据，这个则是定时。

3.2.2 网络体系结构

为了有效地建立信息通信网络，必须使网络的各个构件协同工作，而它们之间的行为都由多种协议约束。网络体系结构就是将网络中的一系列协议按一定的功能配置和逻辑结构有效地组织起来的有机体。

层次结构是网络体系结构常用的一种组织形式，本节将讲述这种网络体系结构。通常网络体系结构把计算机间互连的功能划分成具有明确定义的层次，并规定了同层次进程通信的协议及相邻层之间的接口服务，以便于计算机间的协同工作。层次、协议、接口是网络体系结构的基本要素。

1. 层次

分层是人们处理复杂问题的一种方法。为了减少协议设计的复杂性，大多数网络都按层（Layer）或级（Level）的方式来组织，将总体要实现的很多功能分配在不同层次中。每个层次要完成的功能都有明确规定并且每层功能独立。每一层的目的都是向它的上层提供一定的服务，也就是说每层建立在下一层的基础上，可调用下一层的服务。而使用下层提供的服务时，并不需要知道其具体实现方法。不同的网络，其层的数量，各层的名字、内容和功能都不尽相同。

分层的好处是每一层只实现一种相对独立的功能，采用的技术也相对独立，这有利于将一个复杂问题分解为若干个较容易处理的问题。当任何一层的实现有所改变时，只要保证本层实现的功能不变，则其他各层均不受影响。因此分层的结构具有较强的灵活性。

然而在层次划分上还要注意分层的数量要适当。若层数太少，就会使某一层要完成的功能太多，导致协议太复杂；而层数太多又会使某些层次可能需要共同实现一个功能，导致逻辑混乱或者在描述和综合各层功能时遇到困难。

为便于理解划分层次的概念，下面举一个生活中的例子。邮政系统是一个较为复杂的系统，包含了许多组成部分：写信人、收信人、邮局服务部门、邮局转送部门、运输部门，等等。写信人写好信件后，信件会被装进信封，送到邮箱。邮局服务人员对发送的信件进行收集、盖上邮戳，邮局转送人员将信件分类打包，然后交给运输部门进行运输。信件包到达目的地后，由当地邮局转送人员将信件拆包分发，服务人员将信件投递到收信人手中，收信人拆开信封、阅读信件。这些是信件传送过程中涉及的邮政系统的活动。

这些活动按不同功能可以被划分为 4 层：读/写信层、邮件服务层、邮件转送层和邮件运输层,如图 3-4 所示。

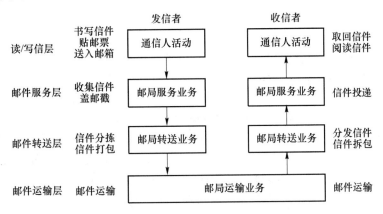

图 3-4　邮政系统分层结构

划分的 4 层中,每层都有明确而独立的功能,如第 4 层有读/写信件功能,包括写/读信件,装/拆信封,送入邮箱/取回信件,等等;第 3 层提供邮件服务功能,包括收集/投递信件,对已经封装的信封提供邮戳功能等;第 2 层提供邮件转送功能,包括对盖好邮戳的信件提供分拣打包/信件拆包分发等;第 1 层对分拣好的信件提供运输功能。

同时,每一层的目的都是向它的上层提供一定的服务。如第 2 层发/收信人的邮局对信件进行分拣打包/拆包分发,是基于第 1 层的运输功能。如果没有底层运输,信件无法从发信人所在邮局送达收信人所在邮局。

因此可以看到,这种模块化的分层结构,有助于我们明确一个大而复杂的系统的逻辑结构。

2. 协议

协议的概念在上一节已经介绍了。在邮政系统的例子中,存在着许多人与人、部门与部门之间的行为,必然需要有多种不同的协议来规范与协调它们之间的动作和行为。这些协议组成了关于邮政系统网络运行规范的协议集。有的协议适用于收发信的用户,比如发信者应在信件的什么位置写地址、收信人和落款;有的协议适用于邮局转送部门的内部运行,如信件分拣打包的规范;有些适用于邮局服务部门,如盖邮戳和投递信件的规定;还有的适用于运输部门的活动,如什么时间开始运输、通过什么交通工具运输,等等。类似地,在网络进行层次划分之后,每层都有相应的一系列协议,如 TCP、HTTP,用以约束网络中的通信行为。网络中这一系列的协议正是以分层的形式被有效地组织起来并协调工作的。

此外协议也需要根据实际运行过程的变化与新服务功能的加入进行修改。例如,一旦要求用户在发信的信封上增加收信者与发信者的邮政编码时,设计者就需要对邮政编码的编码方法、邮政编码的填写方法、邮政编码的使用方法分别做出规定,这些规定将作为新的协议加入已经存在的协议集中。同样,比如早期提供电子邮件服务的应用层协议 RFC822 只支持 ASCII 字符,为满足图片、音视频、非 ASCII 字符等多媒体传输的需求,后续发展出多用途互联网邮件扩展(MIME,Multipurpose Internet Mail Extension)协议。

3. 接口

系统功能层次化之后,层与层之间的边界和在这个边界上进行的信息传送变得很重要。边界又称为层边界,层间的信息传送的规约称为接口,它定义了下层向上层提供哪些服务和原语操作。

服务定义为下层($n-1$层)向上层(n层)提供的功能,方向是垂直的。服务定义了该层代表其用户执行哪些操作,也会涉及两层之间的接口,但是它并不涉及如何实现这些操作。服务在形式上是由一组原语(Primitive)来描述的。由于协议通常位于操作系统中,这些服务原语往往就是一些系统调用。

总的来说下层可以向上层提供两种不同类型的服务,即面向连接的服务(Connection-oriented Service)和无连接的服务(Connectionless Service)。

面向连接的服务是基于专用连接提供的保证传输质量的服务。它类似于电话系统模型,当两个端系统之间交换数据时,用户首先建立一个连接,然后才发送实际数据,最后释放连接。面向连接的服务往往提供可靠的数据传输确保从发送方发出的数据最终按顺序完整地交付给接收方。A 和 B 打电话的过程、远程登录等都属于面向连接的过程。

无连接的服务是指不使用专用连接不保证传输质量的服务。它类似于邮政系统模型,每一条报文(信件)都携带了完整的目标地址,都可以被系统独立地路由。两个端系统之间交换数据时,无须建立连接,直接通信,源主机不能确定数据是否已经到达目的地,不能对最终交付做任何保证,但速度快,因而无连接的服务是不可靠的,又称为尽最大努力服务。例如,数据报网络提供的就是无连接的服务。

当某层的实现方式变化时,应保证本层的接口不变,这样可以保证整个系统的功能不受影响。例如,运输层实现方式改变了,原本由汽车运输信件改为火车运输,但是它仍然提供相同的功能和服务,系统的其余部分将保持不变。

4. 其他术语

实体是每一层的活动元素,表示任何可发送或接收信息的硬件或软件进程。不同系统中同一层的实体叫对等实体。这些对等实体可能是进程或者硬件设备,甚至可能是人。

协议是控制两个对等实体进行通信的规则的集合,它规定了同一层上对等实体之间所交换的消息或者分组的格式和含义,方向是"水平的"。换句话说,正是这些对等实体在使用协议进行通信来实现它们的服务定义。一台机器的第 n 层与另一台机器的第 n 层进行对话,在对话中用到的规则和约定称为第 n 层协议。第 n 层的对等实体之间通过第 n 层协议进行通信,而第 $n+1$ 层对等实体之间则通过第 $n+1$ 层协议进行通信,如图 3-5 所示。

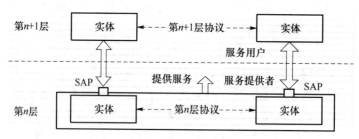

图 3-5　相邻两层的关系

在协议的控制下,两个对等实体间的通信使得本层能够通过接口向上一层提供服务。第 n 层向第 $n+1$ 层提供的服务已经包含了在它下面各层所提供的服务。n 层相对于它的上层是服务提供者,而 $n+1$ 层则称为服务用户。

同一系统相邻两层的实体进行交互的地方,称为服务访问点(SAP,Service Access Point)。

此外,实际的"物理"通信仅在最底层之间存在,其他层对等实体之间的通信是"虚拟"通信,在图 3-5 中用虚线表示。在邮政系统的例子中,第 4 层的对等实体为发信者和收信者,可以认为"他们的通信是水平的",他们使用了第 4 层协议。但是,发信者并不是直接与收信者进行通信,而是通过层之间的接口将信息传给底下的层,真正的"物理"通信是由最底层的运输部门实现的。

总的来说,为确保所形成的网络是完整而有效的,必须把通信问题的所有方面划分成一个个协调工作的分块结构,从而构建一整套协议。这些协议被组织成一个线性序列,也就是不同的层。把协议划分到不同的层中,使它们各自专注于处理通信的某部分功能,而所有协议联合起来完成整个通信功能。把各种协议集成为一个统一整体的抽象结构,就是分层模型,也称为参考模型。本节介绍的网络体系结构实际包含了分层模型和协议集合。用来展现分层模型的直观图形像一个堆积起来的栈,各层的所有协议集合统称为协议栈。下面将介绍一些典型的分层模型和协议栈。

3.2.3 OSI 参考模型

自 1974 年 IBM 公司提出了世界上第一个网络体系结构——系统网络体系结构(SNA,Systems Network Architecture)以来,许多公司纷纷提出各自的网络体系结构。这些体系结构都采用了分层技术,但层次的划分、功能的分配与采用的技术均不相同。随着信息通信网络的形式越来越多样化,应用领域越来越广,要想让不同网络体系结构的计算机系统相互连接,必须制定一个网络体系结构的标准。

国际标准化组织(ISO)发布了著名的 ISO/IEC 7498 标准,制定了开放系统互连参考模型 OSI/RM,简称为 OSI。所谓"开放"是与垄断相对的,只要遵循 OSI 标准,一个系统就可以与位于世界上任何地方的、遵循同一标准的其他系统进行通信。并且 OSI 参考模型仅考虑与互联有关的那些部分,不考虑与互联无关的部分。但要注意 OSI 参考模型并不是一个标准或协议,它是一个用于了解和设计灵活的、稳健的和可互操作的网络体系结构的模型。

OSI 参考模型将网络的通信功能分解为 7 个层次,由上至下分别是:应用层、表示层、会话层、传输层、网络层、数据链路层和物理层,如图 3-6 所示。

OSI 参考模型详细地规定了每一层的功能,以实现开放系统环境中的互联性(Interconnection)、互操作性(Interoperation)与应用的可移植性(Portability)。下面从最上层开始,依次讨论该模型中的每一层。

(1)应用层

应用层为用户的应用进程提供多种类型的服务,使用户(不管是人还是软件)能够接入网络。它定义了应用程序请求网络服务的类型和接口,规定了从应用程序接收消息或向应用程序发送消息时采用的数据格式。应用层提供的服务包括远程登录、文件传输、邮件服务等。

图 3-6　OSI 参考模型的分层结构

（2）表示层

表示层关注的是两个主机所交换信息的语法和语义。它涉及主机之间交换的数据结构如何定义，以及网络上传输数据的编码方式，并对这些抽象的数据结构进行管理。主要提供不同编码格式的转换功能，由于通信的两个系统可能使用了不同的编码格式，表示层负责将发端系统的编码格式转换为面向网络的公共格式，接收后再转换到收端系统的编码格式。同时，也能够为应用程序提供特殊的数据处理功能，包括数据加密、解密、数据压缩等。

（3）会话层

会话层允许不同主机上的用户之间建立、管理会话。它定义了让发送方和接收方请求会话启动或停止以及维持会话的机制。通常包括：会话控制，如每个阶段由哪个用户来传输数据；同步，在一个长的传输过程中设置一些检查点，以便在系统崩溃之后还能够在崩溃前的点上继续执行。

（4）传输层

传输层负责将报文段进行源端到目的端（端到端）的交付，为两端主机进程之间的通信提供服务。其基本功能包括：进程级编址（端口地址），保证报文段能准确到达相应的进程；分段重组，在源端接收来自上一层的数据，分割成小的单元即数据报，并传递给网络层，在目的端将这些数据报重组；差错控制，端到端的错误检查和恢复、在重组过程中请求出错或丢失的数据重传；连接控制，在提供面向连接的服务时需要建立、管理和终止连接；流控制，保证端到端数据速率的匹配等。

（5）网络层

网络层负责将数据报从源端交付到目的端，提供了网络互联的功能。其基本功能包括：逻辑寻址，为互联网设备分配逻辑地址；路由选择，为每一个数据报选择源端到目的端的合适路径；分段重组，为适应数据链路层的处理，源端在必要时将数据报拆分为更小的数据单元，并在目的端重组等。

（6）数据链路层

数据链路层将物理传输设施转换为逻辑链路，负责将帧从同一链路的一个节点交付到另一节点，实现数据的可靠传输。基本功能包括：逻辑链路控制，同一网络中两设备间的逻辑链路创建与管理；媒质接入控制，管理共享媒质的设备接入以免冲突；组帧，将网络层来的数据报封装成帧以适应每条链路的传输能力；物理编址，为同一物理网络中的设备编址，即物理地址；差错控制，检测、重传错误或丢失的帧以保障数据传输的可靠性；流控制，控制从发送节点到接收节点数据传输的速率节奏等。

（7）物理层

物理层负责将比特从同一链路的一个节点交付到另一节点，涉及网络介质接口，传输媒体的机械、电气特性，定义了物理设备、接口为数据传输必须完成的过程和功能。基本功能包括：比特表示，比如应该用多少伏的电压表示"1"，多少伏的电压表示"0"；数据速率，每一比特持续的时间是多少；比特同步，收发双方时钟的同步；传输方式，传输过程是否在两个方向上同时进行；物理拓扑，设备如何连接形成网络，如星形、环形、总线型等。

在20世纪90年代初期，整套OSI国际标准都已经制定出来，它试图达到一种理想境界，即全世界的计算机网络都遵循这个统一的标准，使它们能够很方便地进行互联和交换数据。

但在 OSI 出现的时候,因特网在全世界已有相当广的覆盖范围,而它并未使用 OSI 标准,而是使用与之竞争的 TCP/IP 协议。由于 OSI 标准的制定周期太长,使得按 OSI 标准生产的设备无法及时进入市场,而且 OSI 的层次划分不太合理,协议实现起来特别复杂,运行效率很低,因此在市场化方面 OSI 事与愿违地失败了。当时的市场上几乎找不到厂家生产出符合 OSI 标准的商用产品。而 TCP/IP 已经被广泛地应用于大学和科研机构了,因此 TCP/IP 就常被称为事实上的国际标准。虽然 OSI 标准在商业应用上并不成功,但其层次设计的思想、互连的相关设计一直都是许多协议制定的参考依据。

3.2.4 TCP/IP 参考模型

ARPANET 中使用的早期协议在网络互联的时候遇到了问题,所以需要一种新的参考体系结构,能够以无缝的方式将多个网络连接起来。在经过两个基本的协议之后,这个体系结构逐渐演变成 TCP/IP 参考模型,成为今天互联网的基石。TCP/IP 参考模型在 OSI 模型出现之前很久就被设计出来,它不仅被所有广域计算机网络的鼻祖 ARPANET 所使用,也被 ARPANET 的继承者——全球范围内的 Internet 所使用。

TCP/IP 模型也采用了分层的结构,定义了 4 层,包括应用层、传输层、互联网层和网络访问层,如图 3-7 所示。与 OSI 模型对比可以发现,两个模型的传输层是比较对应的,而 OSI 参考模型中会话层和表示层的一些功能出现在了 TCP/IP 的应用层中,另外 OSI 参考模型中会话层的某些功能出现在了 TCP/IP 的传输层中。TCP/IP 的互联网层对应了 OSI 参考模型中的网络层。网络访问层对应了 OSI 参考模型中的数据链路层。

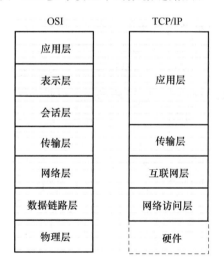

图 3-7 OSI 参考模型与 TCP/IP 参考模型的分层结构

(1) 应用层

应用层允许用户接入互联网的服务,相当于 OSI 模型中的会话层、表示层和应用层的组合。TCP/IP 模型并没有会话层和表示层。来自 OSI 模型的经验已经证明这种观点是正确的。对于大多数应用来说,这两层并没有太多用处。应用层包含了许多直接面向用户需求的协议,如远程终端协议(TELNET)、文件传输协议(FTP)、简单邮件传输协议(SMTP,Simple Mail Transfer Protocol)、超文本传输协议(HTTP)等,常见的应用层协议如表 3-2 所示。

表 3-2　常见的应用层协议

协议	应用
域名解析协议(DNS)	域名转换服务
远程终端协议(TELNET)	远程登录
文件传输协议(FTP)	文件下载和上传
简单邮件传输协议(SMTP)	电子邮件传输
超文本传输协议(HTTP)	Web 信息浏览

（2）传输层

传输层提供了报文段的端到端的传输服务，允许设备间建立逻辑连接，将数据传输至特定进程，就如同 OSI 模型的传输层中的情形一样。

传输层中主要定义了两个端到端的传输协议。第 1 个是传输控制协议（TCP，Transport Control Protocol），它是一个可靠的、面向连接的协议，允许一台机器发出的数据流正确无误地传输到互联网上的另一台机器上。第 2 个协议是用户数据报协议（UDP，User Datagram Protocol），它是一个不可靠的、无连接的协议，以一种称为"尽最大努力交付"的方式简单地发送数据，而在接收方没有任何检验。因而 TCP 比 UDP 更加可靠，但是速度要慢一些并且更加复杂。

（3）互联网层

互联网层是将整个网络体系结构贯穿在一起的关键层，处理跨越多个网络机器之间的路由问题，实现了数据报的端到端传输。在功能上类似于 OSI 的网络层。互联网层主要定义了网际协议（IP，Internet Protocol），它是一个无连接、不可靠的数据报协议，提供了数据封装、无连接传输以及逻辑寻址、路由的功能。此外，还包含了一些支撑协议，如路由协议、因特网控制报文协议（ICMP，Internet Control Message Protocol）等。

（4）网络访问层

网络访问层也称网络接口层或主机至网络层，TCP/IP 参考模型并没有明确规定这里应该有哪些内容，它只是指出，主机必须通过某个协议连接到网络上，以便可以将分组发送到网络上。TCP/IP 参考模型没有定义任何特定的协议，支持所有标准的和专用的协议。根据不同的主机、不同的网络使用的协议也不尽相同。因此在这一层局域网技术、广域网技术和连接管理协议都可以发挥作用。

TCP/IP 字面上代表了 TCP 和 IP 两个协议。但实际上通常所说的 TCP/IP 是指 TCP/IP 协议栈，它包含了一系列构成互联网基础的网络协议。可以分层次地画出具体的协议来表示 TCP/IP 协议栈，如图 3-8 所示，这种形状的 TCP/IP 协议栈表明 IP 协议是互联网的核心。虽然相互连接的网络可以是异构的，但互联的网络都使用相同的 IP 协议，因此互联以后的计算机网络在网络层上看起来好像是一个统一的虚拟互联网络，也就是逻辑互联网络。TCP/IP 协议允许 IP 协议在由各式各样的网络构成的互联网上运行（所谓的 IP over everything），同时 TCP/IP 协议也可以为各式各样的应用提供服务（所谓的 everything over IP）。

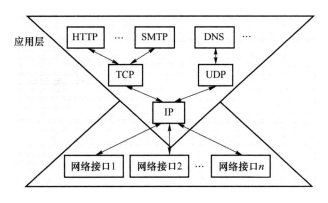

图 3-8　TCP/IP 协议栈结构示意图

3.2.5　IP 地址

由上节可以看到,网络节点通信的数据从源端送达目的端会经过多个节点转接,需要地址作为寻址依据。下面将介绍 TCP/IP 协议使用的四级地址。

1. 四级地址设置

使用 TCP/IP 协议的互联网使用了 4 个等级的地址,即物理(链路)地址、逻辑地址(IP 地址)、端口地址以及特定应用地址。每一种地址都与 TCP/IP 体系结构中的特定层相对应,如图 3-9 所示。

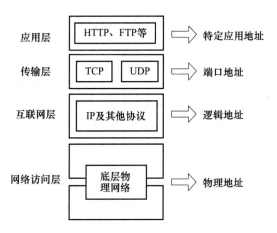

图 3-9　4 个等级的地址

(1) 物理地址

物理地址也叫链路地址,是节点的地址,它包含在数据链路层使用的帧中,是最低一级的地址。由它所属的局域网或广域网定义。这种地址的长度和格式是可变的,取决于特定的网络。例如,以太网使用写在网络接口卡上的 6 字节(48 位)的物理地址,07:01:02:01:2C:3B,其中每个字节写作十二进制数并由冒号分隔。

(2) 逻辑地址

在 Internet 中仅使用物理地址是不合适的,因为不同网络可以使用不同的地址格式。为保证信息应用的异网互通,必须统一异网地址。互联网是将不同的物理网络互连在一起的虚拟逻辑网,因此需要有一种通用的编址系统,用来唯一地标识每个主机的网络位置,而不管底层是使用什么样的物理网络,这就产生了逻辑地址,也称 IP 地址。IP 地址是用于在全世界范围内唯一标识 Internet 上的每一个主机(或路由器)的每一个网络接口的地址。网际协议第 4 版(IPv4,Internet Protocol version 4)中规定 Internet 的逻辑地址即 IP 地址是 32 位的,可以用来唯一标识 Internet 上的每一个主机。IP 地址包含在网络层使用的数据报中。

(3)端口地址

现在的计算设备是多进程的,而网络信息系统的最终目的是使一个进程能够和另一个进程通信。比如,计算机 A 能够和计算机 C 使用 TELNET 进行通信;与此同时,计算机 A 还和计算机 B 使用 FTP 通信。而仅有逻辑地址和物理地址只能寻址主机,为了识别标识进程还需要给进程指派一个标号,也就是端口地址。端口地址是用来标识同一主机上不同的网络应用进程的地址。它包含在传输层的报文段中。

(4)特定应用地址

为方便用户使用,有些应用程序也提供了特殊应用的地址。它是针对特定应用标识资源或服务位置的地址。例如,E-mail 地址(如 xxx@bupt.edu.cn)以及 URL(如 www.bupt.edu.cn)。E/mail 地址用于电子邮件接收,而 URL 用于万维网页面的定位。

2. IP 地址

下面介绍 IPv4 中的地址格式。Internet 组织规定了 IP 地址是一个 32 位的标识符,并要求连网的主机必须有一个唯一 IP 地址,但一个设备可以拥有多于一个的 IP 地址。IP 地址的格式经历了基本的分类 IP 地址、子网、超网(无分类地址)等几个阶段。其中分类的 IP 地址是最基本的地址格式,也是理解其他地址格式的基础,因此本节仅介绍分类的 IP 地址。

(1)IP 地址的结构

IP 地址由网络号和主机号两个字段组成。网络号标志主机(或路由器)所连接的网络,确定计算机从属的物理网络。主机号标志该主机(或路由器),确定该网络上的一台计算机。网络号字段需要足够的位数以允许分配唯一的网络号给互联网上的每一个物理网络。同样地,主机号字段也需要足够位数为从属于一个网络的每一台计算机都分配一个唯一的主机号。这种两级的 IP 地址结构可以表示为:

IP 地址 = {<网络号>,<主机号>}

IP 地址的两级结构保证了两个重要性质:互联网中的每一个物理网络都分配了唯一的值作为网络号,网络号分配必须全球一致;同一网络上的两台计算机必须分配不同的主机号,但一个主机号可在多个不同网络上使用。这样的 IP 地址的结构使我们可以在 Internet 上很方便地进行寻址。

(2)IP 地址的点分十进制记法

对主机或路由器来说,IP 地址都是 32 位的二进制码。为了人们阅读方便,常常把 32 位的 IP 地址分为 4 段,每段 8 位,用等效的十进制数字表示,并且在这些数字之间用圆点隔开。这就是点分十进制记法。图 3-10 表示了这个方法。显然,128.11.4.31 比 10000000 00001011 00000100 00011111 读起来要方便得多。

二进制	10000000	00001011	00000100	00011111
	128	11	44	31
点分十进制		128.11.4.31		

图 3-10　点分十进制

（3）IP 地址分类

从 IP 地址的两级结构可以看到,网络号位数多时可容纳大量的网络,但限制了每个网络中的主机数;主机号位数多则意味着每个物理网络能容纳大量的计算机,但限制了网络的总数。为适应不同大小的网络或者满足不同类型组织的需要,IP 地址被分为 A、B、C、D、E 五类地址,如图 3-11 所示。

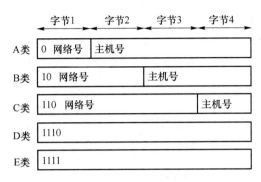

图 3-11 IP 地址分类

① A 类地址

A 类地址的网络号字段占 1 个字节,第 1 位已固定为 0,只有 7 位可供使用。A 类地址的主机号占 3 个字节。因此,A 类地址可分配给接近 $2^7=128$ 个组织使用,每个 A 类网络可容纳接近 $2^{24}=16\ 777\ 216$ 台主机(实际数目有所减少,因为其中有保留地址用作特殊用途)。

A 类地址范围:0.0.0.0～127.255.255.255。

② B 类地址

B 类地址的网络号字段有 2 个字节,前面两位(1 0)已经固定了,只剩下 14 位可以进行分配。B 类地址的主机号占 2 个字节。因此,B 类地址可分配给接近 $2^{14}=16\ 384$ 个组织使用,每个 B 类网络可容纳接近 $2^{16}=65\ 536$ 台主机(实际数目有所减少,因为其中有保留地址用作特殊用途)。

B 类地址范围:128.0.0.0～191.255.255.255。

③ C 类地址

C 类地址的网络号字段有 3 个字节,最前面的 3 位是(1 1 0),还有 21 位可以进行分配。主机号字段有 1 个字节。因此,C 类地址可提供给接近 $2^{21}=2\ 097\ 152$ 个组织使用,每个 C 类网络可容纳接近 $2^8=256$ 台主机(实际数目有所减少,因为其中有保留地址用作特殊用途)。

C 类地址范围:192.0.0.0～223.255.255.255。

④ D 类地址

D 类地址在多播情况下使用前 4 位为 1110,剩下的 28 位定义不同的多播地址。

D 类地址范围:224.0.0.0～239.255.255.255。

⑤ E 类地址

E 类地址为保留地址,前 4 位为 1111。

E 类地址范围:240.0.0.0～255.255.255.255。

⑥ 特殊 IP 地址

IP 协议还定义了一组具备特殊用途的 IP 地址,称为特殊地址。特殊地址从不分配给主机,如表 3-3 所示。

表 3-3　特殊 IP 地址

特殊地址	网络号	主机号	说明
网络地址	特定的	全 0	指代网络本身,而不是连在该网络上的主机,不指派给任何主机,也不会作为分组的目的地址出现
直接广播地址	特定的	全 1	用于向某个网络中的所有主机发送分组的目的地址
受限广播地址	全 1	全 1	用于定义本网络内部进行广播的一种目的地址。一个主机若想将一个报文发送给同一网络所有其他主机则可使用这样的地址作为分组的目的地址,但广播只局限在本地网络
这个网络的这个主机	全 0	全 0	只能作为源地址。通常当一个主机在运行引导程序又不知道其 IP 地址时,使用这个地址为源地址发送 IP 分组给引导服务器,并使用受限广播地址作为目的地址来发现自己的地址
这个网络的特定主机	全 0	特定的	用于一个主机向同一网络上的其他主机发送分组的目的地址
环回地址	127	任意	用于网络软件测试以及本机进程之间通信的目的地址。当任何程序使用环回地址作为目的地址时,分组不离开这个机器

随着入网主机的增多,基本的分类编址对网络的限制越来越明显。为更灵活有效地利用 IP 地址空间,开发了子网编址方式。它在基本分类编址的基础上,从主机号段提取特定位数作为子网号,将 IP 地址的两级结构扩展为三级。这种编址方式适用于在划分了多个子网的大规模网络中进行地址分配管理。此外,为更进一步地提高地址空间利用率并平稳地向 IPv6 过渡,还设计了超网编址或无分类编址方式。它不再具有定长的网络号段和主机号段,而是采用可变长的 IP 地址结构,尤其适合将多个网络聚合成超网时的情形,大大提高了编址的灵活性。

3. IPv6

尽管 32 位二进制数可以提供将近 40 亿个 IP 地址(IPv4),但是 IP 地址空间依旧迅速耗尽。一方面是地址资源数量的限制,另一方面是随着网络信息系统的发展,网络进入人们的日常生活,可能身边的每一样东西都需要连入 Internet。在这样的环境下,出现了网际协议第 6 版(IPv6,Internet Protocol Version 6)。

IPv6 协议规定用 128 位二进制数表示 IP 地址,由两个逻辑部分组成:一个 64 位的网络前缀和一个 64 位的主机地址。128 位的地址表示成用冒号(:)隔开的 8 组,每组 4 个十六进制位,例如,8000:0000:0000:0000:0123:4567:89AB:CDEF。

这样的地址格式明显扩大了地址容量。此外 IPv6 的主要变化还包括对头部进行了简化,使得路由器可以更快地处理分组;更好地支持选项,加快分组的处理速度;在安全性方面和服务质量上的改进。尽管对 IPv6 的采用是一个缓慢的过程,但从长远的角度来看其发展前景还是广阔的。

3.3　应用层协议 1——DNS 域名服务

在网络信息系统中,应用层协议占据了非常重要的地位。它针对某一类应用问题规定了应用进程在通信时所遵循的协议。本节将介绍应用层协议——DNS 域名服务,包括域名空间、域名服务器及域名解析的过程等。

3.3.1 域名系统概述

Internet 上的主机由两种方式识别:通过主机名或者 IP 地址。人们喜欢便于记忆的主机名标识,如 www.bupt.edu.cn、www.sohu.com 以及 cnn.com 等,而主机、路由器只能识别和处理定长的、有着层次结构的 IP 地址,为方便设备寻址,必须要提供主机名到 IP 地址的转换服务。

早期 ARPANET 中,网络节点量很少时,主机名和 IP 地址的映射完全依赖于本地计算机上维护的静态文本文件,称为 hosts 文件,其中包含一个主机名、可能的别名以及对应的 IP 地址。hosts 文件的作用就是将一些常用的主机名与其对应的 IP 地址建立一个关联"数据库"。这种实现方法很简单,在小规模的网络(几百台计算机)中工作良好。但是,随着数千台计算机被连接到 ARPANET 中以后,利用 hosts 文件完成主机名和 IP 地址映射就非常困难,主要问题:一是文件过大,检索效率低;二是主机过多,无法管理和维护重名。这时就出现了 Internet 的域名系统。

域名系统(DNS,Domain Name System)是一个分布式的实现主机名和 IP 地址存储转换功能的系统。其主要思想是采用层次方法定义主机名字、采用大量分布式服务器完成主机名和 IP 地址映射的存储和解析工作。DNS 系统的工作遵循 DNS 协议。DNS 协议是一个为主机提供域名查询、解析等功能的应用层协议。它为 Internet 上大量的主机建立主机名与对应的 IP 地址之间的映射关系,并提供主机名与对应 IP 地址之间的转换服务。

3.3.2 名字空间与域名空间

1. 名字空间

名字空间是指在某个系统中由某种命名方法构成的名字集合。它是任何一个命名系统中最基础的一部分,提供了名字的形式、结构以及创建名字的准则,并保证名字唯一。

现在常用的命名方法有平面名字空间和层次名字空间两种。

(1)平面名字空间

平面名字空间中的名字取自单一标识符集,每个名字是无结构的字符序列。它必须依靠集中控制才能避免二义性和发生重复。平面名字空间的主要缺点是潜在名字冲突以及管理机构工作负载会随着名字空间的增大而增长,因而平面名字空间不适合用于大型系统中。Internet 早期采用的就是一种平面名字空间,由 hosts 文件完成名字的存储和映射工作。

(2)层次名字空间

层次名字空间以分层的命名方法来组织系统的名字。每一个名字由几个部分组成,一部分定义组织的性质,一部分代表组织的名字,还有一部分指定组织的分支,等等。为了解层次名字空间,考虑一个大学的分层结构及组织分支名字。例如,"北京邮电大学电子工程学院电路实验中心",这个节点的名字就是由多层因素组合而成的。其中"北京邮电大学"是组织机构名字,也是"学校"层节点,它下设多个学院;"电子工程学院"是组织分支名字,也是"学院"层节点之一,它下设多个教研中心;"电路实验中心"则是下层分支名字,也是"教研中心"层节点之一。

在对学校的结构进行了层次划分后,应指定管理机构对相应的节点进行管理。通常由每一个节点负责其下层节点的命名和唯一性。例如,"学校"层节点有权对各学院进行命名并保证学院名称的唯一性,如不能在同一大学内出现两个"电子工程学院"。"学院"层节点有权对各教研中心进行命名并保证名称的唯一性,如不能在同一学院内出现两个"电路实验中心"。这样的管理机构组织形式可以使管理信息按机构分级下发,更易于管理。

层次名字空间采用了类似的去集中化机制进行管理。名字空间在最高层进行划分后,委托了每个分区的管理机构,管理机构可以进一步细分。各级管理机构可以指派和控制名字的一部分。通常中央管理机构指派定义组织的性质和组织的名字,其余部分则由其他管理机构自行管理。这样分层命名机制能够有效避免名字发生重复。即使名字的一部分相同,整个的名字还是不同的。例如,假定有两个学校,它们的电子工程学院取名为 ee。中央管理机构给第一个学校取的名字是 xy. edu,给第二个学校取的名字是 ab. edu。当在学校名字上加上系的名字 ee 后,得到了两个可以区分开的名字:ee. xy. edu 和 ee. ab. edu。这些名字都是唯一的,不需要全部由一个中央管理机构来指派。

2. 域名空间

Internet 采用了层次名字空间的命名方法定义其网络节点,形成的名字空间称为域名空间,对其进行命名、存储、解析的机制称为域名系统(DNS),这里介绍域名空间相关概念。

(1) 域名

Internet 采用了分层的命名方法,赋予任何一个连接到 Internet 的主机或路由器一个唯一的层次结构名字,即域名。

具有层次结构的域名空间,从形式上看,像一棵根在顶部的倒置的树,树的每一级上每一个节点都有一个标号;从语法上看,域名就是由节点到根的标号序列组成。标号之间被分隔符"."隔开。级别最低的标号在最左边,级别最高的标号在最右边。完整域名总共不超过 255 个字符。例如图 3-12 中的 see、bupt、edu、cn 都是节点的标号。see. bupt. edu. cn 是北京邮电大学电子工程学院的域名,由 4 个标号组成,而 bupt. edu. cn 是北京邮电大学的域名。此外,DNS 要求从同一个节点分支出来的子节点具有不同的标号,从而保证了域名的唯一性。

域名可以分为完全合格域名和部分合格域名。

一个完全合格的域名(FQDN,Fully Qualified Domain Name)是由节点到根的标号序列组成,根的标识符为空,因此 FQDN 以一个空标号结束。空字符串表示什么也没有,因此这种域名也就是以一个点(.)结束。它包括所有从最具体的到最一般的标号,并唯一地定义了主机的名字。例如,域名 lab. see. bupt. edu. cn. 是名为 lab 的计算机的 FQDN。

若一个域名不是以空字符串结束,则它就是部分合格域名(PQDN,Partially Qualified Domain Name)。PQDN 从一个节点开始,但它没有到达根。它必须在一定的上下文环境中被解释出来才有意义,通常用于要解析的名字和客户属于同样的域时。使用时解析程序可以加上缺少的部分,即后缀,以创建一个 FQDN。例如,如果在域 see. bupt. edu. cn 上的一个用户想得到同一域中计算机 lab 的 IP 地址,用户就可以给出这个 PQDN——lab,DNS 客户在将地址传递给 DNS 服务器之前,就加上后缀 see. bupt. edu. cn. 形成一个 FQDN。目前网络信息系统中常见的都是 PQDN。

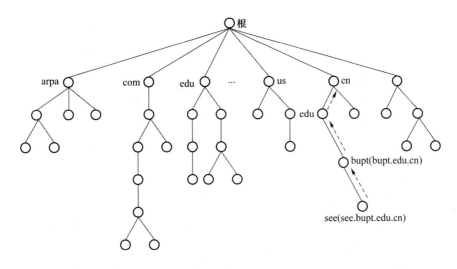

图 3-12　域名空间示意图

（2）域

域（domain）是域名空间中一个可被管理的划分。它对应了同一组织或授权机构管理下的对象集合。一个域可以看作域名空间中的一个子树，如图 3-13 所示。这个域的名字就是这个子树顶部节点的域名。

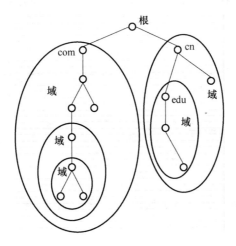

图 3-13　域

一个域本身又可划分为若干个子域。上例中的 see. bupt. edu. cn 是 bupt. edu. cn 的一个子域。而子域还可继续划分为子域的子域。这样从根域向下就形成了顶级域（TLD，Top-Level Domain）（直接处于根域下面的域，代表一种类型的组织和一些国家）、二级域（在顶级域下面，用来标明顶级域以内的一个特定的组织）、三级域（在二级域的下面所创建的域，它一般由各个组织根据自己的要求自行创建和维护）等。

（3）Internet 的域名空间

① 顶级域

Internet 的顶级域可以分为三大类：通用域、国家域和反向域，如图 3-14 所示。

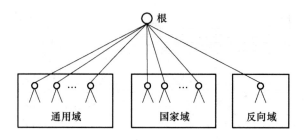

图 3-14　顶级域

- 通用域

通用域按照主机的类属行为定义注册的主机,通用域名采用 3 个字符的组织缩写。最初的通用域名包括: com (公司企业)、edu(美国的教育机构)、gov(美国的政府部门)、int (国际组织)、mil(美国的军事部门)、net(网络服务机构)和 org(非营利性组织)。

2000 年 11 月,互联网名称与数字地址分配机构(ICANN, the Internet Corporation for Assigned Names and Numbers)批准了 4 个新的通用顶级域名,即 biz(公司和企业) 、info(信息服务)、name(个人)和 pro(职业,如医生和律师)。另外,在一些特殊行业的要求下,ICANN又引入一些更为特殊的通用顶级域名,它们是: aero(航空业)、coop(合作团体)、jobs(人力资源管理者)、mobi(移动产品与服务的用户和提供者)、travel (旅游业)和 museum(博物馆及其他非营利性组织)等,如图 3-15 所示。将来还会增加其他的顶级域名。

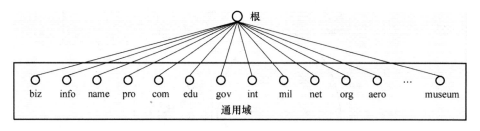

图 3-15　通用域

- 国家域

每个国家有一个国家域。国家域名使用 2 个字符的国家缩写,如 cn 表示中国,us 表示美国,uk 表示英国,jp 表示日本,fr 表示法国等,如图 3-16 所示。

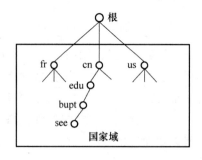

图 3-16　国家域

- 反向域

这种顶级域名只有一个,即 arpa,用于反向域名解析,即将一个 IP 地址映射为名字。

② 二级域

顶级域可往下划分子域,即二级。在国家顶级域名下注册的二级域名均由该国家自行确定。在我国,国家域下的二级域名可以分为"类别域名"和"行政区域名"两大类。

"类别域名"包括 edu(教育机构)、ac(科研机构)、gov(政府机构)、mil(国防机构)、com(工、商、金融等企业)、net(提供互联网络服务的机构)以及 org(非营利性组织)。"行政区域名"适用于我国的各省、自治区、直辖市,例如,bj(北京市)、js(江苏省),等等。

二级域向下进一步划分就可以获得三级域。三级域向下还可以进一步划分其下属的子域,直至划分到域名空间的树形结构中的树叶。因为它代表了主机的名字,无法继续往下划分子域了。

例如,在 Internet 的域名空间中,顶级域名 com 下注册的单位都获得了一个二级域名,如图 3-17 所示。图中给出的例子有土豆网(tudou),以及 IBM、搜狐(sohu)等公司。在顶级域名 cn(中国)下面举出了几个二级域名,如 bj、edu 以及 com。在 com 下面的三级域名有 sina(新浪),在 edu 下面的三级域名有 tsinghua(清华大学)和 bupt(北京邮电大学)。图中画出了 sina(新浪)和 bupt(北京邮电大学)都有自己的下一级的域名 mail。尽管都取名为 mail,但两者的域名是不一样的,一个是 mail. bupt. edu. cn,另一个是 mail. sina. com. cn,它们在 Internet 中都是唯一的。

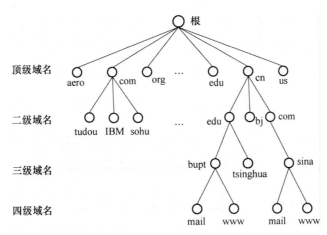

图 3-17 Internet 的域名空间

需要注意的是,域名只是个逻辑概念,并不代表计算机所在的物理地点。Internet 的域名空间是按照机构的组织来划分的,与物理网络无关。即使教务科和学院办公室在同一幢楼里,并使用同一个 LAN,但它们仍然可以有完全不同的域名。

3.3.3 域名服务器

1. 域名服务器

域名服务器是指储存域名、映射信息并提供域名解析服务的机器。DNS 系统采用分布式的设计方案,其功能由分布在 Internet 上的域名服务器实现。

DNS 系统在工作时采用了一种划分区的方法。一个服务器所负责的或授权的范围叫作一个区(zone)。区是 DNS 服务器实际管辖的范围。每一个区设置相应的权限域名服务器,用来保存该区中的所有主机域名到 IP 地址映射的权威信息。

下面通过一个例子观察区和域的关系。学校 abc 有下属学院 m 和 n,学院 m 下面又分 3 个系 o、p 和 q,而 n 下面有 1 个系 x。图 3-18(a)表示 abc 只设一个区 abc. edu. cn。这时,区 abc. edu. cn 和域 abc. edu. cn 指的是同一件事。但图 3-18(b)表示 abc 划分了两个区:abc. edu. cn 和 n. abc. edu. cn。这两个区虽然都隶属于域 abc. edu. cn,但都各设了相应的权限域名服务器。不难看出,若一个服务器对一个域负责,而且这个域并没有再划分为一些更小的域,那么"域"和"区"指的是同一件事。若服务器又进行了进一步划分,并将其部分授权委托给其他的服务器,那么"域"和"区"就有了区别。此时"区"是"域"的子集。

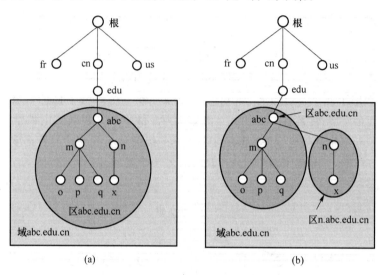

图 3-18　区和域

2. 域名服务器的层次结构

Internet 上的域名服务器也是按照层次结构进行组织的。每一个域名服务器都只对域名体系中的一部分进行管理。大致说来,有 3 种类型的域名服务器。

（1）根域名服务器

根域名服务器是最高层次的域名服务器,它的区包括整个树,并且它管理所有顶级域名服务器的域名和 IP 地址。目前 Internet 上设置了 13 个根域名服务器。但为了方便用户使用,已有 123 个根域名服务器及其镜像机器分布在世界各地。当 DNS 客户向某个根域名服务器进行查询时,就能找到一个离自己最近的根域名服务器。这样做不仅加快了 DNS 的查询过程,也更加合理地利用了 Internet 的资源。

（2）顶级域名服务器

顶级域名服务器负责管理在该顶级域名服务器注册的所有二级域名。

（3）权限域名服务器

权限域名服务器是负责一个区的域名服务器。例如,在图 3-18 中,区 abc. edu. cn 和区 n. abc. edu. cn 各设有一个权限域名服务器。

根域名服务器、顶级域名服务器和权限域名服务器是按层次结构分配工作的,如图 3-19 所示。

此外还有另一类重要的域名服务器,称为本地域名服务器(Local DNS Server),负责管理本地 ISP 范围内的域名。严格来说,它并不属于域名服务器的层次结构,但它对 DNS 解析很重要,起到了代理的作用。因为主机发出的 DNS 请求会被发往本地域名服务器,再经它转发给根、顶级或权限域名服务器。每个 ISP(如大学、公司或居民区的 ISP)都有一台本地域名服务器。一般来说,本地域名服务器可能与主机在同一个局域网中或者与主机相隔不超过几个路由器。

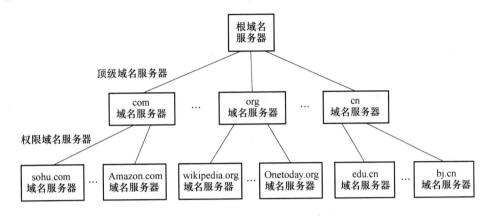

图 3-19 域名服务器的层次结构

3. 主域名服务器和辅助域名服务器

为了提高域名服务器的可靠性,域名服务器被分为主域名服务器(Master Name Server)和辅助域名服务器(Secondary Name Server)两类。

主域名服务器存储了关于它所授权的区的权威信息并负责这些信息的创建、维护和更新。它定期把更新的数据复制到辅助域名服务器中。更改数据只能在主域名服务器中进行。

辅助域名服务器从另一个服务器(主域名服务器或其他辅助域名服务器)接收传送来的一个区的全部信息,并将其存储在它的本地磁盘中,相当于备份服务器。它既不创建也不更新信息,这样就保证了数据的一致性。

当主域名服务器出故障时,辅助域名服务器可以保证 DNS 的查询工作不会中断。

3.3.4 域名解析

下面简单介绍域名解析的概念以及域名服务器是如何工作的。

1. 域名解析

将域名映射为相应的 IP 地址或将 IP 地址映射为域名,称为域名解析。其中由域名查找对应的 IP 地址称为正解,而由 IP 地址映射出域名称为反解。

完成这项解析工作的软件叫解析程序或解析器。解析器通常以函数库的方式嵌在操作系统中,负责接收各类应用程序的 DNS 查询请求,并向域名服务器发送查询请求。

DNS 以客户/服务器模式进行工作。DNS 包含两类格式相同的报文:查询和响应。DNS 客户向 DNS 服务器发送查询报文请求 DNS 服务,DNS 服务器向客户回传响应报文。当某一个应用进程需要把主机名解析为 IP 地址时,该应用进程就调用解析器,并将该名字作为参数传递给它。此时,该应用进程成为 DNS 的客户。然后解析器向本地域名服务器发送请求报文,其中包含了要解析的名字。之后,本地域名服务器查找该名字,把对应的 IP 地址放在回答报文中返回。有了 IP 地址以后,应用进程就可以与目标主机进行通信。如果本地域名服务器无法解析,那么它将暂时成为 DNS 中的另一个客户,向其他域名服务器发出查询请求,直至有域名服务器能够做出解析为止。

例如,假设某个用户使用文件传输的客户端接入远程的文件传输服务器。用户知道服务器的域名,但要与其建立连接,还需要知道其 IP 地址。这里从域名到 IP 地址的转换经历了如图 3-20 所示的 6 个步骤。

① 将域名传送到文件传输客户端;

② 文件传输客户端将这个域名传给 DNS 客户端;

③ 该 DNS 客户向 DNS 服务器发送一个包含域名的请求;

④ 该 DNS 客户最终会收到一份回答报文,其中含有对应该域名的 IP 地址;

⑤ DNS 客户向文件传输客户端返回 IP 地址;

⑥ 文件传输客户端利用该 IP 地址与文件传输服务器建立连接。

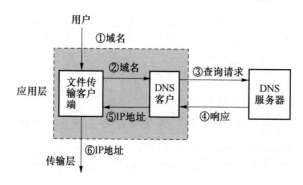

图 3-20　域名到 IP 地址的转换示意图

解析器与域名服务器之间以及域名服务器相互之间存在两种工作方式:递归式查询和迭代式查询。

(1) 递归查询

DNS 客户把查询请求转发给 DNS 服务器。若服务器有所需要的数据,它就发送解答;如果服务器没有所需要的数据,则服务器以 DNS 客户的身份向其他的域名服务器查询。当最终数据被找到时,解答就沿查询链返回,直到到达发出请求的客户。这种方式称为递归查询。一般由 DNS 客户端向本地域名服务器提出的查询请求都是递归式的查询方式。在这个过程中解析器只需接触一次域名服务器系统,就可得到所需的节点地址。

假设主机 a. xyz. com 打算发送邮件给主机 b. 123. org,域名为 a. xyz. com 的主机就必须知道主机 b. 123. org 的 IP 地址。图 3-21 给出了这个查询过程。

① 主机 a. xyz. com 先向其本地域名服务器 dns. xyz. com 发送查询报文,查询报文含有需转换的主机名 b. 123. org;

② 本地域名服务器将该报文转发到根域名服务器;

③ 根域名服务器将报文转发到顶级域名服务器 dns. org;

④ 顶级域名服务器将报文转发到权限域名服务器 dns. 123. org。

权限域名服务器 dns. 123. org 中保存了 b. 123. org 的 IP 地址。当查找到解析结果后,所需的 IP 地址经过顶级域名服务器 dns. org、根域名服务器、本地域名服务器(⑤～⑧步)最终传送到主机 a. xyz. com 上。

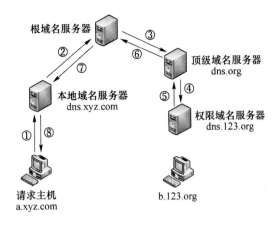

图 3-21 递归查询

（2）迭代查询

DNS 客户把查询请求转发给 DNS 服务器,若该服务器能找到所需数据,它就发送解答。若不能,就返回它认为可以解析这个查询的服务器 IP 地址,告诉 DNS 客户下一步应当向哪一个域名服务器进行查询。客户就向第 2 个服务器重复查询。若找到的服务器能够解决这个问题,就用 IP 地址回答这个查询;否则,就向客户返回一个新的服务器的 IP 地址。客户必须向第 3 个服务器重复查询。这种查询方式称为迭代查询。一般本地域名服务器向其他域名服务器的查询通常采用迭代查询。图 3-22 所示的例子中包含了迭代查询的过程。

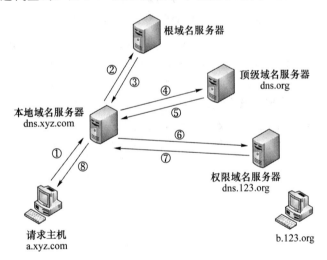

图 3-22 迭代查询

① 主机 a. xyz. com 先向其本地域名服务器 dns. xyz. com 发送查询请求;

② 本地域名服务器采用迭代查询,将该报文转发到根域名服务器;

③ 根域名服务器向本地域名服务器返回顶级域名服务器 dns. org 的 IP 地址;

④ 本地域名服务器向顶级域名服务器 dns. org 进行查询;

⑤ 顶级域名服务器 dns. org 用权限域名服务器 dns. 123. org 的 IP 地址进行响应;

⑥ 本地域名服务器向权限域名服务器 dns. 123. org 发送查询报文;

⑦ 权限域名服务器 dns. 123. org 告诉本地域名服务器所查询的主机的 IP 地址;

⑧ 本地域名服务器最后把查询结果告诉主机 a. xyz. com。

本地域名服务器经过三次迭代查询后,最终从权限域名服务器 dns. 123. org 得到了主机 b. 123. org 的 IP 地址,并把结果返回给主机 a. xyz. com。

需要注意的是,图 3-22 所示的例子既包含了递归查询,也包含了迭代查询。从 a. xyz. com 到 dns. xyz. com 发出的查询是递归查询。而②~⑦步的查询是迭代查询,因为所有的回答都是直接返回给本地域名服务器的。在实际应用中,查询通常遵循图 3-22 中的模式,即从请求主机到本地域名服务器的查询是递归的,其余的查询是迭代的。

2. DNS 缓存

迭代或递归式的域名解析过程往往需要发送多次报文请求才能找到所要查询的 IP 地址,导致查询效率并不高。

为了改善查询的时延性能、减轻根域名服务器的负荷并减少 Internet 上的 DNS 查询报文数量,DNS 采用了高速缓存的机制。每个域名服务器都维护一个高速缓存,存放最近查询过并获取的域名和 IP 地址映射记录,以便下一次有 DNS 客户端查询相同数据时直接从缓存中调用所需数据。

例如,主机 a. xyz. com 向 dns. xyz. com 查询了主机名 b. 123. org 的 IP 地址。假定几个小时后,另外一台主机 c. xyz. com 也向 dns. xyz. com 查询相同的主机名。由于有了缓存,本地域名服务器可以立即返回 b. 123. org 的 IP 地址,而不必查询其他域名服务器。本地域名服务器也可以缓存顶级域名服务器的 IP 地址,因而本地域名服务器可以绕过查询链中的根域名服务器直接向顶级域名服务器发送查询请求报文。

高速缓存加速了解析过程,但仍然是有问题的。若服务器放入高速缓存的映射信息已有很长的时间,则很可能已经过时。为解决这个问题,域名服务器通常为每项缓存内容设置计时器并处理过期的缓存。授权服务器会将叫作生存时间(TTL,Time to Live)的一块信息添加在映射上。TTL 定义了缓存信息在接收信息的服务器中存在的时间(以秒计)。数据保存到缓存后,TTL 就会开始递减,等 TTL 变为 0 时,域名服务器就会将此数据从缓存中删除。在此之后,必须重新到授权管理该域名的域名服务器获取映射信息。

高速缓存不仅存在于本地域名服务器中,许多主机通常也会维护自己最近使用的域名映射信息,并且只在从缓存中找不到映射信息时才向域名服务器发送查询请求。

3.4 应用层协议 2——TELNET、FTP、SMTP

目前流行的、经典的基于文本的应用,如远程登录、文件传输、电子邮件等都是由 TCP/IP 应用层协议直接支撑的,包括 TELNET、FTP、SMTP 等。本节将介绍这几种应用及其相关的应用层协议。

3.4.1 远程终端协议(TELNET)

TELNET 是远程终端协议,它支持远程交互式计算,也就是远程登录。远程登录是最早的 Internet 应用之一。

1. 远程登录

Internet 的一项主要任务就是向网络用户提供信息应用服务。网络用户各自使用的计算机即为本地主机,网络中其他机器则为远程主机。有时用户希望能够在一个远程主机上运行应用程序,而产生的结果能够传送到本地的主机。远程登录就能够完成这一功能。它允许用户登录远程机器,然后使用远程计算机提供的服务,就像在本地操作一样。

(1) 登录

登录是指经由身份识别或鉴权进入操作系统或应用程序的过程。分时系统允许多个用户同时使用一台计算机,用户是系统的一部分,并具有使用资源的某些权利。为了保证系统的安全和记账方便,系统要求每个授权用户有单独的账号作为登录标识,系统还为每个用户指定了一个口令以防止非授权用户使用资源。用户在使用该系统之前要输入标识和口令,这个过程即是登录。

(2) 远程登录

用户登录到远程主机并使本地的计算机暂时成为远程主机的一个仿真终端的过程称为远程登录。

2. 远程终端协议

TELNET 是一个用于 Internet 远程登录服务的简单远程终端协议。它下层使用了 TCP 协议以提供可靠服务。用户通过 TELNET 就可在其所在地登录到远程的另一个主机上(使用主机名或 IP 地址),使用远程主机的服务。

TELNET 使用的是客户/服务器模式。在本地系统运行 TELNET 客户进程,而在远程主机则运行 TELNET 服务器进程。使用 TELNET 协议进行远程登录时需要满足以下条件:①在本地计算机上必须装有包含 TELNET 协议的客户程序;②必须知道远程主机的 IP 地址或域名;③必须知道登录标识与口令。

其基本工作过程如下。首先 TELNET 建立本地与远程主机之间的连接。该过程实际上是建立一个 TCP 连接,然后将用户从键盘输入的信息直接传送到远程主机,同时也能将远程主机的输出通过 TCP 连接返回到用户屏幕。这种服务是透明的,用户感觉好像键盘和显示器是直接连在远程主机上的。使用完毕后,本地终端与远程主机之间的 TCP 连接会被撤销。

下面简要介绍 TELNET 协议采用的特色技术。

(1) 网络虚拟终端

本地与远程的计算机和操作系统可能存在差异。例如,有的操作系统使用 ASCII 回车控制符(CR)进行换行,有的系统则使用 ASCII 换行符(LF),还有一些系统使用两个字符的序列回车-换行(CR-LF)。此外,有的操作系统使用 CTRL+C 作为中断程序运行的快捷键,而有的系统则使用 ESCAPE。如果不考虑系统间的异构性,那么在本地发出的字符或命令,传送到远程主机经远程系统解释后很可能会不准确或者出现错误。

为了解决这种异构性,TELNET 协议定义了数据和命令在 Internet 上的传输方式,称作网络虚拟终端(NVT,Network Virtual Terminal)。图 3-23 说明了它的应用过程:当发送数据时,TELNET 客户把来自用户终端的按键和命令序列转换为 NVT 格式,这些 NVT 形式的命令或数据通过 Internet 到达远程主机,TELNET 服务器将收到的数据和命令从 NVT 格式转换为远程主机需要的格式;接收数据时,远程主机上的 TELNET 服务器将数据从远程主机的格式转换为 NVT 格式发送给本地主机,而本地的 TELNET 客户将接收到的 NVT 格式的数据再转换为本地的格式。

(2) 选项协商

由于 TELNET 两端的机器和操作系统的异构性,使得 TELNET 不可能也不应该严格规定每一个 TELNET 连接的详细配置,否则将大大影响 TELNET 的适应异构性,TELNET 采用选项协商(Option Negotiation)机制来解决这一问题。

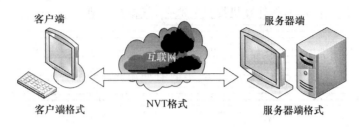

图 3-23 网络虚拟终端

TELNET 的选项协商使 TELNET 客户和 TELNET 服务器可商定使用更多的终端功能。

TELNET 选项包含的内容很多。表 3-4 显示了部分选项内容。

表 3-4 部分选项内容

选项	选项含义
二进制	允许接收方将收到的每一个 8 比特字符解释为二进制数据〔但解释为控制命令(IAC,Interpret as Control)除外,当收到 IAC 时,它的下一个或几个字符就被解释为命令〕
回显	允许服务器回显收到的来自客户的数据
状态	允许客户的进程获得服务器端激活的选项的状态
终端类型	允许客户发送它的终端类型
终端速率	允许客户发送它的终端速率

要使用某个选项,首先需要在客户与服务器之间进行协商,协商的双方是平等的。若有一方愿意激活一个选项,它可以同意请求。如果这一方不能使用这个选项或不愿意使用这个选项,它有权拒绝这个请求。

直到今天,TELNET 依然是重要和广泛使用的 TCP/IP 服务。例如,许多电子公告板系统(BBS,Bulletin Board System)都有 TELNET 版本,使用 TELNET 方式访问 BBS 也更为快捷。

3.4.2 文件传输协议(FTP)

网络文件共享有两种不同形式:联机访问和文件传输。联机访问是由操作系统提供的远程共享文件访问服务,允许多个程序同时对一个文件进行存取,使本地计算机共享远程的资源,就像这些资源在本地一样。

但是联机访问的方式存在一些缺陷。例如,当网络或远程机器出现故障,或者网络拥塞、远程机器超负载时,应用程序将无法正常工作。此外,由于计算机系统是异构的,每个计算机中文件的表示方式、存储格式、访问机制都有所不同。例如,有些计算机系统中联合图像专家组(JPEG,Joint Photographic Experts Group)格式的图像的扩展名为.jpg,而在另一些计算机系统中则可能是.jpeg;一些系统使用斜杠(/)作为文件名的分隔符,其他的一些系统则用反斜杠(\);不同计算机之间的账户信息也不同,一台主机上的账户 admin 并不等同于另一主机上的账户 admin。因此要实现一体化、透明的文件访问是比较困难的。

文件传输协议(FTP)则可以解决上述问题,将一个文件副本从一台主机复制到另一台主机。下面将对 FTP 的概念和工作原理进行介绍。

1. FTP

实际上，在 TCP/IP 出现之前，ARPANET 中就已出现了标准文件传输协议。现在 Internet 上使用最广泛的文件传输标准——FTP 就是由这些早期的文件传输软件版本发展而成的。

FTP 是一种能够提供在异构环境中进行透明的文件传输服务的应用层协议，它使用了 TCP 作为下层协议以实现可靠的传输。通过 FTP，用户可以在本地和远程主机之间进行目录操作并传送多种类型和格式的文件。

2. FTP 基本工作过程

在典型的 FTP 工作过程中，用户坐在本地主机前，向一台远程主机上传文件或从远程主机下载文件。为访问远程主机，用户必须提供一个用户标识和口令。此后，用户就能在本地文件系统与远程主机文件系统之间传送文件。

FTP 使用客户/服务器模式。交互的方式比较简单：客户向 FTP 服务器建立 TCP 连接，并发送一系列请求，然后服务器做出响应。大多数 FTP 服务器允许多个客户的并发访问。FTP 的服务器中一个主进程负责接收新的请求，并为每个连接建立从属进程处理各个请求。

FTP 采用的特色技术之一是将数据与控制信令分离，在主机之间使用了两条连接：数据连接和控制连接，以便处理异构性问题，如图 3-24 所示。一条数据连接用于数据传送，而另一条控制连接则用于传送控制信息（命令和响应）。在文件传输时，服务器由控制进程接收和处理通过控制连接发出的客户传送请求。当控制进程接收到客户发送的文件传输请求后，创建"数据传送进程"和"数据连接"完成文件的传送。

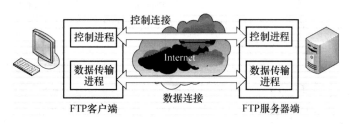

图 3-24　FTP 使用了两条 TCP 连接

在整个交互的 FTP 会话中，控制连接始终是处于连接状态。每当涉及传送文件的命令时，数据连接就被打开，而当文件传送完毕时数据连接就关闭。若传送多个文件，则数据连接可以打开和关闭多次。

对于控制连接，FTP 使用了和 TELNET 相同的方法：NVT ASCII 字符集，实现异构兼容性。对于数据连接，FTP 在传送数据之前在控制连接上以命令的形式定义了文件类型、数据格式以及传输方式来解决异构问题。

为了避免在控制连接与数据连接之间发生冲突，FTP 对于两者使用不同的协议端口号。熟知端口号 21 用于建立控制连接，熟知端口号 20 用于建立数据连接。

3. FTP 常用命令和回答

从客户机到服务器的命令以及从服务器到客户机的回答都是在控制连接上传送的。客户机发出的命令形式是 ASCII 大写字符，因此可读性较高。为了区分连续的命令，每个命令后跟回车换行符。每个命令由 4 个大写字母组成，有些还具有可选参数。表 3-5 列出了一些常见的命令。

表 3-5　FTP 的一些常见命令

命令	可选参数	含义
USER	用户名	用于向服务器传送用户标识
PASS	密码	用于向服务器传送用户口令
LIST	目录名	用于请求服务器返回远程主机当前目录的所有文件列表
RETR	文件名	用于从远程主机的当前目录读取文件
STOR	文件名	用于向远程主机的当前目录存放文件

每一个 FTP 命令产生至少一个响应。一个响应包含两部分：一个 3 位数字，后跟一个可选信息，用于定义所需的参数或额外的解释。表 3-6 列出了一些典型的响应。

表 3-6　FTP 的一些典型响应

代码	说明
125	数据连接打开，数据传输即将开始
200	命令 OK
331	用户名 OK，需要提供密码
425	不能打开数据连接

通常建立控制连接后，用户必须登录服务器，FTP 服务器要求用户提供用户名和密码。用户提交之后，服务器会在控制连接上回送一个响应，通知用户登录是否成功。用户只有在成功登录后才能发送其他命令。尽管这种登录名和口令的使用可以防止文件受到未经授权的访问，但却给公共文件的访问带来不便。为了允许任何用户都可以访问公共文件，许多站点都建立了一个特殊的计算机账户。该账户的登录名为 anonymous，早期的系统用口令 guest，允许任意用户以最小权限匿名地访问文件。匿名 FTP（anonymous FTP）被用来描述用 anonymous 登录名获取访问的过程。

3.4.3　简单邮件传输协议（SMTP）

目前电子邮件（E-mail）是 Internet 上使用最多、最受用户欢迎的网络应用之一。电子邮件是一种异步通信媒介，不需要收发双方同时在场，可以传输各种格式的信息。SMTP、POP3、IMAP4 都是支持电子邮件的相关协议。

1. 电子邮件系统构成

电子邮件系统能够向用户提供几项基本功能：撰写电子邮件、将消息由发信人传输到收信人、向发信人报告邮件的状态、显示电子邮件方便收信人阅读以及处理邮件（如阅读信件后丢弃、保存信息）等。除此之外，邮件系统还为用户提供了更多的特性，如提供邮件列表、创建邮箱、抄送等。

电子邮件系统通常由用户代理（UA，User Agent）、消息传输代理（MTA，Message Transfer Agent）以及消息访问代理（MAA，Message Access Agent）组成。

（1）用户代理

用户代理是用户与电子邮件系统的接口，是用户发送和接收电子邮件的操作台和工具。通常这个接口很友好。它为用户提供以下功能。

- 发送邮件的撰写和编辑：用户代理为用户提供编辑信件的环境。例如，让用户创建通讯录以便回信时能方便地从来信中提取出对方的地址。
- 接收邮件的阅读和处理：接收到的邮件（包括信中的图像和声音）能在收信方显示出来，提供不同方式便于收信人对来信进行处理。

用户代理实际上就是运行在用户 PC 机中的一个程序。因此用户代理又称为电子邮件客户端软件。例如，Outlook Express 和 Foxmail 等都是很受欢迎的电子邮件用户代理。

（2）消息传输代理

消息传输代理是负责在主机间传送邮件的软件。它采用了客户/服务器模式，MTA 客户位于发送邮件的主机上（图 3-25 中发送邮件的用户主机和发送邮件服务器），用于向远程邮件服务器发送邮件，MTA 服务器位于邮件服务器内（图 3-25 中发送邮件服务器和接收邮件服务器），负责接收邮件，将每个报文存放到队列或相应的用户邮箱中。

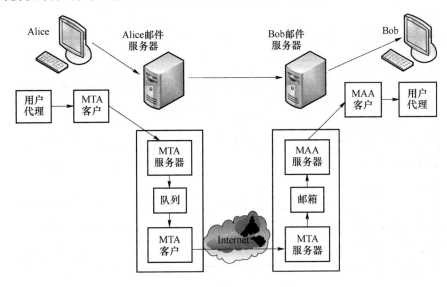

图 3-25　电子邮件传输投递过程

（3）消息访问代理

消息访问代理是用于访问用户邮箱并处理邮件的软件。它也是以客户/服务器模式工作的。MAA 客户位于访问邮件的用户主机上，用于向 MAA 服务器发送请求，MAA 服务器位于接收邮件服务器上，它收到 MAA 客户的请求后将邮件传输到用户主机上。

2. 电子邮件传输投递的过程

Alice 向 Bob 发送电子邮件，图 3-25 给出了几个重要步骤。通常情况下，Alice 和 Bob 通过 LAN 或者 WAN 与各自的邮件服务器进行连接。他们均使用 UA 编辑邮件。在发送邮件时，通过 UA 请求 MTA 客户，与邮件服务器上的 MTA 服务器建立连接。邮件到达 Alice 的邮件服务器时，系统将所有邮件存放在邮件缓存队列中等待发送到 Bob 的邮件服务器。然后 Alice 邮件服务器上的 MTA 客户与 Bob 邮件服务器上的 MTA 服务器建立 TCP 连接，把邮件缓存队列中的邮件依次发送出去。Bob 邮件服务器接收到邮件后存放到 Bob 的邮箱中。当 Bob 希望接收处理邮件时，他的 UA 通过 MAA 客户向其邮件服务器的 MAA 服务器发送邮件访问请求，最终由 Bob 邮件服务器将邮件传送到接收方。

需要注意的是，Bob 在接收邮件时无法直接使用 MTA 服务器，否则为了能够及时接收可能在任何时候到达的新邮件,他的主机必须一直保持在线。这对于大多数 Internet 用户而言是不现实的。因此让来信暂时存储在用户的邮件服务器中,当用户方便时就从邮件服务器的用户信箱中读取来信,是一种比较合理的做法。这样,Bob 就需要 MAA。MTA 服务器程序是一种推的模式,客户把邮件"推"给服务器。而在访问邮件时,Bob 则需要拉的程序,由MAA 客户将邮件从服务器"拉"过来。

用于 Internet 的电子邮件系统协议可划分为 3 类,如表 3-7 所示。

表 3-7　用于 Internet 的电子邮件系统的协议

类型	协议	描述
表示	RFC2822,MIME	规范电子邮件格式的协议
传输	SMTP	用于传输电子邮件报文的协议
访问	POP3,IMAP4	允许用户访问邮箱并处理邮件的协议

3. 电子邮件的表示

电子邮件由信封和内容两部分组成。在邮件的信封上,最重要的就是收件人的地址。完整的电子邮件地址由两部分组成,第一部分为邮箱名,第二部分为邮箱所在主机的域名,中间用"@"隔开,格式如下:

邮箱名 @邮箱所在主机的域名

其中标志收件人邮箱名的字符串在邮箱所在邮件服务器中必须是唯一的。这样就保证了这个电子邮件地址在世界范围内是唯一的。这对保证电子邮件能够在整个 Internet 范围内的准确交付是十分重要的。

而电子邮件的信息格式目前有 RFC2822 邮件报文格式和多用途因特网邮件扩展(MIME)两种。其中 RFC2822 由 RFC822 发展而来,RFC822 也是目前广泛使用的称呼。

(1) RFC2822 邮件报文格式

电子邮件信息由 ASCII 文本组成,包括两个部分。第一部分是一个首部(header),包括有关发送方、接收方、发送日期和内容格式;第二部分是正文(body),包括信息的文本。这两部分中间用一个空行分隔。

在 RFC2822 文档中只规定了邮件内容中的首部格式,邮件的主体部分则让用户自由撰写。用户写好首部后,邮件系统自动将信封所需的信息提取出来并写在信封上。所以用户不需要填写电子邮件信封上的信息。

每个首部行首先是一个关键字,一个冒号,然后是附加的信息。形式如下:

关键字:信息

关键字告诉电子邮件软件如何翻译该行中剩下的内容。每个首部都必须含有一个"From:信息"和一个"To:信息",还可以包含一个"Subject:信息"或者其他可选的首部行。表3-8 列举了一些常见的关键字及其含义。

表 3-8　常见的关键字及其含义

关键字	含义
To	一个或多个收件人的电子邮件地址
From	发送方的电子邮件地址
Subject	邮件的主题

续 表

关键字	含义
Cc	发送一个邮件副本
Date	发信日期
Reply-To	对方回信所用的地址

（2）MIME

在 RFC2822 中描述的报文首部适合于发送普通 ASCII 文本，不能充分满足多媒体报文或携带有非 ASCII 文本格式的报文需求，如带有图片、音频和视频的报文。MIME 扩展了电子邮件的功能，使其允许在报文中传输非 ASCII 文本的内容。

MIME 规定了如何将二进制文件进行编码，并包含在传统电子邮件报文中，并在接收方解码。编码方式可以由发送方和接收方各自选择。为了规定编码方式，报文的首部应加上额外的行。此外 MIME 还允许发送方将报文分割成几个部分，每个部分用不同的编码。例如，用户可以使用纯文本的报文，再附加图像、音频等，各自采用各自的编码形式。

支持多媒体的关键 MIME 首部包括以下内容。

- MIME-Version：声明已使用 MIME 来创建报文，并指出 MIME 的版本号。
- Content-Type：指出在主体中如何包含 MIME 信息。例如，Content/Type：image/jpeg 表示报文主体中插入了 JPEG 图形。
- Content-Transfer-Encoding：提示接收用户代理该报文的编码类型。

通常用户调用 UA，在邮件报文主体中插入非 ASCII 文本内容并发送邮件，此时 UA 会自动产生一个 MIME 报文。

4．简单邮件传输协议

简单邮件传输协议（SMTP，Simple Mail Transfer Protocol）是邮件传输使用的标准协议，用于通过 Internet 传送电子邮件报文。电子邮件的传输是通过 MTA 实现的，包括 MTA 客户和 MTA 服务器。SMTP 协议用于将一个报文从 MTA 客户传送到 MTA 服务器，例如，通过用户代理向邮件服务器以及发送邮件服务器向接收邮件服务器传输邮件时都会使用 SMTP 协议。

SMTP 采用客户/服务器模式工作。负责发送邮件的 SMTP 进程就是 SMTP 客户，而负责接收邮件的 SMTP 进程就是 SMTP 服务器。发送邮件时，SMTP 客户在 25 号端口建立一个到 SMTP 服务器的 TCP 连接。一旦连接建立，SMTP 的客户指明发送方的邮件地址和接收方的邮件地址，并发送报文。SMTP 可以利用 TCP 提供的可靠数据传输无差错地将邮件传递到服务器。该客户如果有另外的报文要发送到该服务器，就在相同的 TCP 连接上重复这种处理。否则，关闭 TCP 连接。

SMTP 不使用中间的邮件服务器。不管发送方和接收方的邮件服务器相隔有多远，TCP 连接总是在发送方和接收方的两个邮件服务器之间直接建立。当接收方邮件服务器出故障而不能工作时，报文会保留在发送方的邮件服务器上并在稍后进行新的尝试，邮件并不会在中间的某个邮件服务器上存留。

5．邮件访问协议

一旦 SMTP 将邮件报文从发送方的邮件服务器交付给接收方的邮件服务器，该报文就被放入了收件人的邮箱中。接下来需要考虑用户如何访问自己的邮件。

目前,通过用户代理访问邮件主要采用了第 3 版邮局协议(POP3,Post Office Protocol version 3)、第 4 版因特网邮件访问协议(IMAP4,Internet Mail Access Protocol version 4)。

访问协议的功能包括提供对用户邮箱的访问、允许用户浏览、下载、删除邮件等。

(1) POP3

POP3 用于将邮件从服务器上读取到接收主机上。

POP3 使用客户/服务器的工作模式。在收件人主机的用户代理必须运行 POP3 客户程序,而在其邮件服务器中则运行 POP3 服务器程序。

当用户代理(客户)打开了一个到邮件服务器(服务器)端口 110 上的 TCP 连接后,POP3 就开始工作了。POP3 的工作过程分为 3 个阶段。①特许阶段,用户代理发送用户名和口令以鉴别用户。②事务处理阶段,用户代理取回报文。此外,用户代理还可以对报文做删除标记,取消报文删除标记,以及获取邮件的统计信息等。③更新阶段,结束该 POP3 会话。

(2) IMAP4

有时,用户希望可以在远程服务器上建立层次的文件夹对邮件进行管理,这样能够在不同的地方使用不同的计算机(如办公室的计算机、手机,或笔记本计算机)随时上网阅读和处理自己的邮件。这种情况下,POP3 不再适用,而 IMAP4 则能够提供这些功能。

IMAP4 按客户/服务器模式工作。在使用 IMAP4 时,用户的 PC 上运行的 IMAP4 客户程序,与接收方邮件服务器上运行的 IMAP4 服务器程序建立 TCP 连接。

IMAP4 比 POP3 具有更多的特色,不过也比 POP3 复杂得多。IMAP4 可以提供创建远程文件夹以及为报文指派文件夹的方法。这样用户可以把邮件移到一个新的、自己创建的文件夹中,阅读邮件、删除邮件等,就像在本地操作一样。IMAP4 的另一个重要特性是它具有允许用户代理获取报文组件的命令。例如,受条件的限制(为了节省时间或者受传输速率的限制),用户希望能只读取邮件中一部分,若邮件包含视频,而用户用手机收取邮件,会希望先浏览正文,过后再下载这个很大的附件。

6. 基于 Web 的电子邮件

现在越来越多的用户使用基于 Web 的电子邮件。用户只要安装并启动 Web 浏览器,就可以收发电子邮件。

当发件人(如 Alice)要发送一封电子邮件报文时,她会登录电子邮件服务器。浏览器显示的 Web 网页要求用户输入登录 ID 和密码,服务器用它来识别用户邮箱,然后从相应用户邮箱中提取邮件,并以网页的形式显示邮件内容。此时电子邮件报文从 Alice 的浏览器发送到她的邮件服务器,使用的不是 SMTP 而是 HTTP。Alice 的邮件服务器在与其他的邮件服务器之间发送和接收邮件时,仍然使用 SMTP。当收件人(如 Bob)想从他的邮箱中读取报文时,电子邮件报文从 Bob 的邮件服务器发送到他的浏览器,使用的是 HTTP 而不是 POP3 或者 IMAP4 协议。

3.5 网络编程基础

网络环境下的应用程序是网络信息系统技术架构的最上层,直接为网络用户提供信息共享服务。本节将首先介绍跟网络编程相关的基本概念,包括网间进程及其标识方法,对目前网络编程的技术进行了分类,重点介绍网络编程分类之一——基于 TCP/IP 协议的网络编程。

3.5.1 网间进程相关概念

网络环境中节点通信或交互是以进程为单位的,我们称为网间进程,本节将对其标识及建立过程进行介绍。

1. 网间进程

进程是操作系统中最重要的概念之一,在第 2 章中已经对此有所介绍。同一台主机上的两个进程之间可以相互通信以交换数据。网络上的两台主机之间也可以相互通信,通信的过程实际上是两台主机上的两个进程之间交换数据的过程,这两个相互通信的进程称为网间进程。例如,人们在使用浏览器浏览网页时,就是本地 PC 机上的浏览器应用进程(IE、Firefox、Opera、Chrome 等)和远端 Web 服务器上的 Web 服务器进程(Tomcat、IIS、WEB Sphere 等)进行通信。

2. 网络应用程序与网络体系结构的关系

网间进程是网络应用程序的运行实例,从计算机网络体系结构的角度看,网络应用程序与网络体系结构的最上层——应用层紧密相关,如图 3-26 所示。

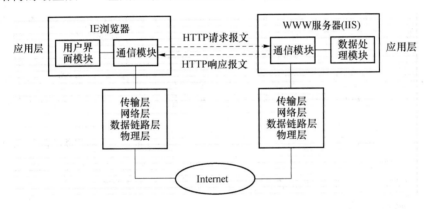

图 3-26 网络应用程序与网络体系结构的关系

如图 3-26 所示,互相通信的是两个网络应用进程——IE 浏览器进程和 WWW 服务器进程。

从功能上,每个网络应用程序分为两个部分,一部分是通信模块,它专门负责网络通信,直接与网络协议栈相连接,借助网络协议栈提供的服务完成网络上数据信息的交换;另一部分是面向用户或者进行其他处理的模块,负责接收用户的命令,或者对借助网络传输过来的数据进行加工。例如,在图 3-26 中,IE 浏览器分为两个部分:用户界面模块负责接收用户输入的网址,把它转交给通信模块;通信模块按照网址与对方的 WWW 服务器进程连接,按照 HTTP 协议与对方通信,接收服务器发回的网页,然后把它交回给浏览器的用户界面模块。用户界面模块解释网页中的超文本标记,把页面显示给用户。WWW 服务器端的 Internet 信息服务(IIS)也分为两部分,通信模块负责与客户端的 IE 浏览器进程进行通信,数据处理模块负责操作服务器端的文件系统或者数据库。

由此可见,网络编程首先要解决网络进程通信的问题,然后才能在通信的基础上开发各种应用功能。

3.5.2　网间进程通信需要解决的问题

在第 2 章中已经了解了单机间并发进程间的通信,对于单机而言,每个进程都在自己的地址空间内运行,操作系统为进程间的通信提供了管道(Pipe)、软中断信号(Signal)、消息(Message)、共享存储区(Shared Memory)以及信号量(Semaphore)等手段,以确保单机进程间的通信相互不干扰而又能协调一致。

网间进程通信不同于单机进程间通信,它是网络中不同主机中的应用进程之间的通信,需要解决以下的问题。

1. 网间进程的标识问题

在同一主机中,不同的进程可以用进程号来唯一标识,如用进程号 2 和 3 分别标识两个不同的进程。但是在网络环境下,分布在不同主机上的进程号已经不能唯一地标识一个进程了。例如,主机 A 中某进程号是 3,主机 B 中也可能存在进程号为 3 的进程。在这种情况下,进程号 3 就不能唯一地标识位于不同主机上的两个进程了。

2. 与网络协议栈的链接问题

从第 3 章网络协议部分了解到,网间进程的通信是需要借助网络协议栈来实现的。源主机上的应用进程向目的主机上的应用进程发送数据时,需要将数据交给下一层的传输层协议实体,调用传输层提供的传输服务,传输层及其下层协议将数据层层向下递交,最后由物理层将数据变成信号,发送到网络上,经过各种网络设备的寻径和转发,才能到达目的主机,目的主机的网络协议栈再将数据层层上传,最终将数据递交给接收端的应用进程,这个过程是非常复杂的。

而对于网络应用程序开发者来说,在进行程序开发时,希望用一种简单的方式来与下层网络协议栈连接,而无须考虑其具体的工作过程,仅仅需要考虑应用层涉及的问题即可。解决这个问题的办法有不少,其中最基础的是基于套接字的网络编程方法。

3. 多重协议的识别问题

操作系统支持的网络协议种类繁多,如常见的 TCP/IP、IPX/SPX 等。不同协议的工作方式不同,地址格式也不同,位于同一层上的不同类协议间是不能通信的。因此网间进程通信需要解决多重协议的识别问题。

4. 不同的通信服务质量问题

不同类的网络应用所需要的通信服务质量等级不同。例如,使用文件传输服务传输大容量文件时,要求传输可靠、无差错、无乱序、无丢失,否则接收到的文件将不能使用。但是对于像网络聊天一类的应用来说,对可靠性的要求就不如前者那么高了。在 TCP/IP 协议族中,传输层有 TCP 和 UDP 这两种协议,TCP 协议可以提供可靠的数据传输服务,而 UDP 提供不可靠的数据传输服务,但是后者的工作效率比前者要高。因此,开发网络应用程序时应该针对不同类别的应用有选择地使用合适的网络协议。

下面着重解决以上 4 个问题中的第 1 和第 2 个问题。

3.5.3　网间进程标识及通信过程的建立

两个网间进程要进行通信,面对的首要问题是上一小节中提到的第 1 个问题——网间进程的标识问题。不同协议族的进程标识方法有一定的区别,本节主要讨论 TCP/IP 协议族下的网间进程标识方法。

1. 网间进程的标识

网间进程通信,不能仅仅依靠进程号来进行标识。在 Internet 中的两个应用进程在通信时,需要通过 3 点来确定对方:对方主机的标识、对方应用进程在其主机上的标识、与对方通信使用的传输层协议。

(1) 主机标识

3.2.5 节已经介绍,在 Internet 中, IP 地址可以唯一地标识一台主机。因此,IP 地址是网间进程标识的第 1 个要素。

(2) 端口

IP 地址确定了主机在 Internet 中的网络位置,但是最终进行通信的不是整个主机,而是主机中的某个应用进程。每个主机中都有很多应用进程,仅有 IP 地址是无法区分一台主机中多个应用进程的。从这个意义上讲,网络通信的最终地址就不仅仅是主机的 IP 地址,还应该包括描述应用进程的某种标识,这个标识就是端口。端口是网间进程标识的第 2 个要素。

端口实际是 TCP/IP 协议族中应用层与传输层协议实体间的服务访问点(SAP)。应用进程通过系统调用与某个端口进行绑定,就可以通过该端口收发数据。应用进程在通信时,必须用到一个端口,它们之间有着一一对应的关系,所以可以用端口来标识同一主机上不同的网络应用进程。

端口标识符是一个 16 位的整数,是操作系统可分配的一种资源,是一种抽象的软件机制。当它被操作系统分配给某个网络应用进程并建立绑定关系后,传输层传给该端口的数据都被该应用进程接收,而该进程发给传输层的数据都通过该端口输出。在 TCP/IP 的实现中,对端口的操作类似于一般的 I/O 操作,应用进程获取一个端口相当于获取了本地唯一的 I/O 文件,可以用一般的读写原语访问它。

由于端口是用来标识同一主机上不同的网络应用进程的,因此两个网间进程进行通信时,需要事先知道对方的端口号。例如,WWW 服务器的默认端口号是 80,因此浏览器在访问网站时,默认会去访问网站 WWW 服务器的 80 端口;FTP 服务器的默认端口号是 21 端口,所以FTP 客户端在访问 FTP 服务器时默认会去访问服务器的 21 端口。这类 Internet 上著名的服务器进程所约定俗成的端口也称为周知端口或保留端口,范围是 0~1 023,采用全局分配或集中控制的方式,由一个权威机构根据需要进行统一分配,并将结果公之于众。常见的保留端口如表 3-9 所示。除了保留端口外,其余的端口,如 1 024~65 535,称为自由端口,由每台计算机在进行网络通信时动态、自由地分配给应用进程。具体来说,端口的分配规则如下。

表 3-9 一些典型的保留端口

TCP 的保留端口	端口号	UDP 的保留端口	端口号
FTP	21	DNS	53
HTTP	80	TFTP	69
SMTP	25	SNMP	161
POP3	110	…	

- 端口 0:不使用,或者作为特殊的用途。
- 端口 1~255:保留给特定的服务,如 WWW、FTP、POP3 等众所周知的服务。
- 端口 256~1 023:保留给其他服务,如路由。

- 端口 1 024～4 999:可以用作任意客户的端口。
- 端口 5 000～65 535:可以用作用户的服务器端口。

需要指出的是,网络应用程序在提供服务时,除了按照权威机构全局分配的方法,也可以按照需要自行分配。例如,常见的 WWW 服务器 Tomcat 就默认采用 8080 端口,而不是大多数 WWW 服务器通常采用的 80 端口,但由于端口是自行分配的,因此在向外提供服务时,需要让服务使用者知道其实际使用的端口号。

（3）传输层协议

网络应用进程要与对端进程通信时,除了对端的 IP 地址、端口号以外,还要确定与对方通信所使用的传输层协议。在 TCP/IP 协议族中,传输层协议有 TCP 和 UDP,它们是完全独立的,因此各自的端口号也相互独立,如 TCP 有一个 80 端口,UDP 也可以有一个 80 端口,二者并不冲突。

传输层协议是网间进程标识的第 3 个要素。

（4）半相关和全相关

主机的 IP 地址、端口号和传输层协议这 3 个要素组成的三元组称为半相关（Half-association）,它标识了 Internet 中进程通信的一个端点,也把它称为进程的网络地址。

在 Internet 中,完整的网间进程通信需要由两个进程组成,两个进程是通信的两个端点,并且它们必须使用同样的传输协议,也就是说不能一端使用 TCP 协议,而另一端使用 UDP 协议,因此描述一个完整的网间进程需要 5 个要素:

（传输层协议,本机 IP 地址,本机传输层端口,远端机 IP 地址,远端机传输层端口）

这个五元组称为全相关（Association）,即两个协议相同的半相关才能组合成一个全相关,或完全指定一对网间通信的进程。这个五元组就是网间进程的标识,它唯一地确定了一对网间进程。

2. 网间进程通信过程的建立

当两个网间进程要通信时,一定是由其中的某一个进程首先发起的。对于采用客户机/服务器模式的两台主机来说,首先发起的一方总是客户机,而对端是服务器;对于采用 P2P 模式的两台主机来说,可以互为客户机和服务器。首先发起通信的一方（以下称为 A 端）需要事先知道对端主机（以下称为 B 端）的 IP 地址、端口号和传输层协议。当这 3 个要素确定下来以后,通信的对端就完全确定下来,可以进行通信了。

A 端进程在确定了 B 端进程的网络地址后,会向本机的操作系统申请一个本地端口号,并且 A 端进程是知道本机的 IP 地址的,因此当其第一次和 B 端进程通信时,会向 B 端进程报告自己的 IP 地址和端口号。所以在第一次通信以后,B 端进程也就获知了 A 端进程的 IP 地址和端口号。至此,通信的两端互相获得了对方进程的 IP 地址,可以进行后续的通信了。第一次通信的过程如图 3-27 所示。

3. 网间进程数据解析示例

为了说明网间进程建立时涉及的数据结构,以下以浏览器访问网站时发送和接收到的数据为例子,说明网间进程涉及的几个要素。该数据结构是由对网络封包分析软件 Wireshark 抓取到的网络包进行解析得到。操作过程如下:

① 打开 Wireshark,设置抓取协议为 HTTP 及端口为 80 的网络包;

② 打开浏览器,访问百度网站 http://www.baidu.com。

Wireshark 抓取到的数据如图 3-28 所示。

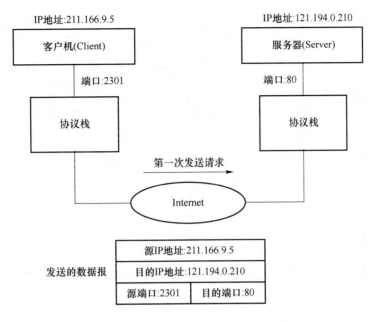

图 3-27 客户机与服务器的第一次通信

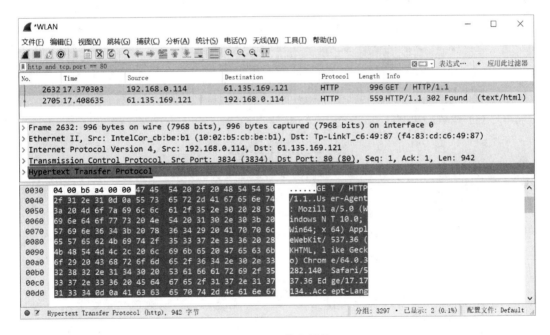

图 3-28 网络包结构

从图 3-28 中可以看出以下几点。

① 浏览器和服务器进行了两次通信,第一次通信是浏览器所在的主机(192.168.0.114)向服务器(61.135.169.121)发送数据,数据包的长度为 996 字节;第二次通信是服务器向浏览器发送数据,数据包的长度为 559 字节。

② 网络层通信协议采用 TCP/IP。

③ 应用层协议采用 HTTP。

④ 通信过程中浏览器使用了 3834 端口,服务器使用了 80 端口,因此该网间进程的五元

组为（TCP/IP，192.168.0.114，3834，61.135.169.121，80）。

进一步分析该网络包的应用层数据，可以看出以下几点。

① 在第一次通信中，浏览器向 WWW 服务器请求访问网站的首页内容，请求的数据如图 3-29 所示，其中画粗框的部分是请求的内容，这部分内容是按照应用层协议 HTTP 组织的。几个基础内容描述如下：

- GET / HTTP/1.1 表示访问网站首页，使用 HTTP 协议 1.1 版本；
- User-Agent 表示浏览器的类型；
- Host：www.baidu.com 表示访问的主机是 www.baidu.com。

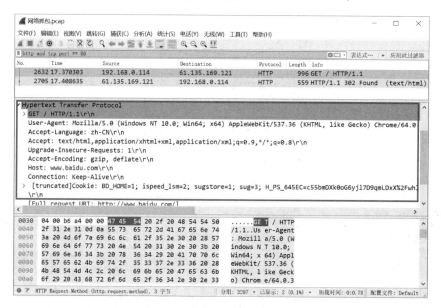

图 3-29　HTTP 请求包内容

② 在第二次通信中，WWW 服务器向浏览器返回主页的内容，数据如图 3-30 所示。

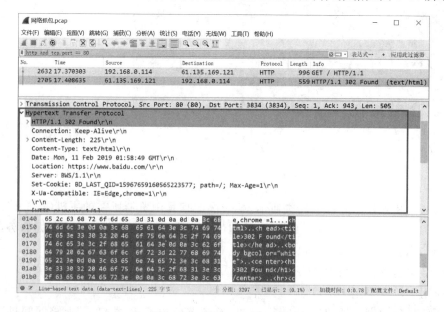

图 3-30　HTTP 响应包内容

其中画粗框的部分为 HTTP 协议规定的协议头部分的内容。而网站的内容如图 3-31 画粗框的部分所示。

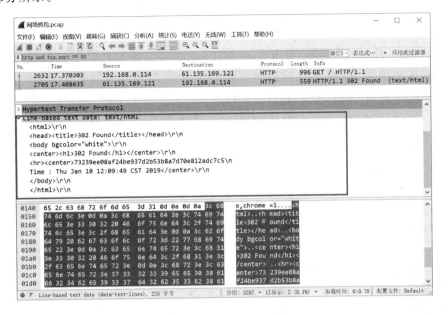

图 3-31　HTTP 响应网站内容

这部分内容是使用 HTML 语言编写的网站内容，HTML 语言将在下一章进行介绍。

3.6　网络编程分类

网络编程根据其侧重点的不同，需要掌握网络协议栈的程度不同，可分为 3 类：基于 TCP/IP 协议栈的网络编程、基于 Web 应用的网络编程、基于 Web Service 的网络编程。其中基于 TCP/IP 协议栈的网络编程是本节重点介绍的一种网络编程技术。

3.6.1　基于 TCP/IP 协议栈的网络编程

基于 TCP/IP 协议栈的网络编程是最基本的网络编程方式，主要使用各种编程语言，如 C/C++、Java 等，利用操作系统提供的套接字网络编程接口，直接开发各种网络应用程序。

这种编程方式直接利用网络协议栈提供的服务来实现网络应用，所处的通信层次比较低，编程者有较大的自由度，同时也对编程者的要求更高。采用这种编程方式需要深入了解 TCP/IP 的相关知识，要深入掌握套接字网络编程接口，更重要的是要深入了解网络应用层协议。例如，要想编写出电子邮件程序，就必须深入了解 SMTP 和 POP3 相关协议，有时甚至需要自己开发合适的应用层协议。

3.6.2　基于 Web 应用的网络编程

Web 应用是 Internet 上最广泛的应用，它用 HTML 来表达信息，用超链接将全世界的网站连成一个整体，用浏览器的形式来浏览，为人们提供了一个图文并茂的多媒体信息世界。

WWW 已经深入各行各业。无论是电子商务、电子政务、数字企业、数字校园,还是各种基于 WWW 的信息处理系统、信息发布系统和远程教育系统,都统统采用了网站的形式。这种巨大的需求催生了多种基于 Web 应用的网络编程技术。

这些网络编程技术是针对 Web 应用的特点而产生的,在开发应用的过程中不需要过多地了解底层网络协议栈的工作过程,可以给 Web 应用的快速开发提供有力支持。这类技术包括多种编程工具和语言,编程工具包括一大批所见即所得的网页制作工具,如 Frontpage、Dreamweaver、Flash 和 Eclipse 等,编程语言包括一批动态服务器网页的制作技术,如动态服务器页面(ASP,Active Server Page)、Java 服务器页面(JSP,Java Server Pages)和超级文本预处理器(PHP,Hypertext Preprocessor)等。

3.6.3 基于 Web Service 的网络编程

Web Service 是一种面向服务的技术,通过标准的 Web 协议提供服务,目的是保证不同平台的应用服务可以互操作,它是松散耦合的可复用的软件模块,是一个自包含的小程序,采用公认的方式来描述输入和输出,在 Internet 上发布后,能通过标准的 Internet 协议在程序中予以访问。它通常包含以下 3 种用于 Web Service 的标准。

1. SOAP

简单对象访问协议(SOAP,Simple Object Access Protocol)作为 Web 服务下层的轻量级可扩展传送协议,用于 Web 服务的角色间传递消息,或 Web 服务操作携带消息。SOAP 本身并没有规定任何编程模型和应用语义,SOAP 是一种规范,用来定义消息的 XML 格式,可以用多种下层协议(如 TCP、HTTP、SMTP 甚至 POP3)来支持此框架,规范提供一个灵活的框架来定义任意的协议绑定。

2. WSDL

WSDL(Web Services Description Language)是 Web 服务描述语言,由 XML 语言实现。WSDL 至少需要说明 Web 服务 3 个方面的信息:首先,需要说明服务做什么,即服务所提供的操作;其次,定义访问服务的数据格式和必要协议;最后,需要说明特定协议决定的服务网络地址。可以认为 WSDL 文件是一个 XML 文档,用于说明一组 SOAP 消息以及如何交换这些消息。

3. UDDI

UDDI(Universal Description,Discovery, and Integration)称为统一描述、发现和集成服务。UDDI 于 2000 年由 Ariba、IBM、Microsoft 和其他 33 家公司创立,可以在全球范围内唯一标识并定义 Web 服务,UDDI 提供了一种访问和发现 Web 服务的有效机制,定义了 Web 服务描述与发现的标准规范。应用程序可由此规范在设计或运行时找到目标 Web 服务。UDDI 基于现有的 XML、WSDL 和 SOAP。Web 服务在用 XML 定义了消息中的数据,用 WSDL 描述了接收和处理消息的服务,用 SOAP 指明了发送和接收消息的方式之后,使用 UDDI 来发布 Web 服务提供的服务和发现服务请求者所需要的服务,这就是 UDDI 所提供的功能。

Web Service 是当前流行的网络编程理念,相对于前两种编程方式,它是一种更高层次的编程方式。

3.6.4 其他网络应用编程技术

套接字是最早解决了网络间进程通信的编程接口,随着网间通信需求越来越高,网络编程技术发展得很快,出现了多种网络应用编程技术,本节介绍常见的几种网络编程技术。

1. RPC

远程过程调用(RPC,Remote Procedure Call)是一种通过网络从远程计算机程序上请求服务,而不需要了解底层网络技术的协议。

平时在编制程序中所说的"调用"往往发生在同一个进程内,常见的情况是程序中某处"调用"了一个函数(或者称为过程),例如,在进程 H1-P1 中,函数 A 调用了函数 B,函数 B 又调用了函数 C,如图 3-32 所示。而在 RPC 中,调用者和被调用者不在一台主机中,而是分散在两台不同的主机中。但是对于调用者来说,它并不关心被调用的过程是否和它在一个进程里,甚至不关心是否在一台主机上,在它看来,被调用的过程就"好像"和它在同一个进程里一样。调用过程如图 3-33 所示。

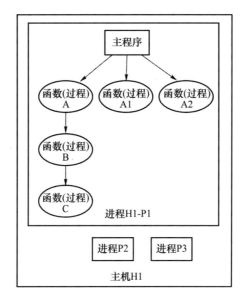

图 3-32 进程内调用

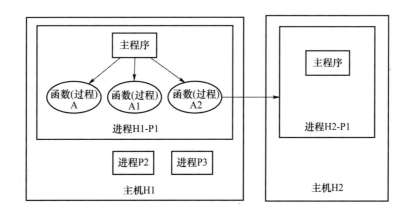

图 3-33 RPC

很显然,要使调用者调用一个处于不同主机上的过程,必然要涉及网络协议。RPC 协议假定某些传输协议的存在,如 TCP 或 UDP,为通信程序之间携带信息数据。在 OSI 网络通信模型中,RPC 跨越了传输层和应用层。RPC 使得开发包括网络分布式多程序在内的应用程序更加容易。

RPC采用客户机/服务器模式。请求程序就是一个客户机,而服务提供程序就是一个服务器。首先,调用进程发送一个有进程参数的调用信息到服务进程,然后等待应答信息。在服务器端,进程保持睡眠状态直到调用信息的到达为止。当一个调用信息到达,服务器获得进程参数,计算结果,发送答复信息,然后等待下一个调用信息,最后,客户端调用过程接收答复信息,获得进程结果,然后调用执行继续进行。

RPC信息协议由两个不同结构组成:调用信息和答复信息。

RPC调用信息:每条远程过程调用信息包括以下字段,以独立识别远程过程。

- 程序号(Program Number);
- 程序版本号(Program Version Number);
- 过程号(Procedure Number)。

RPC调用信息主体形式如下。

```
struct call_body {
unsigned intrpcvers;
unsigned int prog;
unsigned int vers;
unsigned int proc;
opaque_auth cred;
opaque_auth verf;
1 parameter
2 parameter
3 parameter
...
};
```

而RPC的答复信息如下。

```
enum reply_stat stat {
MSG_ACCEPTED = 0,
MSG_DENIED = 1
};
```

2. RMI

远程方法调用(RMI,Remote Method Invocation)是Java 2的标准版本J2SE(Java 2 Standard Edition)中的一部分。程序员可以基于RMI开发出Java环境下的分布式应用。它允许在Java中调用一个远程对象的方法就像调用本地对象的方法一样,使分布在不同的JVM(Java Virtual Machine)中的对象的外表和行为都像本地对象一样。

RMI也可以看作RPC的Java版本,但由于它是Java的一部分,因此具备跨平台、面向对象等Java所独有的特点。

它的原理如图3-34所示。

在RMI中有两个概念:桩(Stub)和框架(Skeleton),它们是理解RMI工作原理的关键。

客户端的对象A想要调用某个远程对象D的方法,但是它不能直接找到D,于是委托代理B,代理B也不能找到D,但是它能找到D的代理C,于是B和C建立了联系,分别代理A和D,从而为A和D建立了联系。这里的B和C就是Stub和Skeleton。但是B是如何找到

C的呢？这就需要D建立的时候,在服务器上先进行注册,而代理B(Stub)到服务器上找到D的注册信息,从而能跟D的代理C联系上。这个注册的过程在RMI中使用Rmi registry实现。

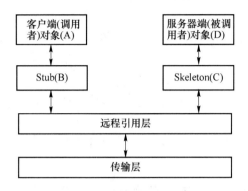

图 3-34 RMI 原理图

完成这一系列的动作后,A需要调用D的方法时,只需要跟B打交道,对于它来说,就像是在调用一个本地方法一样,并不关心这个方法的实现实际上位于另一台主机上。

从上面的过程可以看出,一个完整的RMI系统包括以下几个部分:

- 远程服务的接口定义;
- 远程服务接口的具体实现;
- Stub 和 Skeleton 文件;
- 一个运行远程服务的服务器;
- 一个RMI命名服务,它允许客户端去发现这个远程服务;
- 类文件的提供者(一个 HTTP 或者 FTP 服务器);
- 一个需要这个远程服务的客户端程序。

RMI 的开发包括以下几个步骤:

- 生成一个远程接口;
- 实现远程对象(服务器端程序);
- 生成 Stub 模块和 Skeleton 模块;
- 编写服务器程序;
- 编写客户程序;
- 注册远程对象;
- 启动远程对象。

3. CORBA

公共对象请求代理体系结构(CORBA,Common Object Request Broker Architecture)是由对象管理组织(OMG,Object Management Group)制定的一种标准的面向对象应用程序体系规范,是为了满足在分布式处理环境中异质的软件系统之间协同工作的需求而提出的一种解决方案。

CORBA定义了接口定义语言(IDL,Interface Definition Language)和应用程序编程接口(API,Application Programming Interface),通过对象请求代理(ORB,Object Request Broker)使得运行在不同操作系统上的用不同语言编写的应用程序能够互相操作。

ORB 是 CORBA 的核心,它是一个中间件,在对象间建立客户机/服务器的关系。通过

ORB,一个客户机可以很简单地使用服务器对象的方法而不论服务器是在同一台机器上还是通过一个网络访问。ORB 截获客户机的调用请求然后负责找到一个服务器对象来实现这个请求。客户机不用知道服务器对象的位置、使用的编程语言、操作系统等。

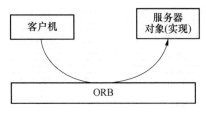

IDL 定义了客户端和服务器端之间的接口,通过这个接口,客户端可以获知服务器对象所能提供的方法。这种定义不是针对某种特定的编程语言,客户端和服务器端程序需要对接口使用各自的编程语言加以实现。例如,客户端使用 C++,而服务器端使用 Java。

CORBA 的体系结构如图 3-35 所示。

图 3-35 CORBA 的体系结构

3.7 典型网络编程技术:套接字编程接口基础

本节着重解决 3.5.2 小节中提出的第 2 个问题,即网间进程与网络协议栈的链接问题。

3.7.1 套接字接口的产生与发展

如前所述,网络上的两台主机进行通信时,需要使用网络协议栈。从应用程序实现的角度来看,在进行程序开发时,希望用一种简单的方式来与下层网络协议栈连接,而无须考虑其具体的工作过程,仅仅需要考虑应用层涉及的问题即可。那么如何能方便地使用协议栈进行通信呢?能不能在应用程序与网络协议栈之间提供一个方便的接口,从而方便网络应用程序的编写呢?UNIX 操作系统的开发者们提出并实现一种套接字接口,全称是套接字应用程序编程接口(Socket API,Socket Application Programming Interface),解决了 UNIX 操作系统下应用层的网络通信问题,而后扩展到了 Windows 和 Linux 系统中并得到继承,成为迄今为止最常用、最重要的一类网络编程接口。

套接字应用程序编程接口(以下简称套接字接口或者套接字)是网络应用程序通过网络协议栈进行通信时所使用的接口,即应用进程与网络协议栈之间的接口。套接字接口在网络体系中的位置如图 3-36 所示。

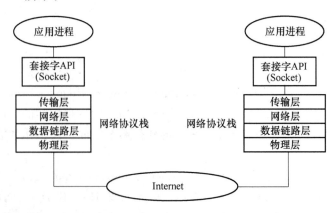

图 3-36 套接字与应用进程、网络协议栈之间的关系

从套接字所处的位置来讲,套接字上连应用进程,下连网络协议栈。套接字是对网络中不同主机上应用进程之间进行双向通信的端点的抽象。进行通信的两个应用进程只要分别连接到自己的套接字,就能方便地通过网络进行通信,既不用去管下层协议栈的工作过程,也不用去管复杂的网络结构。从组成上来说,它定义了应用程序与协议栈模块进行交互时可以使用的一组操作,给出了应用程序能够调用的一组过程,以及这些过程所需要的参数。每个过程完成一个与网络协议栈模块交互的基本操作。例如,一个过程用来建立通信连接,一个过程用来接收数据,一个过程用来发送数据,等等。应用程序通过使用这组过程完成与对端应用程序通信的建立、数据的收发和通信的终止。

那么,为什么把网络编程接口称为 Socket 编程接口呢? Socket 的英文原意是插座、插孔的意思。我们可以参考电气插座和电话插座的情况。在供电网络中,电能有多种来源,如火电站、水电站、核电站,等等,而这些电能到达使用者的身边也经过了一系列诸如升压、高压远程传送、降压和分配等复杂的传输过程。但是对于电器用户来说,并不需要了解电网的工作过程,只需要将电器的插头连接到电气插座上即可。电话插座也是如此,人们在使用电话机时,只需要将电话线一端插在电话机上,另一端连接到电话插座上即可,而不需要了解电话网的工作原理。以上两种情况中,电气插座/电话插座都是电网/电话网面向用户的一个端点,只要连接上这个端点,就可以使用网络中的资源。

套接字接口在计算机网络中的位置与电气插座/电话插座在电网/电话网中的位置类似,它可以看成计算机网络面向用户的一个端点。

套接字的两种实现方式

要实现套接字编程接口,可以采用两种方式:一种是在操作系统的内核中增加相应的软件来实现,另一种是通过开发操作系统之外的函数库来实现。

在 BSD UNIX(Berkeley Software Distribution UNIX)及源于它的操作系统中,套接字函数是操作系统本身的功能调用,是操作系统内核的一部分。由于套接字使用越来越广泛,其他操作系统的供应商(如 Windows 和 Linux 等)也纷纷决定将套接字编程接口加入他们的系统中。在许多情况下,为了不修改他们的基本操作系统,供应商们开发了套接字库(Socket Library)来提供套接字编程接口。也就是说,供应商开发了一套过程库,其中每个过程具有与UNIX 套接字函数相同的名称与参数。套接字能够向没有本机套接字的计算机上的应用程序提供套接字接口。

从开发应用的程序员角度看,套接字库与操作系统内核中实现的套接字在语义上是相同的。程序调用套接字过程,不需要管它是由操作系统提供的还是由库函数提供的。这就带来了程序的可移植性,将程序从一台计算机移植到另一台具有不同操作系统的计算机上时,程序的源代码改动不大。只要用新的计算机上的套接字库重新编译后,就可以在新的计算机上执行。

3.7.2　套接字的基本概念

在了解套接字的工作过程之前,首先需要了解套接字中的几个基本概念。

1. 通信域

通信域是一种抽象概念,定义了一个计算机网络通信的范围,在这个范围中,所有的计算机都使用同一种网络体系结构,使用同一种协议栈。例如,在 Internet 通信域中,所有的计算机都使用 TCP/IP 协议族,它们处于同一个通信域。一些扩展的套接字支持多通信域,比如在

Windows 操作系统中,winsock2 既支持 TCP/IP 协议族,也支持 IPX/SPX 协议族,但是相互通信的两个套接字一般都是同一个协议族的。例如,通信的双方一般不会出现一方使用 TCP/IP 协议,而另一方使用 IPX/SPX 协议的情况。如果通信要跨通信域,就一定要执行某种解释程序。在本章后续的内容中,除非特别指明,否则讨论都是基于 Internet 通信域展开的。

2. 套接字的类型

根据通信的性质,套接字可以分为流式套接字、数据报套接字以及原始套接字 3 种。

(1) 流式套接字

流式套接字(Stream Socket)提供双向的、有序的、无重复的、无记录边界的、可靠的数据流传输服务。流式套接字是面向连接的,即在进行数据交换之前,通信双方要先建立数据传输链路,这样就为后续数据的传输确定了可以确保有序到达的路径,同时为了确保数据的正确性,还会执行额外的计算来验证正确性,所以相对于稍后提到的数据报套接字,它的系统开销较大。在 Internet 通信域中,流式套接字使用 TCP 协议。

当应用程序需要交换大批量的数据时,或者要求数据按照发送的顺序无重复地到达目的地的时候,使用流式套接字是最方便的。在常见的网络应用程序中,那些对传输的可靠性、有序性等要求较高的程序,一般都使用流式套接字,如 FTP 服务器和 FTP 客户端程序、WWW 服务器和浏览器客户端程序之间等。

(2) 数据报套接字

数据报套接字(Datagram Socket)提供双向的、无连接的、不保证可靠的数据报传输服务。数据报套接字是面向无连接的,即在数据报套接字发送数据前,并不事先建立连接,因此发送数据时接收端不一定在侦听,也就不能保证一定能被接收方接收到,因而也不能保证多个数据报按照发送的顺序到达对方。在 Internet 通信域中,数据报套接字使用 UDP 协议。

虽然数据报套接字并不十分可靠,但由于它的传输效率非常高,系统开销小,并且支持向多个目标地址发送广播数据报的能力,因此仍然得到非常广泛的应用。在常见的网络应用程序中,那些对传输的可靠性要求不高的程序一般使用数据报套接字,如网络聊天程序。

(3) 原始套接字

原始套接字(Raw Socket)允许访问较低层次的协议(如 IP、ICMP 等),即可以人为地构造 IP 包和 ICMP 包等。利用原始套接字,可以开发类似网络抓包(Sniffer)、ICMP Ping 等网络应用程序。

以上介绍了 3 种类型的套接字,用户在编制程序时,可以根据需要的不同,选择不同类型的套接字。

3. 同步/异步模式

同步/异步模式指通信进程间推进的顺序。异步模式是指数据发送方不等待数据接收方响应,便接着发送下个数据包的通信方式;同步模式是指数据发送方发出数据后,等待收到接收方发回的响应,才发送下一个数据包的通信方式。

4. 阻塞/非阻塞模式

阻塞/非阻塞模式与同步/异步模式相对应。

阻塞模式简单来说就是通信的双方处于同步模式下。执行阻塞模式下的套接字函数调用时,直到调用成功才返回,否则将一直阻塞在此函数调用上。例如,调用 receive 函数读取网络缓冲区中的数据,如果没有数据到达,程序将一直停止在 receive 这个函数调用上,直到读取到一些数据,此函数调用才返回。

非阻塞模式简单来说就是通信的双方处于异步模式下,即执行非阻塞模式下的套接字的函数调用时,不管是否执行成功,都立即返回。例如,调用 receive 函数读取网络缓冲区中的数据,不管是否读取到数据都立即返回,而不会一直停止在此函数调用上。

5. 客户机/服务器模式

网间进程的通信过程中,肯定是其中的一方首先发起请求,首先发起通信请求的一方一般是客户机端,而等待通信请求并做出响应的一方是服务器端。在这种模式下,服务器往往都需要接收一个或者多个的客户端连接请求,如 WWW 服务器、FTP 服务器和 Telnet 服务器等。这里需要明确的是,服务器和客户机指的是软件而不是硬件,对它们的区分是看谁首先发起了请求。在实际的应用中,两台主机上的网络应用进程可以互为客户机和服务器,如 P2P 通信。

3.7.3　网络地址的数据结构和操作函数

使用套接字进行网络编程,离不开一个重要的因素——网络地址,在套接字中网络地址有其特定的数据结构和表示方式,以下对网络地址的数据结构和相关操作进行介绍。

1. 地址相关数据结构

在 Internet 通信域中标识一个网络应用进程需要 3 个要素:IP 地址、端口和协议类型。因此,在套接字中需要有相关的数据结构来表达这几个要素,在套接字编程接口的函数中要用到它们。

(1) 通用地址结构

```
struct sockaddr{
    u_short      sa_family;                        //地址家族
    char         sa_data[14];                      //协议地址
};
```

这类地址结构可以描述多种网络协议,并不仅仅限于 TCP/IP 协议族。

- sa_family:描述使用的是哪类协议族,如果是使用 TCP/IP 协议族,则该值为 AF_INET。
- sa_data:以上述参数指定的协议族描述的网络地址,如果是使用 TCP/IP 协议族,则见后续描述。

(2) INET 协议族网络地址结构

```
struct sockaddr_in {
    short        sin_family;                       //地址家族
    u_short      sin_port;                         //端口号
    struct in_addr sin_addr;                       //IP 地址
    u_short      sin_zero[8];                      //全为 0
};
```

地址结构名 sockaddr_in 中的最后两个字母"in"是 Internet 的简写,说明该结构适用于采用 TCP/IP 协议的网络。

- sin_family:地址族,一般填为 AF_INET。
- sin_port:16 位的 IP 端口,必须注意字节序问题。
- sin_addr:32 位的 IPv4 地址
- sin_zero:8 个字节的 0 值填充。

（3）IPv4 地址结构

```
struct in_addr{
    union{
    struct     { u_char s_b1,s_b2,s_b3,s_b4;}  S_un_b;
    struct     { u_short s_w1,s_w2;}  S_un_w;
    u_long     S_addr;
    } S_un;
};
```

该结构提供了 3 种赋值的接口 S_un_b 和 S_un_w、S_addr，最常见的是 S_addr、S_un_b 这两种，以下介绍这两种方法。

• 使用 S_addr 接口赋值

S_addr：32 位的无符号整数，对应 32 位 IPv4 地址。要将地址 202.112.107.165 赋值给 in_addr 结构，可以使用如下代码：

```
in_addr   addr;
addr.S_un.S_addr   = inet_addr("202.112.107.165");
```

其中 inet_addr 是一个常用的地址转换函数，用于将点分十进制字符串格式的 IP 地址转换成 u_long 格式的 IP 地址。

由于有定义

```
#define s_addr   S_un.S_addr
```

故也可以将上面的代码简写为

```
in_addr   addr;
addr. s_addr = inet_addr("202.112.107.165");
```

• 使用 S_un_b 接口赋值

S_un_b：包含 4 个 8 位无符号整数，组合起来标识 IPv4 地址：s_b1.s_b2.s_b3.s_b4。以下例子将 IPv4 地址 202.112.107.165 赋值给 addr。

```
in_addr   addr;
addr.S_un.S_un_b.s_b1 = 202;
addr.S_un.S_un_b.s_b2 = 112;
addr.S_un.S_un_b.s_b3 = 107;
addr.S_un.S_un_b.s_b4 = 165;
```

2. 地址转换函数

在表示 IP 地址时，直观的表示常采用点分十进制，如 202.112.107.165，但在套接字 API 中，IP 地址是用无符号长整型数来表示的，也称为网络字节序的 IP 地址。为此套接字编程接口设置了两个函数，专门用于两种形式的 IP 地址转换。

（1）inet_addr 函数

函数作用：将点分十进制形式的网络地址转换为无符号长整型数形式。

函数定义：unsigned   long   inet_addr(const char * cp)。

入口参数 cp：点分十进制形式的 IP 地址，如"202.112.107.165"。

返回值：网络字节序的 IP 地址，是无符号的长整数。

（2）inet_ntoa 函数

函数作用：将 in_addr 结构表示的网络地址转为点分十进制形式。

函数定义：char * inet_ntoa(struct in_addr in)。

入口参数 in：包含长整型 IP 地址的 in_addr 结构变量。

返回值：指向点分十进制 IP 地址的字符串的指针。

3. 域名服务函数

通常情况下书写一个网址时都使用域名来标识站点，但是在程序中需要使用 IP 地址，使用域名服务函数可以将文字型的主机域名直接转换成 IP 地址。

gethostbyname 函数

函数定义：struct hostent * gethostbyname(const char * name)。

入口参数：站点的主机域名字符串。

返回值：指向 hostent 结构的指针。

hostent 结构包含主机名、主机别名数组、返回地址的类型（一般为 AF_INET）、地址长度的字节数和已符合网络字节顺序的主机网络地址等。

4. 本机字节序和网络字节序

不同的计算机系统采用不同的字节序存储数据。例如，在 Intel 体系结构中，多字节存储采取"低位在前，高位在后"的方式，一个两字节的数据 0x0102，字节 0x01 存储在低位，字节 0x02 存储在高位；而在 Macintosh 等体系结构中，多字节存储采用"高位在前，低位在后"的方式，同样的两字节数据 0x0102，字节 0x01 存储在高位，字节 0x02 存储在低位。一个给定的计算机系统的多字节存储顺序，称为本机字节序。

在网络协议中，多字节数据的存储采用的是"高位在前，低位在后"的字节存储顺序，在网络协议中的多字节存储顺序称为网络字节序。由于主机字节序有两种，并且这两种主机字节序都被广泛使用，这就给不同类别主机间的网络数据交互设计带来了一定的麻烦，为了解决这个问题，在套接字 API 中提供了一组字节序处理函数进行本机字节序和网络字节序之间的转换。作为程序开发者，只需要简单调用以下函数，不用考虑本机字节序与网络字节序是否有差别。

- htons()：短整数本机字节序转换为网络字节序，用于端口号。
- htonl()：长整数本机字节序转换为网络字节序，用于 IP 地址。
- ntohs()：短整数网络字节序转换为主机字节序，用于端口号。
- ntohl()：长整数网络字节序转换为本机字节序，用于 IP 地址。

函数名称中的 n 代表网络（network），h 代表主机（host），l 代表无符号长整型（long），s 代表无符号短整型（short）。

下例的代码片段说明了如何构造一个完整的地址数据结构。

```
struct   sockaddr_in   addr;
memset(&addr, 0, sizeof(struct   sockaddr_in));      //将 addr 变量清零
addr.sin_family = AF_INET;      //将协议族设置为 TCP/IP 协议
addr.sin_port = htons(80);      //端口设置为 80,htons 将本机字节序转换为网络字节序
addr. s_addr = inet_addr("202.112.107.165");
/* 设置 IP 地址,调用 inet_addr 函数将点分十进制字符转换为无符号长整型 IP 地址。因为 inet_addr
函数的输出字节已经是网络字节序,所以不需要调用 htonl 函数了 */
```

3.7.4 面向连接的套接字工作过程

面向连接的套接字即流式套接字，采用客户机/服务器的工作模式，工作协议采用 TCP 协

议,其工作过程如图 3-37 所示。

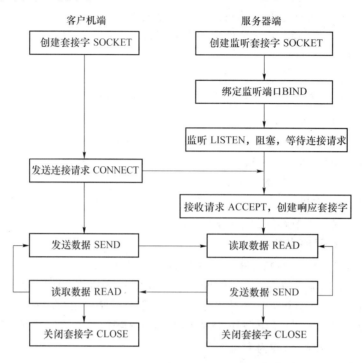

图 3-37 面向连接的套接字工作过程

1. 服务器端

面向连接的套接字服务器端的具体实现流程如下。

① 创建监听套接字。服务器端首先建立一个监听套接字,相当于准备了一个插座。

② 绑定监听端口。为监听套接字指定服务器端的 IP 地址及端口,执行这个步骤后被指定的 IP 地址和端口就和这个套接字绑定在一起了,这一步相当于安装插座,被绑定的端口称为监听端口。

③ 进入监听状态。服务器端的监听套接字进入监听状态,并设定可以建立的最大连接数,以便准备足够的缓冲区,存放连接请求的信息。

④ 接收用户的连接请求。接收客户机端的连接请求分为以下两种情况。

第 1 种情况 如果请求缓冲队列中已经有客户机端的连接请求在等待,就从中取出一个连接请求,并接收它。具体过程是:服务器端创建一个新的套接字,称为响应套接字,说明已经接收了这个连接请求,此后就由服务器端的这个响应套接字专门负责与该客户机交换数据的工作。进行完以上过程后,就将此连接请求从请求缓冲队列中清除,说明此连接请求已经被受理。这里需要说明的是,服务器端和客户机端间的后续通信,是通过服务器端的响应套接字实现的。服务器端的监听套接字在接收并处理了客户机的连接请求后,就又重新回到了监听状态,去等待接纳另一个客户机端的请求。

第 2 种情况 请求缓冲队列中没有任何客户机端的连接请求在等待,那么服务器端就会进入阻塞等待的状态,直到有客户机端连接请求到来。

⑤ 与客户机端进行通信。当服务器端接收了连接请求并为每个连接请求创建了响应套接字后,就可以通过这个响应套接字跟各个客户机端进程互相收发数据了。

⑥ 关闭与客户机端的通信。关闭与某一个客户机端进程对应的响应套接字以关闭与其

之间的通信。但在这里注意关闭的是响应套接字,而不是监听套接字,关闭某一个响应套接字只是关闭与之对应的客户机端的通信,并不影响与其他客户机端的通信。

⑦ 关闭监听套接字。关闭监听套接字后,服务器将不能接收新的连接请求。

2. 客户机端

在面向连接的套接字通信过程中,客户机端的连接工作相对服务器端要简单,其具体实现流程如下。

① 创建客户机端套接字。这时,客户机端的操作系统已经将本地主机默认的 IP 地址和一个客户机端的自由端口号赋给了这个套接字,因此客户机端不必再经过绑定的步骤。

② 提出连接请求。客户机端根据服务器端的 IP 地址和端口号向服务器端发出连接请求。此时客户机端进程进入阻塞状态,等待服务器端的连接应答,一旦收到来自服务器端的应答,客户机端和服务器端的连接就建立起来了。

③ 与服务器通信。连接请求被服务器端接收后,便可以与服务器端进行相互收发数据的操作了。

④ 关闭与服务器的通信。关闭客户机端套接字即可关闭与服务器的通信。

3.7.5 面向连接的基本套接字函数

本小节将逐一介绍面向连接的套接字函数。

1. socket

函数定义:int socket(int af, int type, int protocol)。

函数用途:客户机/服务器使用,创建套接字。

参数说明

- af:输入参数,指定协议族,一般都为 AF_INET,对应于 Internet 协议族。
- type:输入参数,指定套接字类型,若取值为 SOCK_STREAM,表示要创建面向连接的流式套接字;若取值为 SOCK_DRRAM,表示要创建面向无连接的数据报套接字;若取值为 SOCK_RAW,表示要创建原始套接字。
- protocol:输入参数,指定套接字所使用的传输层协议。在 Internet 通信域中,此参数一般取值为 0,系统会根据套接字的类型决定应使用的传输层协议。
- 返回值:如果套接字创建成功,就返回一个 int 型的整数,它就是所创建的套接字的描述符,后续对套接字的操作,如读写数据,关闭套接字,都需要通过这个描述符来完成。这就像是在建立一个文件后,得到文件句柄一样,对文件的操作都是对文件句柄来进行的。如果套接字创建失败,就返回−1。

【例 3-1】 使用 socket 函数示例。

```
int sockfd = socket(AF_INET,SOCK_STREAM,0);
```

例子中 sockfd 就是创建套接字的描述符,如果创建成功,则是一个大于 0 的整型数;如果创建失败,则为−1。

2. bind

函数定义:int bind(int sockfd, struct sockaddr * my_addr, int addrlen)。

函数用途:服务器端使用,将套接字与指定的本机 IP 地址和端口绑定。端口一般是保留端口,当然也可以是由通信双方事先约定好的自由端口。服务器端可能会有多块网卡,在指定 IP 地址时,可以使用 INADDR_ANY 参数来指定多块网卡。

参数说明

- sockfd：输入参数，套接字描述符，该描述符由 socket()函数创建，要将它绑定到指定的网络地址上。
- my_addr：输入参数，是一个指向 sockaddr 结构变量的指针，所指向的结构中保存着特定的网络地址，即要和套接字绑定的本地网络地址。在 Internet 通信域中，此网络地址由 IP 地址＋传输层端口号构成。
- 参数 addrlen：输入参数，sockaddr 结构的长度一般可以使用 sizeof(struct sockaddr)来填写。
- 返回值：如果返回 0，表示已经正确地实现了绑定；如果返回－1，表示有错。

【例 3-2】使用 bind 函数示例。

```
int sockfd = socket(AF_INET,SOCK_STREAM,0);
struct sockaddr_in my_addr;
my_addr.sin_family = AF_INET;          //将协议族设置为 TCP/IP 协议
my_addr.sin_port = htons(80);          /*端口设置为 80,htons 将本机字节序转换为网络字节序*/
my_addr. s_addr = inet_addr(INADDR_ANY);   /*使用 INADDR_ANY 参数,和本机上多块网卡的 IP 地址
绑定,如果有多块网卡的话*/
if(bind(sockfd, (sockaddr*) &my_addr, sizeof(struct sockaddr_in)<0)){
    printf("error occur");
}
```

例子说明

① 在填写网络地址变量 my_addr 时，IP 地址部分填写的是 inet_addr(INADDR_ANY)，其含义是如果本机有多块网卡（多宿主机），则将多块网卡上的多个 IP 地址都填写进去。当然这里也允许只填写其中某个 IP 地址，但是这样就会造成执行完绑定操作后，服务器只能接收客户机发往这个 IP 地址的连接请求，而不能接收发往服务器中其他网卡上的 IP 地址的连接请求。

② 在调用 bind 函数时，第 2 个输入参数是(sockaddr*) &my_addr。为什么要这样写呢？原来 bind 函数的定义中第 2 个参数是通用网络地址结构 sockaddr，为了套接字可以被各种网络协议栈所使用，而不仅仅是为 Internet 协议族使用。在本例中，使用的是 Internet 协议族，因此变量 my_addr 使用的是一个 INET 协议族的网络地址结构 sockaddr_in，但是在调用 bind 函数时，需要将此 INET 协议族的网络地址结构强制转换为通用网络地址结构。

3. listen

函数定义：int listen(int sockfd, int queuesize)。

函数用途：服务器端程序使用，这个函数告诉套接字开始监听客户机的连接请求，并且参数 queuesize 规定了等待连接请求队列的最大长度。操作系统为每个监听套接字各自建立了一个用来等待连接的缓冲区队列。队列最初是空的，是一个先进先出的缓冲区队列。如果缓冲区有空闲位置，则接收一个来自客户端的连接请求，并将其放入队列尾；如果缓冲区队列满了，则拒绝客户机端的连接请求。

参数说明

- sockfd：输入参数，套接字描述符，通过它来监听来自客户机端的连接请求。
- queuesize：输入参数，等待连接队列的最大长度，由编程人员指定。
- 返回值：函数正确执行返回 0，出错返回－1。

【例 **3-3**】使用 listen 函数示例。

```
int n = listen(sockfd, 10);    //最大同时接收 10 个连接
```

4. accept

函数定义：int accept(int sockfd, struct sockaddr * addr, int * addrlen)。

函数用途：服务器端程序使用，从等待连接请求队列中取出第 1 个连接请求并接收，为这个连接请求创建一个响应套接字，后续与此连接请求对应的客户端通信时将通过这个响应套接字进行。此调用仅适用于面向连接的套接字，与 listen 函数配套使用。它的第 2 个参数和第 3 个参数是输出参数，能通过这两个参数得到客户机端的网络地址信息。

参数说明

- sockfd：输入参数，监听套接字描述符。
- addr：输出参数，带回指向连接套接字客户机端网络地址信息的数据结构的指针。当不关心客户机端地址信息时，可以将此参数置为 NULL。
- addrlen：输入输出参数。调用 accept 函数前，应先将此参数值初始设置为 addr 结构的长度，不能为 0 或者 NULL，调用完毕后返回所接收的客户机端的网络地址的精确长度。
- 返回值：如果调用成功，返回一个新的响应套接字描述符，后续与此连接请求对应的客户端通信时将通过这个响应套接字进行；如果出错返回 −1。

【例 **3-4**】使用 accept 函数示例。

```
int clientfd;                           //定义响应套接字变量
int addrlen = sizeof(sockaddr);         //获得套接字地址结构长度
struct sockaddr_in clientaddr;          //定义用于返回客户机端网络地址的结构
clientfd = accept(listenfd, (sockaddr *)& clientaddr, &addrlen);/* 接收连接请求, 如果执行成
功, 则 clientfd 为新创建的响应套接字, clientaddr 结构中填写上客户机端的网络地址信息。*/
```

5. connect

函数定义：int connect(int sockfd, struct sockaddr * remoteaddr, int addrlen)。

函数用途：客户机端使用，用来请求连接到服务器端的套接字。调用此函数会启动与指定服务器的传输层建立连接，将连接请求发送到服务器端，服务器根据等待连接请求队列的情况决定是否接收此请求到等待缓冲区。

参数说明

- sockfd：输入参数，客户机端进程生成的套接字描述符，客户机端要通过这个套接字向服务器端发送连接请求，要用它来与服务器端建立连接，并与服务器端交换数据，可以将这个套接字称为请求套接字。如果 connect 函数执行成功，则此套接字处于已绑定和已连接的状态。
- remoteaddr：输入参数，指向 sockaddr 通用地址结构的指针，该结构中存放了要连接的服务器端的网络地址。这个参数使用的是通用地址结构而不是 INET 地址结构。
- addrlen：输入参数，sockaddr 结构的长度。

【例 **3-5**】使用 connect 函数示例。

```
If (connect(sockfd, (struct sockaddr * )&serveraddr, sizeof(serveraddr)) < 0){
    printf("error");
}
```

6. send 和 recv

函数定义

- int send(int sockfd, char * buffer, int len, int flags)。
- int recv(int sockfd, char * buffer, int len, int flags)。

函数用途：客户机/服务器端使用，发送、接收数据。

参数说明

- sockfd：输入参数，对于服务器端来说是响应套接字描述符（注意不是监听套接字），对于客户机端来说是请求套接字描述符。
- buffer：输出参数，用来发送/接收的缓冲区指针。
- len：输入参数，对于 send 函数是要发送的字节数，对于 recv 函数是接收缓冲区的大小。
- flags：输入参数，调用方式，一般置为 0。
- 返回值：对于 send 函数，返回实际发送出去的字节数；对于 recv 函数，返回接收到的字节数。

【例 3-6】使用 send 和 recv 函数示例。

send

```
char buf[20];
……/ * 将数据写入发送缓冲区 buf * /
int n = send(sockfd, buf, 20,0);
recv
char buf[20];          //先准备好缓冲区来接收数据
int n = recv(sockfd, buf, sizeof(buf),0);
```

7. close

函数定义：int close(int sockfd)。

函数用途：关闭套接字。

参数说明

- sockfd：输入参数，套接字描述符。
- 返回值：如果成功则返回 0，失败返回 −1。

【例 3-7】使用 close 函数示例。

```
close(sockfd);
```

3.7.6　面向连接的套接字编程举例

本小节介绍一个使用 Windows 套接字 API 编写的客户机/服务器的例子。例子中有两个程序，一个是套接字的服务器端程序，以下简称服务器程序；一个是套接字的客户机端程序，以下简称客户机程序，两者采用 TCP 协议通信。两个程序可以分别部署在两台主机上，也可以放在同一台主机上。

1. 程序的功能

服务器程序启动后，监听来访的客户机的连接请求，当有来自客户机端的请求时，接收该连接请求，并将客户机端的 IP 地址打印出来。连接建立后，双方可以开始通信。客户机端程序在控制台上输入字符后，程序将字符发送到服务器端。服务器接收发自客户机端的字符后，在屏幕上进行回显,并将收到的字符发回给客户机,客户机收到后,将接收到的字符在屏幕上打印出来。

2. 程序的启动

服务器端的程序启动时,需要手工指定监听端口号,启动的命令是

server.exe 端口号

例如 server.exe 90。端口号可自行指定。如果指定的端口号已经被占用,则程序报错退出。

客户机端的程序启动时,需要指定服务器端的 IP 地址和监听端口号。如果两个程序在同一台主机上,则可以将 IP 地址设置为 127.0.0.1。启动的命令是

client.exe IP 服务器 IP 地址 服务器端口号

例如 client.exe 202.112.107.65 90。当客户机端程序成功连接上服务器后,屏幕显示提示符>。在提示符后可以输入字符。输入若干字符后回车,客户机端的程序将字符发送到服务器端,服务器端将显示收到的字符。

3. 程序运行

程序运行过程如图 3-38～图 3-41 所示。

```
D:\test\socket>Server.exe 90
Server 90 is listening......
```

图 3-38　服务器端程序启动

```
D:\test\socket>client 59.64.142.82 90
Connecting to 59.64.142.82:90......
>
```

图 3-39　客户机端程序启动

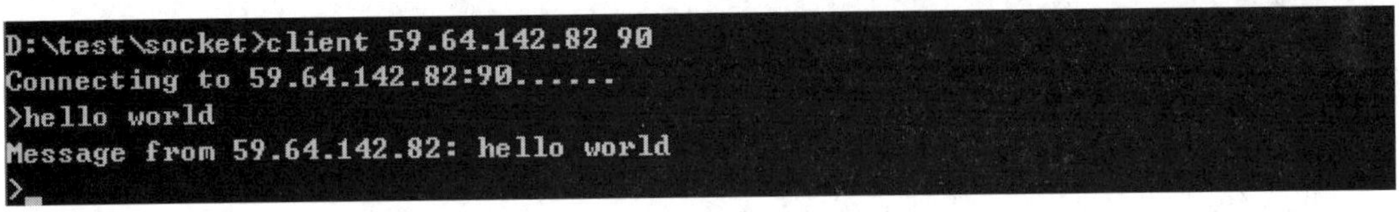

```
D:\test\socket>client 59.64.142.82 90
Connecting to 59.64.142.82:90......
>hello world
Message from 59.64.142.82: hello world
>
```

图 3-40　客户机端发送字符后回显

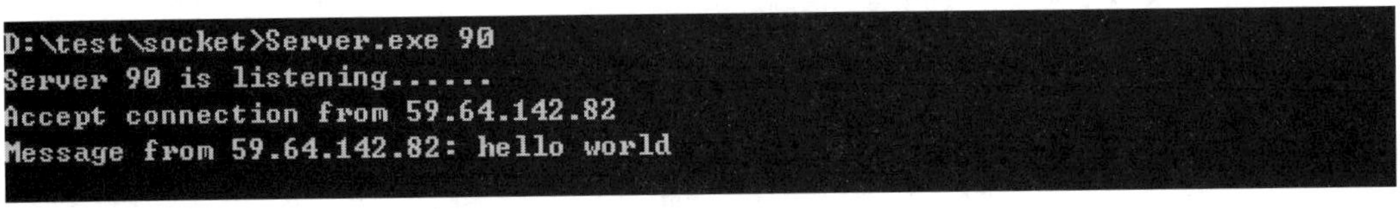

```
D:\test\socket>Server.exe 90
Server 90 is listening......
Accept connection from 59.64.142.82
Message from 59.64.142.82: hello world
```

图 3-41　服务器端接收到字符后回显

4. 服务器端源代码

【例 3-8】面向连接的服务器端示例源代码。

```cpp
//Server.cpp
#include <winsock2.h>
#include <stdio.h>
#include <windows.h>
```

```
//#pragma comment(lib,"ws2_32.lib")

int main(int argc, char * argv[]){
//判断是否输入了端口号
    if(argc!=2){
        printf("Usage: % s PortNumber\n",argv[0]);
        exit(-1);
    }
//把端口号转化成整数
    short port;
    if((port = atoi(argv[1])) == 0){
        printf("端口号有误!");
        exit(-1);
    }
    WSADATA wsa;
//初始化套接字 DLL
    if(WSAStartup(MAKEWORD(2,2),&wsa)!=0){
        printf("套接字初始化失败!");
        exit(-1);
    }
//创建套接字
    SOCKET serverSocket;
    if((serverSocket = socket(AF_INET,SOCK_STREAM,IPPROTO_TCP)) == INVALID_SOCKET){
        printf("创建套接字失败!");
        exit(-1);
    }
    struct sockaddr_in serverAddress;
    memset(&serverAddress,0,sizeof(sockaddr_in));
    serverAddress.sin_family = AF_INET;
    serverAddress.sin_addr.S_un.S_addr = htonl(INADDR_ANY);
    serverAddress.sin_port = htons(port);
//绑定
    if(bind(serverSocket,(sockaddr * )&serverAddress,sizeof(serverAddress)) == SOCKET_ERROR){
        printf("套接字绑定到端口失败! 端口: % d\n",port);
        exit(-1);
    }
//进入侦听状态
    if(listen(serverSocket,SOMAXCONN) == SOCKET_ERROR){
        printf("侦听失败!");
        exit(/1);
    }
    printf("Server % d is listening……\n",port);
    SOCKET clientSocket;//用来和客户端通信的套接字
```

```
    struct sockaddr_in clientAddress;//用来和客户端通信的套接字地址
    memset(&clientAddress,0,sizeof(clientAddress));
    int addrlen = sizeof(clientAddress);
//接收连接
    if((clientSocket = accept(serverSocket,(sockaddr * )&clientAddress,&addrlen)) = = INVALID_
SOCKET){
        printf("接收客户端连接失败!");
        exit(-1);
    }
    printf("Accept connection from % s\n",inet_ntoa(clientAddress.sin_addr));
    char buf[4096];
    while(1){
//接收数据
        int bytes;
        if((bytes = recv(clientSocket,buf,sizeof(buf),0)) = = SOCKET_ERROR){
            printf("接收数据失败! \n");
            exit(-1);
        }
        buf[bytes] = '\0';
        printf("Message from % s: % s\n",inet_ntoa(clientAddress.sin_addr),buf);
        if(send(clientSocket,buf,bytes,0) = = SOCKET_ERROR){
            printf("发送数据失败!");
            exit(-1);
        }
    }
//清理套接字占用的资源
    WSACleanup();
    return 0;
}
```

5. 客户机端源代码

【例 3-9】面向连接的客户机端示例源代码。

```
//Client.cpp
# include < winsock2.h >
# include < stdio.h >
# include < windows.h >

//# pragma comment(lib,"ws2_32.lib")

int main(int argc, char * argv[]){
//判断是否输入了 IP 地址和端口号
    if(argc! = 3){
        printf("Usage: % s IPAddress PortNumber\n",argv[0]);
        exit(-1);
    }
```

```
//把字符串的 IP 地址转化为 u_long
  unsigned long ip;
  if((ip = inet_addr(argv[1])) == INADDR_NONE){
    printf("不合法的 IP 地址:%s",argv[1]);
    exit(-1);
  }
//把端口号转化成整数
  short port;
  if((port = atoi(argv[2])) == 0){
    printf("端口号有误!");
    exit(-1);
  }
  printf("Connecting to %s:%d……\n",inet_ntoa(*(in_addr *)&ip),port);
  WSADATA wsa;
//初始化套接字 DLL
  if(WSAStartup(MAKEWORD(2,2),&wsa)!=0){
    printf("套接字初始化失败!");
    exit(-1);
  }
//创建套接字
  SOCKET sock;
  if((sock = socket(AF_INET,SOCK_STREAM,IPPROTO_TCP)) == INVALID_SOCKET){
    printf("创建套接字失败!");
    exit(-1);
  }
  struct sockaddr_in serverAddress;
  memset(&serverAddress,0,sizeof(sockaddr_in));
  serverAddress.sin_family = AF_INET;
  serverAddress.sin_addr.S_un.S_addr = ip;
  serverAddress.sin_port = htons(port);
//建立和服务器的连接
if(connect(sock,(sockaddr *)&serverAddress,sizeof(serverAddress)) == SOCKET_ERROR){
    printf("建立连接失败!");
    exit(-1);
  }
  char buf[4096];
  while(1){
    printf(">");
    //从控制台读取一行数据
    gets(buf);
    //发送给服务器
    if(send(sock,buf,strlen(buf),0) == SOCKET_ERROR){
      printf("发送数据失败!");
      exit(-1);
```

```
        }
        int bytes;
        if((bytes = recv(sock,buf,sizeof(buf),0)) = = SOCKET_ERROR){
            printf("接收数据失败！\n");
            exit(-1);
        }
buf[bytes] = '\0';
//调用 inet_ntoa 函数将长整型地址转换为点分十进制字符串
        printf("Message from % s：% s\n",inet_ntoa(serverAddress.sin_addr),buf);
    }
//清理套接字占用的资源
    WSACleanup();
    return 0;
}
```

6. 多线程的服务器程序

以上的两个例子演示了套接字函数的使用,但是值得注意的是,这个例子中的服务器程序只能为一个客户机端提供服务,当有一个客户机端程序已经连接上服务器后,再启动另一个客户机端进程去连接服务器时,发现它能连接上服务器,但是发送字符后并没有回显,如图 3-42 所示。这是什么原因呢？原来,这是由服务器端程序的代码决定的。服务器端的程序在接收了第 1 个客户机端进程的请求后,就进入了与第 1 个客户机的数据交互的处理逻辑。此时即使有新的连接请求到来,程序的代码也对此没有响应。

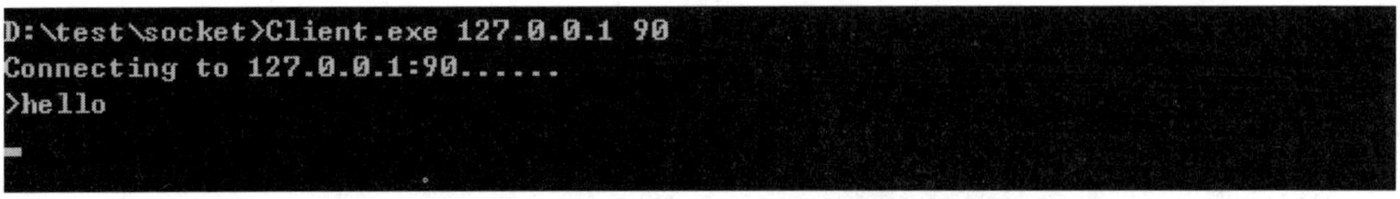

图 3-42　第 2 个客户机端程序不能正常地与服务器端通信

这种服务器端程序与我们熟悉的"服务器"概念相去甚远。众所周知,一台互联网上的 WWW 服务器或者 FTP 服务器需要同时处理多个连接请求。在一些热门的站点上,一台服务器可能需要同时处理几百甚至几千个连接请求。那么怎么样才能做到这一点呢？采用多线程的方式可以同时处理与多个客户机端的通信。【例 3-10】是一个多线程套接字服务器程序,在该服务器程序中,主程序负责监听客户机端的连接请求,当接收了一个客户机端的连接请求后,主程序即创建一个新的线程,这个新的线程负责处理该客户机端的后续数据交换过程。有多少个客户机端的连接请求就创建多少个新线程。多个线程并行工作,互相之间不影响。当其中一个客户机端进程退出后,其对应的服务器端线程也随之终止,但是并不影响其他的线程。通过这种方式,服务器端的程序就可以同时为多个客户机端服务了。

【例 3-10】面向连接的多线程服务器端示例源代码。

```
//ServerThread.cpp
# include < winsock2.h >
# include < stdio.h >
# include < windows.h >
# include < process.h >
```

```
//#pragma comment(lib,"ws2_32.lib")

typedef struct _MySocket {
    int asock;
    struct sockaddr_in clientAddress;//用来和客户机端通信的套接字地址
} MYSOCKET, * PMYSOCKET;

VOID SocketServerThread(LPVOID);

int main(int argc, char * argv[]){
 HANDLE hThrd;
 DWORD IDThread;
 MYSOCKET pSocket;
     //判断是否输入了端口号
  if(argc!=2){
     printf("Usage：% s PortNumber\n",argv[0]);
     exit(-1);
  }
  //把端口号转化成整数
  short port;
  if((port = atoi(argv[1])) == 0){
    printf("端口号有误!");
    exit(-1);
  }
  WSADATA wsa;
    //初始化套接字DLL
  if(WSAStartup(MAKEWORD(2,2),&wsa)!= 0){
    printf("套接字初始化失败!");
    exit(-1);
  }
  //创建套接字
  SOCKET serverSocket;
  if((serverSocket = socket(AF_INET,SOCK_STREAM,IPPROTO_TCP)) == INVALID_SOCKET){
     printf("创建套接字失败!");
     exit(-1);
  }
  struct sockaddr_in serverAddress;
  memset(&serverAddress,0,sizeof(sockaddr_in));
  serverAddress.sin_family = AF_INET;
  serverAddress.sin_addr.S_un.S_addr = htonl(INADDR_ANY);
  serverAddress.sin_port = htons(port);
  //绑定
  if(bind(serverSocket,(sockaddr * )&serverAddress,sizeof(serverAddress)) == SOCKET_ERROR){
```

```
        printf("套接字绑定到端口失败! 端口: %d\n",port);
        exit(-1);
    }
    //进入侦听状态
    if(listen(serverSocket,SOMAXCONN)==SOCKET_ERROR){
        printf("侦听失败!");
        exit(-1);
    }
    printf("Server %d is listening……\n",port);
    SOCKET clientSocket;//用来和客户机端通信的套接字
    struct sockaddr_in clientAddress;//用来和客户机端通信的套接字地址
    memset(&clientAddress,0,sizeof(clientAddress));
    int addrlen = sizeof(clientAddress);
    //接收连接
    do{
if((clientSocket = accept(serverSocket,(sockaddr *)&clientAddress,&addrlen))==INVALID_
SOCKET){
                    //阻塞等待客户连接,连接成功返回新Socket句柄
                        printf("tcp accept %d is the error", WSAGetLastError());
        }
        printf("Accept connection from %s\n",inet_ntoa(clientAddress.sin_addr));
        pSocket.asock = clientSocket;
        //memcpy(pSocket.clientAddress,clientAddress,sizeof(clientAddress));
        hThrd = CreateThread(NULL,0,(LPTHREAD_START_ROUTINE)SocketServerThread,
                        &pSocket,0,&IDThread);//创建工作服务器线程
    }while( TRUE );
    //清理套接字占用的资源
    WSACleanup();
    return 0;
}


VOID SocketServerThread(LPVOID lpParam)
{
    PMYSOCKET pSocket;
    SOCKET bsock;
    pSocket = (PMYSOCKET)lpParam;
    bsock = pSocket -> asock;
    printf("Server Thread Socket Number = %d,Server Thread Number = %ld\n",bsock,GetCurrentThreadId());
//打印线程标识
    char buf[4096];
    while(1){
        //接收数据
        int bytes;
        if((bytes = recv(bsock,buf,sizeof(buf),0))==SOCKET_ERROR){
```

```
        printf("接收数据失败! \n");
        exit( - 1);
    }
    buf[bytes] = '\0 ';
    printf("Message from % s: % s\n",inet_ntoa(pSocket - > clientAddress.sin_addr),buf); //打
印发送端地址及发送的内容
    if(send(bsock,buf,bytes,0) = = SOCKET_ERROR){
        printf("发送数据失败!");
        exit( - 1);
    }
    if(strcmp(buf,"exit") = = 0) break;
    }
    printf("Server Thread Socket Number = % ld exit\n",GetCurrentThreadId());
    closesocket(bsock);
    return;
}
```

代码说明

与单线程套接字服务器程序【例 3-8】相比,多线程套接字服务器程序【例 3-10】多了一些
处理代码。在接收了客户机端的连接请求后,服务器主程序便通过调用 CreateThread 函数建
立了一个新的线程,新的线程负责处理与此客户机端的后续数据交换,线程的处理逻辑在函数
SocketServerThread 中体现。图 3-43~图 3-47 描述了多线程服务器的工作过程。

```
D:\socket>ServerThread.exe 90
Server 90 is listening......
```

图 3-43　多线程服务器程序启动

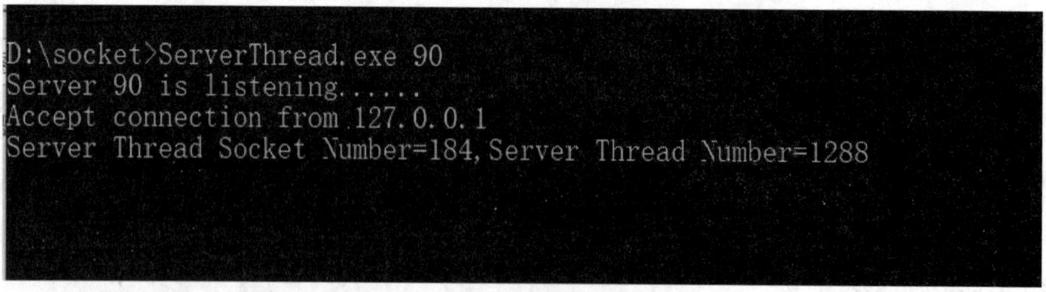

```
D:\socket>ServerThread.exe 90
Server 90 is listening......
Accept connection from 127.0.0.1
Server Thread Socket Number=184, Server Thread Number=1288
```

图 3-44　接收第 1 个客户机端的连接请求

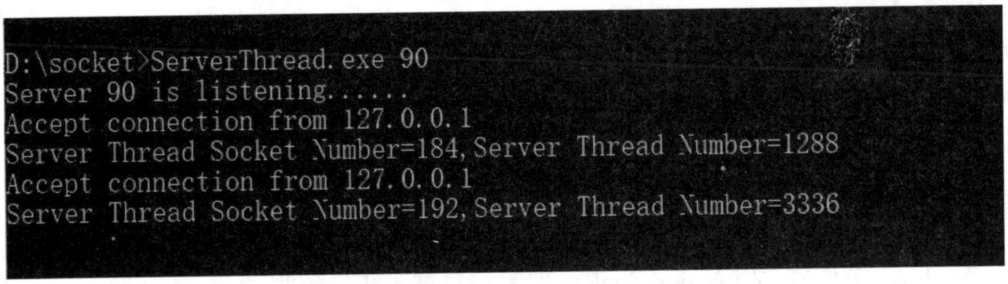

D:\socket>ServerThread.exe 90
Server 90 is listening......
Accept connection from 127.0.0.1
Server Thread Socket Number=184,Server Thread Number=1288
Accept connection from 127.0.0.1
Server Thread Socket Number=192,Server Thread Number=3336

图 3-45 接收第 2 个客户机端的连接请求

命令提示符 - ServerThread.exe 90
D:\socket>ServerThread.exe 90
Server 90 is listening......
Accept connection from 127.0.0.1
Server Thread Socket Number=184,Server Thread Number=1288
Accept connection from 127.0.0.1
Server Thread Socket Number=192,Server Thread Number=3336
Message from 254.255.255.255: hello world 1
Message from hello world 1
命令提示符 - Client.exe 127.0.0.1 90
D:\socket>Client.exe 127.0.0.1 90
Connecting to 127.0.0.1:90......
>hello world 1
Message from 127.0.0.1: hello world 1
>

图 3-46 与第 1 个客户机端通信

命令提示符 - ServerThread.exe 90
D:\socket>ServerThread.exe 90
Server 90 is listening......
Accept connection from 127.0.0.1
Server Thread Socket Number=184,Server Thread Number=1288
Accept connection from 127.0.0.1
Server Thread Socket Number=192,Server Thread Number=3336
Message from 254.255.255.255: hello world 1
Message from hello world 1
Message from 254.255.255.255: hello world 2
Message from hello world 2
命令提示符 - Client.exe 127.0.0.1 90
D:\socket>Client.exe 127.0.0.1 90
Connecting to 127.0.0.1:90......
>hello world 2
Message from 127.0.0.1: hello world 2
>

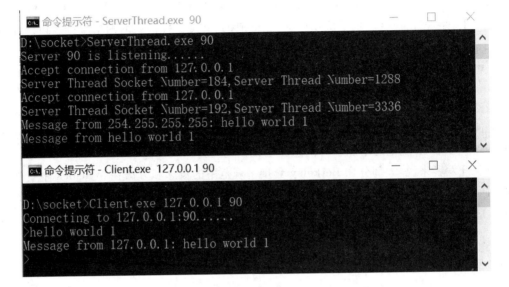

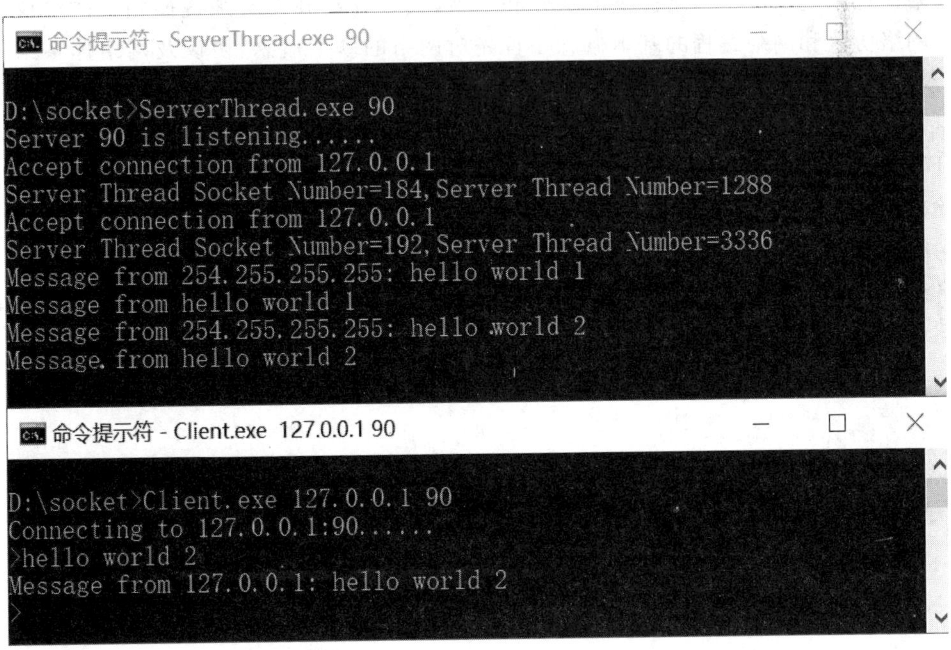

图 3-47 与第 2 个客户机端通信

7. Winsock

在以上的例子中,使用的是 Windows 平台下的套接字 API,编程语言使用的是 C++,有一些系统调用是 Windows 平台所要求的,如 WSAStartup 函数和 WSACleanup 函数,而在 BSD UNIX 操作系统上是不要求的。

Socket 最早起源于 BSD UNIX。20 世纪 70 年代随着微软公司的崛起,Windows 操作系统在个人计算机中逐渐占据统治地位。为了使原先在 UNIX 上才能实现的网络通信方式同样能在 Windows 上实现,Windows Socket 编程接口被提出并得以建立。

Windows 套接字(Winsock)是一个定义 Windows 网络软件应该接入网络服务的规范。通过这个规范,Windows 应用程序可以实现强大的网络功能,这些功能都建立在 WinSock 接口的基础上,是 Windows 环境下应用广泛的、开放的、支持多种协议的网络编程接口。经过不断的完善,它已成为 Windows 网络编程事实上的标准规范。

Winsock 规范继承了 Berkeley 库函数中很多优良风格,并在此基础上扩展了很多适应于 Windows 操作系统的扩展函数库。可以认为 Winsock 规范是 Berkeley 套接字规范的超集。

当然,为了适应 Windows 操作系统,Winsock 规范对 Berkeley 套接字规范的一些部分进行了修改,诸如头文件、数据类型、函数名称、指针类型,等等。针对 Windows 操作系统基于消息的特点,Winsock 规范还增加了对消息驱动机制的支持。

对于开发者来说,大部分在 Berkeley 套接字规范中的概念和方法在 Winsock 中仍然可以沿用,而涉及的一些具体的函数名称和数据类型等,需要去查找 Winsock 规范相关的技术资料。

3.8 本章小结

网络信息系统依赖于网络提供的媒介和平台,其设计与开发必须遵循相关的协议。本章介绍了网络协议和网络编程的基本概念。首先对网络的基本概念、协议及网络体系结构的概念、要素进行了介绍,接着介绍了分层参考模型 OSI、TCP/IP,其中重点讲述了网络应用层协议,包括提供域名转换服务的 DNS、用于远程登录的远程终端访问协议 TELNET、文件传输协议(FTP)、简单邮件传输协议(SMTP)。然后介绍了与网络编程相关的基本概念,包括网间进程及其标识方法,对目前网络编程的技术进行了分类,重点介绍了其中一种基于 TCP/IP 协议的网络编程方式:套接字接口。通过本章的学习,读者能够对网络和支撑传统应用的协议以及网络编程基本原理有一定的了解,本章内容能够为后续学习网络编程、实现网络应用奠定理论基础。

第 **4** 章 万维网

Web 应用的产生与发展极大地改变了人们的工作和生活,也促进了 Internet 的推广和普及。为了解 Web 应用的基本原理并据此设计开发相关的网络信息系统,本章将介绍 Web 的基本概念和关键技术,包括 Web 的工作模式、Web 页面的概念与分类、Web 资源标识定位——统一资源定位符、Web 应用层协议——超文本传输协议、实现静态页面的超文本标记语言、可扩展标记语言以及实现活动页面的 JavaScript 脚本语言等。

4.1 万维网概述

本节将首先介绍万维网(WWW 或 Web,World Wide Web)的基本概况,着重讲述 Web 技术架构及其中的 Web 页面。

4.1.1 万维网技术架构概述

1. 万维网

万维网,也称 Web,是一个构筑在 Internet 之上的以超媒体形式展现信息的系统,其中储藏了大量遍布全球的相互链接的各类文档并提供了访问这些文档的机制。它由超文本标记语言(HTML,HyperText Markup Language)表达的 Web 页面组成,通过超文本传输协议(HTTP,HyperText Transfer Protocol)实现页面传输,并且使用统一资源定位符(URL,Uniform Resource Locator)标识页面在 Internet 范围内的位置。

万维网服务的基础是 Web 页面,每个 Web 页面既可展示文本、图形图像和声音等多媒体信息,又可提供一种特殊的链接点,即超链接。通过超链接,用户可以非常方便地访问 Internet 上大量的信息。本小节将介绍 Web 页面的概念。

URL 是 Internet 上标准的资源地址,用来标识定位分布在整个 Internet 上的万维网页面。4.2 节将介绍 URL 的相关内容。

HTTP 是万维网为了实现页面的传输所采用的应用层协议。4.3 节将对 HTTP 的概念和特点进行介绍。

HTML 是用于制作万维网页面的一种标记语言。万维网使用 HTML 将 Web 页面显示出来,以便让不同结构的计算机都能理解所有的 Web 页面。4.4 节将介绍 HTML 的相关内容。

2. Web 工作模式

万维网以客户/服务器方式进行工作。万维网客户实际就是运行在用户主机上的浏览器,而万维网服务器是存放 Web 页面的主机,负责运行服务器程序。浏览器向服务器程序发出请求,服务器程序向客户程序送回客户所要的 Web 页面,如图 4-1 所示。

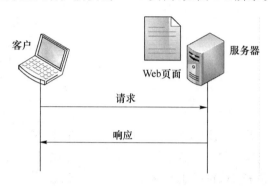

图 4-1 万维网的客户/服务器工作模式

（1）Web 客户——浏览器的结构

Web 客户端运行的程序,现在统称为浏览器,用来解释和显示 Web 页面,不同厂商提供的浏览器品牌不同,如 Internet Explorer、火狐等,但是它们都使用几乎相同的体系结构,如图 4-2 所示。每一个浏览器通常由 3 个部分组成:控制程序、客户程序和解释程序。控制程序管理客户程序和解释程序,是浏览器的核心部件。它接收来自键盘或鼠标的输入,并调用相关的组件来执行用户指定的操作。例如,当用户用鼠标点击一个链接时,控制程序就调用客户程序从页面所在的远程服务器上取回该页面,并调用解释程序将页面显示在屏幕上。客户程序主要采用 TCP/IP 的应用层协议,如 HTTP、FTP 或 SMTP 等。而解释程序根据页面的类型可以是 HTML、Java、JavaScript 程序等。

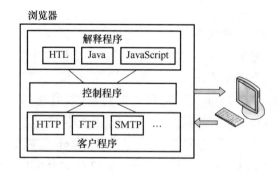

图 4-2 浏览器结构

（2）Web 服务器

Web 服务器是指运行在服务器类计算机上处理 Web 页面请求的服务器程序。Web 页面存放在服务器类计算机上。服务器重复地执行一个简单的任务:每次客户请求到达时,将被请求的页面发送给客户。为提高交互效率,通常会将一些页面存放在缓存中以提高访问速率。服务器也会采用多线程的方式,一次处理多个请求。较为流行的服务器包括 Apache 和微软的 Internet Information Server。

4.1.2 万维网页面

在万维网中,信息被组织为一个文档集合。文档除了包含信息之外,还可以包含指向这个集合中其他文档的链接。用户可以通过单击链接,转向它所指向的文档,这种链接被称为超链接。超文本是由基本的文本信息和超链接构成的文档。超媒体文档则在超文本的基础上包含了更多的信息表示方式,包括图片、音频、动画、视频等。通常万维网上的超文本和超媒体的文档被称为 Web 页面。

按照页面内容被确定的时间,Web 页面可分为静态页面、动态页面和活动页面 3 类。

1. 静态页面

静态页面是固定内容的页面,它由服务器创建,并存储在服务器中。也就是说,页面的内容在创建时确定,使用过程中不会改变。用户请求时,他只能得到页面的一个副本。当然,在服务器中内容是可以改变的,但(浏览器)用户不能改变它。

静态页面的最大优点是简单。它可以由不懂程序设计的人员来创建。但静态页面的缺点是不够灵活。当信息变化时就要由页面的作者手工对页面进行修改。因此,静态页面不适合包含经常变化的信息内容。

编写静态页面的语言包括 HTML、XML、可扩展超文本标记语言(XHTML,EXtensible HyperText Markup Language)等。HTML 和 XML 将在后续章节进行介绍。XHTML 也是万维网联盟(W3C)提出的标记语言规范,它将 XML 和 HTML 的优势相结合,以 XML 重构了 HTML,被视为由 HTML 向 XML 过渡的技术。现在有很多工具可以生成静态页面,如普通文本编辑器、Dreamweaver、FrontPage、WordPress 等。

2. 动态页面

动态页面是指页面的内容在浏览器请求该页面时才由服务器创建,生成页面的程序存储在服务器中,并且当请求到达时,在服务器上运行该程序,创建动态页面的应用程序,将程序输出作为对请求该页面的浏览器的响应。由于对浏览器每次请求的响应都是临时生成的,因此用户通过动态页面所看到的内容都会有所不同。

动态页面能够报告当前最新信息。例如,动态页面可用来报告天气预报或民航售票情况等内容。但动态页面的创建难度比静态页面要高,要求开发人员必须会编写应用程序,而且程序还要通过大范围的测试,以保证所有的浏览器都能正确显示。

动态页面和静态页面的生成方法不同。动态页面是由服务器运行应用程序产生的,而静态页面则是服务器创建后直接存放着的。从浏览器的角度看,仅根据在屏幕上看到的内容无法判定服务器送来的是哪一种页面。

制作动态页面的技术有公共网关接口(CGI,Common Gateway Interface)、JSP、ASP、PHP 等。

3. 活动页面

动态页面在创建之后所包含的信息内容就固定了,并没有持续更新信息的能力。对于许多应用,需要程序与用户进行交互或者在屏幕上产生动画图形,活动页面能够提供这样的功能。活动页面是由在客户端运行的应用程序产生的。该程序存储在服务器中,但不在服务器上运行。当浏览器请求活动页面时,服务器将这个创建活动页面的程序发送至客户端。客户端(即浏览器)运行程序,获得活动页面。活动页面可与用户直接交互,也可连续地改变屏幕的显示。

活动页面可以通过 JavaScript、Java Applets 等技术实现。JavaScript 是一种基于对象和事件驱动并具有安全性能的解释型脚本语言,它与 HTML 结合起来,用于增强页面交互功能。当客户端请求到达服务器时,服务器将源码发送到客户端,由客户端解释执行,具体内容将在 4.5 节介绍。Java Applets 是在服务器上用 Java 编写的程序,当客户端请求到达服务器时,服务器将已编译好的二进制码发送到客户端,由客户端直接执行生成活动页面。

4.1.3 网页制作与发布

上一节介绍了 Web 页面及其实现技术,这一节介绍如何使用工具来制作网页,并发布到 Internet 上,以供互联网上的用户访问。

1. 网页编辑器

在网页的编制过程中,可以使用多种工具来辅助网页的制作、调试、预览和发布。常见的方法有如下的几种。

(1)纯文本编辑器+浏览器

HTML 文档是一种纯文本的文档,因此可以使用纯文本编辑器来编辑。常用的编辑器如 Windows 系统下的 Notepad(记事本)、Microsoft Word、Ultraedit 等工具。编辑好以后的 HTML 文档可以直接使用浏览器来观察显示效果。这种方法直接使用 HTML 编写,要求对 HTML 语言熟悉程度比较高,适合比较专业的开发人员在小范围改动代码时使用,对于大批量制作网页和非专业人员则不太适用。

(2)网页开发软件

目前市场上已经出现了大量的针对网页制作的开发软件,其中最常见的有 FrontPage、Dreamweaver、Eclipse 等。这类软件的特点是制作网页时提供了所见即所得的开发界面,一些常用的网页组件如文本框、表格、列表、超链接等只需要简单的拖拽和设置一些属性值即可实现,这些开发软件还提供了预览和调试的功能,非专业的编程人员也可以轻易地制作网页。

2. Web 服务器

制作好的网页可以在本地计算机上使用浏览器查看效果,但是网页要供互联网上的用户查看和使用,还需要通过 Web 服务器发布到网络上。Web 服务器包括硬件部分和软件部分。

Web 服务器的硬件部分是一台或者多台装有操作系统的主机,操作系统可以是 Windows 或者 UNIX、Linux 等。主机应该能够连接到互联网上,当然,如果网页的使用者只是在内部局域网使用,也可以不用连接到互联网上。

Web 服务器的软件部分是 Web 服务软件,常见的软件包括 Microsoft IIS、Apache Tomcat、IBM Websphere、Bea WebLogic 等。

3. 网页的发布

架设 Web 服务器后,即可把制作好的网页发布到网络上。发布的方法根据所选用的 Web 服务器软件和网页开发软件各有不同。在大多数的网页开发软件中都提供了发布的功能,可根据该软件的说明进行操作。但是无论哪种发布过程,其实质都是将网页上传到 Web 服务器的存储介质中。

4.2　Web 信息的标识与定位——URL

在网络环境下,信息以不同的方式分布在网络的不同节点上,如何对信息的位置加以确定,又如何对信息进行区分、标识,是本节所要讨论的问题,其中重点介绍常用的 Web 信息标识定位方法:URL。

4.2.1　URI、URL、URN

1. URI

Web 信息分布在 Internet 的大量服务器上。为使用这些资源,需要对它们进行标识和定位。在 3.3 节介绍了一种寻址方式:DNS,根据域名查找 IP 地址从而定位某个主机或设备。但对于资源的寻址,仅定位到设备是不够的,还需要引用到具体的文件、对象等。出于这个目的,TCP/IP 定义了统一资源标识符(URI,Uniform Resource Identifier),用于定位和访问基于 TCP/IP 互联网中的一个特定资源。它以紧凑的字符串形式描述了标识引用一个资源的必要信息。

根据描述资源方式的不同,URI 又可以分为 URL 和统一资源名(URN,Uniform Resource Name)。

2. URL

URL 是一种将访问机制与具体的资源位置相结合来引用资源的资源标识符。语法上,URL 就是一个文本字符串,最基本的形式包含由冒号分割的两部分,即<访问机制>:<具体资源>。其中,访问机制是指访问资源的方法,通常指一个应用层协议,如 HTTP 或 FTP,或资源类型,如 file。而具体资源通常指资源的位置。因为不同访问机制需要不同类型的信息来标识一个特定的资源,当读取 URL 时,访问机制部分将告诉浏览器,如何解释 URL 余下部分的语法。

尽管有不同的访问机制,但如何引用资源具有相似性,如 HTTP 和 FTP 都用域名或 IP 地址找到特定的设备,然后访问存储在一个层次目录结构中的资源,因此 URL 具有如下通用语法结构:

<访问机制>://<用户名>:<密码>@<主机>:<端口>/<路径>;<参数>? <查询>#<分片>

其中//后面的各个组件解释如下:

- 用户名和密码是登录所需的鉴别信息;
- 主机指资源所在主机的域名或 IP 地址;
- 端口是用于标识服务器进程的 TCP 或 UDP 端口地址;如果服务器使用的是该协议所对应的保留端口,则端口号可以省略,如 HTTP 的保留端口号是 80,FTP 对应 21 端口,HTTPS 对应 443 端口。
- 路径指资源定位路径,通常是访问主机的文件系统的路径,如果此项不填写或仅指定目录,则访问该服务器根目录或指定目录的默认页面;
- 参数指访问资源所需的参数,某些协议需要更多的参数以便服务器提供正确的服务,每个参数以<参数>=<数值>的形式呈现,使用分号分隔多个参数;
- 查询是访问资源时,给服务器传递的一个可选的查询或其他信息,常出现在动态页面

的请求中,查询以<名字>=<值>的形式出现,使用 & 分隔;

- 分片指标识用户感兴趣的资源中的一个特定位置,也叫书签或锚点,常出现在带有章节的长页面中。

下面列举常用的 URL 语法。

- http://www.bestbook.com:8080/bestbook/booklist.jsp?search=computer

表示通过 http 方法访问 www.bestbook.com 这个主机下的 bestbook 目录中的 booklist.jsp 程序,端口号 8080,search=computer 是向服务器传递的查询信息。

- ftp://username:pwd@ftp.bupt.edu.cn/pub/documents/journey.jpg;type=i

表示通过 ftp 方法获取服务器 ftp.bupt.edu.cn 内/pub/documents/journey.jpg 的文件,可选择的类型参数 type 用于指示文件类型,i 指定获取一个图像文件(二进制),用户名和密码为 username 和 pwd。

- mailto://alice@bupt.edu.cn

表示使用电子邮件协议向 alice@bupt.edu.cn 发送邮件。

- telnet://bbs.byr.edu.cn

表示使用 telnet 远程登录 bbs.byr.edu.cn,实际使用时用户名和密码通常省略,服务器会提示这个信息。这类 URL 把远程登录服务标识为一个资源。

- file://<主机>:<url 路径>

引用特定计算机上的文件,这类 URL 描述了一个对象的位置,file 指资源类型而不是访问方法。

- file:///<url 路径>

主机元素被一组三个斜线替代,表示引用本地主机的文件。

3. URN

URL 允许基于资源在 Internet 上的位置以及访问的方法标识资源。但是资源本身和它的位置并非随时绑定,一旦位置发生改变,通过 URL 引用资源将会失效。而 URN 的引入则可以解决该问题。

URN 是一种基于描述资源真实身份的资源名来引用资源的资源标识符。它提供了一种唯一命名资源的方法,而不需要指定访问机制或资源的位置。URN 由名字空间标识符和资源标识符组成,必须全球唯一,其通用语法如下:

URN:<名字空间 ID>:<资源标识符>

其中:URN 是关键字,名字空间 ID 表示了该资源隶属的名字空间,资源标识符指定了具体的资源名字,中间用冒号分隔。

引入名字空间是为了避免资源标识命名冲突的问题。同一资源标识符在不同组织、行业背景中有不同的含义,例如,8602362281234 这一字符串可以解释为 ISBN 号,也可以解释为电话号码。为了对具有同一标识符的不同类型资源进行区分,在资源标识符前面加上名字空间,通常使用唯一的字符串表示,实际上标明了该资源从属的资源类型,为用户、程序、设备解释后面标识符提供了上下文环境。例如,URN:isbn:8602362281234,表示了 ISBN 号为 8602362281234 的资源。

URL 和 URN 同属 URI。两者相比,前者面向访问,给出了访问方法和资源位置,更为具体,而后者更抽象,仅通过资源的名字去标识它。在实际应用中,URL 使用更普遍,而要通过 URN 引用资源还需要将资源的名字转换成资源位置和访问方法的机制,相关技术尚未成熟,因此 URN 的应用还需假以时日。

4.2.2 万维网信息检索系统

万维网页面分布在不同地域的各个站点上。如果知道信息存放的站点，通过 URL 就可以对它进行访问。如果不知道要找的信息的具体位置，那就要使用万维网的信息检索系统。

万维网环境中的信息检索系统是指根据一定的策略、使用特殊的程序从 Internet 上搜集信息，并对信息进行处理，将用户检索的相关信息展示给用户，为用户提供检索服务的系统。

在检索系统中用来进行搜索的程序叫作搜索引擎（Search Engine）。搜索引擎的种类有很多，主要包括全文检索搜索引擎、分类目录搜索引擎和垂直搜索引擎。

全文检索搜索引擎的工作原理是通过搜索软件（如一种叫作"蜘蛛"或"网络机器人"的程序）到 Internet 上的各网站收集信息，并按照一定的规则建立一个在线数据库供用户查询。用户在查询时只要输入关键词，就可以从已经建立的索引数据库上进行查询。需要注意的是，这个数据库内的信息并不是实时的。因此建立索引数据库的网站必须定期对已建立的数据库进行更新维护，否则用户搜到的信息很可能过时。比较出名的全文检索搜索引擎就是谷歌网站和百度网站。

分类目录搜索引擎并不采集网站的任何信息，而是针对各网站向搜索引擎提交的网站信息（如填写的关键词和网站描述等信息），人工进行审核编辑，如果认为符合网站登录的条件，则输入到分类目录的数据库中，供网上用户查询。虽然它有搜索功能，但人为因素会多一些，所以严格意义上不能称为真正的纯技术型搜索引擎。在分类目录搜索引擎中最著名的就是雅虎、新浪、搜狐、网易等。

从用户的角度看，使用这两种不同的搜索引擎都能够达到查询信息的目的。在使用全文检索搜索引擎时，用户需要输入关键词。而对于分类目录搜索引擎，用户还能够根据网站设计好的目录有针对性地逐级查询。此外，用户得到的信息形式也不一样。全文检索搜索引擎往往可直接检索到相关内容的网页，但分类目录搜索引擎一般只能检索到被收录网站主页的URL 地址，所得到的内容比较有限。为了使用户能够更加方便地搜索到有用信息，目前许多网站同时具有全文检索搜索和分类目录搜索的功能。

垂直搜索引擎针对某一特定领域、特定人群或某一特定需求提供搜索服务。在垂直搜索中，用户提供的关键字会被放到一个行业知识的上下文中进行查找。例如，用户希望查找的是海南旅游的信息（如酒店、机票、景点等），而不是有关海南的新闻、政策等。目前热门的垂直搜索行业有：购物、旅游、汽车、求职、房产、交友等。

4.3 HTTP

HTTP 是万维网为了实现页面的传输所采用的应用层协议。Web 客户端即浏览器和Web 服务器须按照该协议的规范交换报文以实现信息的浏览和共享。本节将介绍 HTTP 的工作原理和报文格式。

4.3.1 HTTP 概述

HTTP 是 Web 客户与服务器交互时遵循的应用层协议，它是万维网上能够可靠交换文件的重要基础,也是 Web 的核心。HTTP 协议定义了 Web 客户如何向 Web 服务器请求 Web 页面、服务器如何将 Web 页面传送给客户以及这些交互报文的格式。1997 年以前使用的是 RFC1945 定义的 HTTP/1.0 协议,1998 年这个协议升级为 HTTP/1.1。HTTP 协议由客户程序和服务器程序两部分实现,它们运行在不同的端系统中,通过交换 HTTP 报文进行会话。

HTTP 中 Web 客户与 Web 服务器之间按照请求-响应的交互模式进行工作,其过程如下:Web 服务器都有一个服务器进程,不断地监听 80 端口。当它发现有浏览器向它发出连接请求时,就会建立 TCP 连接。之后,浏览器就向 Web 服务器发出某个页面的请求,然后服务器返回所请求的页面作为响应。最后,TCP 连接释放,如图 4-3 所示。

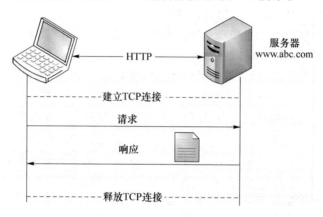

图 4-3　HTTP 协议的工作过程

假定图 4-3 中的用户用鼠标点击了屏幕上的一个链接。该链接指向的页面,其 URL 是 http://www.abc.com/home/index.html。下面列出了这个链接被选中时发生的几个事件。

① 浏览器确定链接指向页面的 URL;

② 浏览器向 DNS 询问 www.abc.com 的 IP 地址;

③ DNS 回复该服务器的 IP 地址为 x.y.z.n;

④ 浏览器与 x.y.z.n 上 80 端口建立 TCP 连接;

⑤ 浏览器发出一个请求,要获取文件/home/index.html;

⑥ 服务器给出响应,把文件/home/index.html 发送给浏览器;

⑦ TCP 连接被释放;

⑧ 浏览器显示/home/index.html 中的所有文本。

4.3.2　HTTP 报文

HTTP 协议包含了对 HTTP 报文格式的定义。HTTP 报文有两种:从客户向服务器发送的请求报文和从服务器到客户的响应报文。请求报文是客户端依据 HTTP 协议规定格式发送的请求消息,该消息描述了客户端想要获取的资源或包含了向服务器提供的信息。响应报文是在服务器读取、解释了请求报文后,采取相应的动作处理请求从而产生的响应消息。它指示了请求是否成功,若成功则会包含请求的资源。图 4-4 给出了请求报文和响应报文的例子。

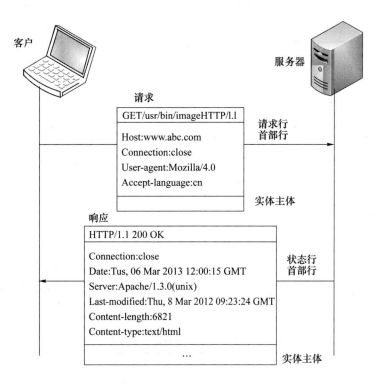

图 4-4 HTTP 报文示例

下面将分别对 HTTP 请求报文和响应报文进行介绍。

1. 请求报文

请求报文包含 3 个部分:请求行、首部行和实体主体。报文结构如图 4-5(a)所示。

请求行	方法	URL	版本

(省略表示结构图)

图 4-5 HTTP 请求报文和响应报文结构

(1) 请求行

请求行有 3 个字段:方法字段、URL 字段和版本字段,中间用空格隔开。方法字段定义了请求类型,也就是对所请求的对象进行的操作,这些方法实际是一些命令,命令包括 GET、POST、HEAD、PUT 和 DELETE 等 ,其含义如表 4-1 所示。

表 4-1 常见方法及说明

方法	说明
GET	获取 URL 指示的文档
POST	向服务器提供某些信息

续 表

方法	说明
HEAD	获取 URL 指示的文档信息首部
PUT	在指示的 URL 下存储文档
DELETE	移除某文档

注:GET 方法也可以向服务器提供信息,与 POST 方法不同之处在于存放提交信息的位置。使用 GET 方法提交信息时,信息以查询数据的形式追加在 URL 中问号后面;而使用 POST 方法,信息则存放于实体主体中。

URL 字段定义了文档的位置,版本字段指定了 HTTP 协议的版本,当前为 1.1。

在图 4-4 的请求报文中,浏览器请求对象/usr/bin/image,而浏览器实现的是 HTTP1.1 版本。

（2）首部行

首部行用来说明浏览器、服务器或报文主体的一些信息。首部行由多行组成,每行的形式为"首部字段:(空格)值",并以"回车"和"换行"结束。常见的首部字段及说明如表 4-2 所示。整个首部行结束时,还有一行空行将首部行和后面的实体主体分开。

表 4-2　请求报文常见首部字段及说明

首部字段	说明
User-agent	用来定义用户代理,即向服务器发送请求的浏览器的类型
Accept-encoding	定义客户端能处理的字符编码
Accept-language	定义客户端能接收的语言
Host	资源所在域名,可能包含端口号
Cookie	向服务器返回的 cookie
Connection	是否在发送一个对象后关闭 TCP 连接

在图 4-4 中,Host:www.abc.com 定义了目标所在主机的域名;Connection:close 要求服务器在发送完被请求的对象后就关闭连接;User-agent 指示了浏览器的类型是 Mozilla/4.0,即 Netscape 浏览器;Accept-language:cn 表示用户想得到该对象的中文版本。

（3）实体主体

实体主体（entity body）在使用 GET 方法时为空。当方法字段为 POST 时,实体主体中应包括用户在表单字段中输入的值,例如 HTTP 客户常常在用户提交表单时使用 POST 方法。

2. 响应报文

每一个请求报文发出后,都能收到一个响应报文。响应报文包含 3 个部分:状态行、首部行和实体主体。报文结构如图 4-5（b）所示。

（1）响应报文

响应报文的第一行是状态行。状态行有 3 个字段:版本字段、状态码字段和短语字段,中间以空格间隔。版本字段定义了 HTTP 协议版本,当前为 1.1。状态码以 3 位数字的形式定义了请求的状态。1XX 表示提示信息,2XX 表示请求成功,3XX 表示重定向到新的 URL,4XX 指示客户端的错误,5XX 指示服务器端的错误。短语是解释状态码的文本信息,如 200 OK 表示请求成功,信息包含在返回的响应报文中;301 Move permanently 表示请求的对象已转移,新的 URL 在响应报文的 Location:首部行中指定;404 Not Found 表示被请求的文档不在服务器上。

在图 4-4 中,状态行指示服务器使用的协议是 HTTP/1.1,并且一切正常(即服务器已经找到并正在发送所请求的对象)。

(2)首部行

首部行包含多行,每个首部行由首部字段:(空格)值组成。典型的首部行如表 4-3 所示。

表 4-3　响应报文常见首部字段及说明

首部字段	说明
Date	服务器产生并发送该响应报文的日期和时间
Server	指示服务器端信息
Set-cookie	向客户端发送的 cookie
Content-encoding	设置对象的编码机制
Content-length	被发送对象的字节
Content-type	被发送对象的多媒体类型
Last-modified	对象创建或者最后修改的日期和时间

在图 4-4 中,服务器用 Connection:close 首部行告诉客户在报文发送完后关闭了该 TCP 连接;Date:首部行指示服务器产生并发送该响应报文的时间;Server:首部行表明该报文是由一个 Apache Web 服务器产生的;Last-modified:首部行指示了对象创建或者最后修改的日期和时间;Content-length:首部行表明被发送对象为 6 821 字节;Content-type:首部行指示了实体主体中的对象是 HTML 文本。

(3)实体主体

实体主体部分是报文的主体,包含了所请求的对象本身。

4.3.3　HTTP 的无状态性与 cookie 机制

上面讲述的 HTTP 协议是请求-响应模式,工作过程为:客户发送请求,建立连接,收到响应后,结束,断开连接。下一次请求相同的对象时,再次重复这种请求-响应模式。系统不记录两次连接的关联信息,称为无状态性。Web 服务器并不保存关于客户机的任何信息。当同一个客户在短短的几秒钟内两次请求同一个页面时,服务器并不记得曾经为这个客户提供了服务,也不记得为该客户服务过多少次。HTTP 的无状态特性简化了服务器的设计,使服务器更容易支持大量并发的 HTTP 请求。

在 Web 设计之初,这种模式完全可以满足获取公开可用文档的需求。但随着 Web 应用的发展,站点需要提供越来越多新的特性,如为用户提供购物车功能、记录用户名密码以便用户自动登录、允许用户定制主页面外观、定向发送广告,等等。这些功能都要求 Web 站点能够识别用户、跟踪会话。

HTTP 引入了一种机制,称为 cookie 机制,即一种利用 cookie 实体实现站点跟踪用户的技术。Cookie 的实体是一个小的文件(或字符串),它由服务器产生,以文本形式记录了在 Web 服务器和客户之间传递的状态信息。Cookie 文件保留在用户主机中,由浏览器管理。Cookie 实体通常包含域名(Domain)、路径(Path)、内容(Content)、到期时间(Expires)、安全域(Secure)几个属性,其说明如表 4-4 所示。

表 4-4　Cookie 实体的属性及说明

属性	说明
域名	产生 cookie 的服务器域名
路径	服务器上可以访问 cookie 的页面的文件路径
内容	cookie 的内容,采用关键字=值的形式
到期时间	指定了 cookie 的到期时间,如果没有设置值,浏览器将在关闭时丢弃该 cookie
安全域	• 指明 cookie 的安全要求,布尔值 • 该值为 true 时,要求客户端采用 HTTPS 协议,cookie 才由客户端附加在 HTTP 消息中发送到服务端,否则在 HTTP 时 cookie 是不发送的 • 该值为 false 时,客户端可采用 HTTP 协议传递 cookie

　　Cookie 机制的工作过程包括:①用户使用浏览器访问网站时,浏览器首先在 cookie 文件中查找该网站是否向其发过 cookie。若有,则将 cookie 加入请求报文中,发送至服务器;②服务器接收请求后,查看首部行中是否包含 cookie。若有,提取 cookie 进行处理;否则,根据用户信息创建 cookie;③然后服务器向客户端返回响应时,将 cookie 加入响应报文;④客户端接收响应报文,提取 cookie 保存在相应的 cookie 文件中,待下次访问时随请求报文发送至服务器。

　　下面以网上购物为例,介绍 cookie 机制是如何工作的,如图 4-6 所示。

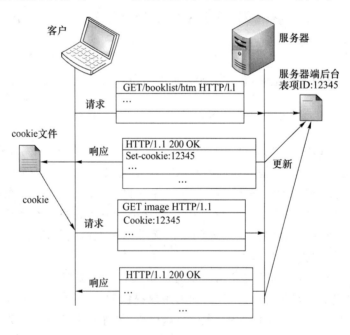

图 4-6　Cookie 机制的工作过程

　　Alice 希望在网上书店 BestBook(该网站使用 cookie)购买图书。她在第一次访问网站时,浏览器向该网站的服务器发送请求,服务器为 Alice 生成一个唯一的识别码,如 12345,并以此作为索引在服务器的后端数据库中产生一个表项记录 Alice 的购物数据。接着服务器返回响应报文,该报文除了包含提供给 Alice 的图书清单和相关链接外,还包含一个 Set-cookie

的首部行,即 Set-cookie:12345,而后面的值就是赋予该用户的"识别码",即 12345。

当 Alice 收到响应时,其浏览器会显示图书的信息并在它管理的特定 cookie 文件中添加一行,其中包括这个服务器的主机名和 Set-cookie 后面给出的识别码。当 Alice 选中某个图书时,浏览器发送一个 HTTP 请求报文,报文的 Cookie 首部行包含了由 cookie 文件中取出的这个网站识别码 12345,即 Cookie:12345。

这样,网站在收到请求报文时检查首部行就能够找到 12345 对应的购物信息。当图书被放入用户的购物车后,服务器可以发送另一条响应报文,告诉 Alice 购物车内商品的总价并询问她支付方式。Alice 提供她信用卡信息,并发送包含 cookie 的请求报文。服务器检查到 12345 这个识别码,接收订单并向用户返回响应报文进行订单确认。用户其他的信息如电子邮件地址、信用卡号码、收货地址都会保存在服务器上。

如果 Alice 在几天后再次访问 BestBook(假设该 cookie 有效期为一个月),并且还使用同一台计算机上网,那么她的浏览器会在其 HTTP 请求报文中继续使用首部行 Cookie:12345,服务器就可利用 cookie 来验证这是用户 Alice,并根据她过去的访问记录向她推荐商品。Alice 也不必在再次购物时重新输入姓名、信用卡号码等信息。

上述例子使用了 cookie 机制识别用户,除此之外,站点可以使用 cookie 记录用户的购物车内容和数量,实现购物车功能;也可以将用户喜欢的页面信息放入 cookie 记录用户的偏好,实现定制个性化页面;还可以用 cookie 记录哪些内容引起特定用户的兴趣,并向这些用户投放相关广告,实现定向广告,等等。通过让服务器读取之前发送给客户端的信息,站点即可实现识别用户、跟踪会话的功能,为用户提供诸多便利。

尽管 cookie 机制常常能简化用户的网上购物活动,它的使用仍然存在很大的争议。因为它很可能被用于侵犯用户的隐私。就像上面的例子,结合 cookie 和用户提供的账户信息,Web 站点可以知道许多有关用户的信息,包括信用卡信息、电子邮件地址等,并可能将这些信息出卖给第三方。为了让用户能够拒绝接收 cookie,用户可在浏览器中自行设置接收 cookie 的条件。

4.3.4 代理服务器

由于 Web 的极度流行,服务器、路由器和线路经常超载运行。为了降低对客户请求的响应时间,并减少网络通信量,研究人员开发出了各种各样的技术来提高性能。一种简单的提高性能的方法是缓存,即将曾经被请求过的页面保存起来以提高下次访问的速度。这项技术对于那些被大量访问的页面,如 www.sohu.com 和 www.cnn.com,特别有效。

缓存由代理服务器实现。代理服务器是能够代表被请求的 Web 服务器即初始服务器来满足 HTTP 请求的网络实体。代理服务器有自己的磁盘存储空间,把最近的一些请求和响应暂存在本地存储空间中。可以通过设置浏览器,将用户的所有 HTTP 请求首先指向代理服务器。

代理服务器的工作过程如下(图 4-7)。

① 当请求到达时,代理服务器检查本地是否存储了这个对象的副本。

② 如果有,代理服务器就向客户机浏览器直接发送 HTTP 响应报文。

③ 如果代理服务器没有该对象,它就向该对象的初始服务器发送 HTTP 请求。在收到请求后,初始服务器向代理服务器发送 HTTP 响应报文。

④ 代理服务器收到这个对象后,先复制在自己的本地存储器中(以备后续使用),然后再

把这个对象放在 HTTP 响应报文中,返回给请求该对象的浏览器。

图 4-7　代理服务器的工作过程

4.4 HTML

Web 的信息以 Web 页面的形式呈现,构成 Web 页面的基础则是本节要介绍的 HTML。

4.4.1 HTML 概述

1. HTML 概述

HTML 是 HyperText Markup Language(超文本标记语言)的缩写。所谓标记语言,是指用一系列约定的标签来对电子文档进行标记的语言,以定义文档的语义、结构、显示格式。HTML 中的 M(Markup,标签或标记)是指 HTML 文档中一些使用<>包含起来的标准化的标签,这些标签有特殊的含义,指明了文本的显示格式和方式。标签使用了格式化的显示命令,易于识别并和文本内容区分。而且标签不能自定义,必须遵循 W3C 制定的标准。而HTML 中的 HT(HyperText,超文本)是指用超链接的方法,将各种不同空间的信息组织在一起形成网状分布的文本。HTML 文档中的文本可以包含指向其他网络位置或者其他文档的链接,允许从当前阅读位置直接跳转到链接所指的位置。

HTML 并非编程语言,它提供一套标准化的标签来标记 Web 页面。与程序设计语言相比,HTML 缺少编程语言所需的最基本的变量定义、流程控制等功能,它只是通过一系列的标签对超文本的语义进行描述。HTML 文件可以由任何一种文本编辑器来创建和编辑。例如Windows 系统中自带的 Notepad(记事本),或者一些第三方文本编辑工具如 Ultraedit 等。文档中涉及的图像、视频、音频等多媒体信息,是以单独的文件形式存放于 HTML 文档外部并在文档中使用正确的 URL 进行引用。

HTML 语言是建立 Web 页面的规范或标准,从它出现发展到现在,规范不断完善,尽管依然有缺陷和不足,但是人们仍在持续改进它,使它的功能越来越强、更加便于控制和富有弹性,以适应 Web 应用需求。自 1993 年 W3C 发布 HTML1.0 版本至今,已经发布了多个HTML 版本。目前,规范已经演进到 HTML5.0 版本。

2. HTML 文档构成

一个简单的 HTML 页面如图 4-8 所示。

【例 4-1】简单的 HTML 页面示例。

```
< html >
< head >
        < title > Best Book 书店首页 </title >
</head >
< body >
< h1 > BestBook 书店 </h1 >
< p >欢迎光临！</ p >
</body >
</html >
```

它在浏览器中显示的效果如图 4-8 所示。

图 4-8　简单的 HTML 页面

从上面的例子可以看到，HTML 文档由包含标签在内的元素及其属性构成。

（1）标签

用尖括号<>括起来的关键字称为标签或标记，它规定了信息类型，如图片、音频、超链接等，并指明了所作用的文本的显示格式和方式。标签本身在浏览器中并不会显示出来，但是浏览器会根据标签来显示标签之间的内容。

一般情况下，标签是成对出现的，例如< html >和</html >成对出现，< body >和</body >成对出现。标签对中，第 1 个标签叫起始标签（start tag），第 2 个标签叫结束标签（end tag）。如果忘记了结束标签</p >，大多数浏览器也可以显示正确的内容，例如"< p >段落"，浏览器也能进行正确的解释。但是不应该依赖浏览器对这种错误的处理，因为丢失结束标签会导致意想不到的后果。

某些标签没有内容，不需要成对出现，如 < br/>，表示一个回车符号。

不同的标签所代表的含义不同。标签可以使用大写，也可以使用小写，例如，< P >和< p >是等效的，但是在 W3C 中推荐使用小写。

标签可以嵌套，在【例 4-1】中，< title >就嵌套在< head >标签中。

（2）元素

HTML 元素指的是从开始标签到结束标签之间（包括起始标签和结束标签）的所有代码。在【例 4-1】中，< p >欢迎光临！</p >就是一个元素，其中< p >是标签，文本内容是"欢迎光临！"，它告诉浏览器以段落样式显示中间的文本。

元素的内容是开始标签和结束标签之间的内容。某些 HTML 元素具有空内容，被称为空元素,例如,< br/>就是一个空内容的元素。这样的空元素应在开始标签中关闭。

元素内还可以嵌套包含其他元素,在【例 4-1】中,元素< p >欢迎光临! </p >就嵌套在< body >元素中。但是元素的嵌套逻辑必须正确,不能出现交叉嵌套,即子元素在某元素中开始,必须在该元素中结束。

(3) 属性

HTML 元素可以拥有属性。属性提供了有关 HTML 元素的更多附加信息。属性总是在 HTML 元素的开始标签中规定,并且在一个标签中可以出现多个属性。属性以名称/值对的形式出现,比如:name="value"。属性值应用引号括起来,一般常用双引号。

【例 4-2】

< h1 id = "123"> Best book 书店</h1 >

该例子定义了一个一级标题样式,显示的内容为"Best book 书店",id 是元素的一个属性,id="123"规定了该 HTML 元素唯一的 id。

【例 4-3】

< input type = "text" name = "user"/>

该例子定义了一个表单元素< input >,type 属性规定了这是一个常规文本输入的表单元素,在浏览器中会显示一个输入文本框,name 属性提供了名称/值对中的名称,它将指代文本框的输入内容。

【例 4-4】

< link rel = "stylesheet" type = "text/css" href = "bestbook.css"/>

这个例子定义了一个< link >元素,rel、type 和 href 是该标签的属性,表示该页面链接了一个外部样式表,类型是 CSS 的,相对 URL 是 bestbook.css。

(4) HTML 的文档结构

HTML 文档是结构化的,由嵌套的 HTML 元素构成。文档的标题、段落、多媒体、超链接等都是元素。文档由一系列遵循 HTML 语法规范的元素及其属性构成。一个基本 HTML 页面结构如下。

```
< html >                    //必选
< head >头信息</head >      //可选
< body >                    //必选
页面主体
</body >
</html >
```

文档的主体部分包含在< html >元素中,该元素即为文档的根元素。< html >标签是所有 HTML 页面的起始标志,其中嵌套了两个元素< head >和< body >。

< head >元素描述的是页面的头信息,是可选的部分。该元素主要规定 HTML 文件的显示标题、字符集及一些说明性内容等。头信息是不显示出来的,在浏览器里看不到。但是这并不表示这些信息没有用处。比如可以在头信息里加上一些关键词,有助于搜索引擎能够搜索到本页面。< head >元素中可以嵌套< title >元素,它描述的是页面的标题信息,可以在浏览器最顶端的标题栏看到这个标题。

< body >元素是页面主体部分,描述的是用户可见的内容。它包含了各种标签定义的子元素,元素不能出现交叉嵌套。在元素的开始标签可以定义属性,完整元素结构如下。

<标签 1 属性名 1 = "属性值 1" 属性名 2 = "属性值 2">

```
<标签 1-1  属性名 1-1-1 = "属性值"  属性名 1-1-2 = "属性值">
 元素 1
</标签 1-1>
<标签 1-2  属性名 1-2-1 = "属性值"  属性名 1-2-2 = "属性值">
 元素 2
 </标签 1-2>
 ...
</标签 1>
```
其中的斜体部分是可选项。

4.4.2　HTML 常用标签

1. 标题、段落、换行、水平线及文本格式化

（1）标题

标题是通过 <h1>~<h6> 等标签进行定义的。其中<h1>定义最大的标题,<h6>定义最小的标题。

【例 4-5】 标题标签示例。

```
<html>
  <head>
        <title>Best Book 书店首页 </title>
  </head>
  <body>
    <h1>BestBook 书店</h1>
    <h2>图书列表</h2>
    <h3>图书详情</h3>
    <h4>图书简介</h4>
    <h5>作者简介</h5>
    <h6>价格</h6>
  </body>
</html>
```

显示效果如图 4-9 所示。

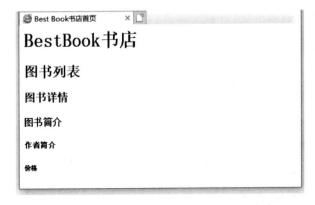

图 4-9　HTML 中的标题

（2）段落

段落是通过<p>标签定义的。通过段落标签可以把 HTML 文档分割为若干段落。

【例 4-6】段落标签示例。

```
<html>
  <head>
       <title>Best Book 书店首页 </title>
  </head>
  <body>
    <p>欢迎光临！</p>
    <p>这里是 Best Book 书店</p>
    <p>请查看图书列表</p>
  </body>
</html>
```

显示效果如图 4-10 所示，浏览器会自动地在段落的前后添加空行。

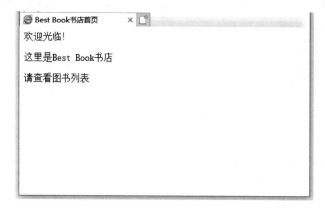

图 4-10　HTML 中的段落

（3）< br/>标签

该标签用来换行，类似回车符。这个标签是一个空的 HTML 元素，需要在开始标签中关闭，即< br/>。

【例 4-7】换行标签示例。

```
<html>
  <head>
       <title>Best Book 书店首页 </title>
  </head>
  <body>
    欢迎光临！< br/>
    这里是 Best Book 书店< br/>
    请查看图书列表
  </body>
</html>
```

显示效果如图 4-11 所示。

图 4-11 HTML 中的< br/>标签

(4)< hr/>标签

这个标签用来画一条水平线。

【例 4-8】水平线标签示例。

```
<html>
  <head>
        <title>Best Book 书店首页 </title>
  </head>
  <body>
    欢迎光临！<hr/>
    这里是 Best Book 书店<hr/>
    请查看图书列表
  </body>
</html>
```

显示效果如图 4-12 所示。

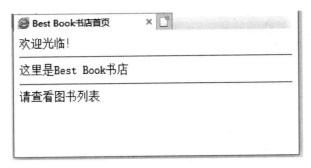

图 4-12 HTML 中的< hr/>标签

(5)文本格式化标签

HTML 可使用很多供格式化输出的元素，如粗体、斜体字、下划线等。表 4-5 所示是一些常用的文本格式化标签。

表 4-5 文本格式化标签

标签	含义
<b>	定义粗体文本
<big>	定义大号字

续 表

标签	含义
<em>	定义着重文字
<i>	定义斜体字
<small>	定义小号字
<strong>	定义加重语气
<sub>	定义下标字
<sup>	定义上标字
<ins>	定义插入字
<del>	定义删除字

以下的例子显示了各种文本格式化标签的应用。

【例 4-9】文本格式化标签示例。

```
<html>
  <body>
    <b>我是 b 标签</b>
    <br />
    <strong>我是 strong 标签</strong>
    <br />
    <big>我是 big 标签</big>
    <br />
    <em>我是 em 标签</em>
    <br />
    <i>我是 i 标签</i>
    <br />
    <small>我是 small 标签</small>
    <br />
    显示下标
    <sub>这是下标</sub>
    <br />
    显示上标
    <sup>这是上标</sup>
    <br />
    <ins>显示插入字</ins>
    <br />
    <del>显示删除字</del>
  </body>
</html>
```

显示效果如图 4-13 所示。

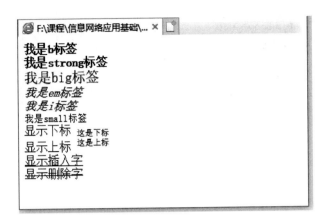

图 4-13 HTML 中的文本格式化标签

2. HTML 超链接

超链接标签是 HTML 中使用非常广泛的一种标签,它可以将当前的文档链接到

- Internet 中的其他文档;
- 同一主机的其他文档;
- 同一文档的其他位置。

正是由于它的存在,Web 不再局限为储存大量单独文档的网络信息系统,其中的信息组织得像一个 Web(原意是蜘蛛网、网),便于页面之间实现信息共享,用户也能从一个页面/位置跳到另一个页面/位置。

实现超链接的标签是<a>标签,<a>元素最重要的属性是 href 属性,其属性值为 URL,它指示链接的目标。<a>元素内容可以是文本,也可以是图像或其他 HTML 元素等。基本语法结构为

```
<a href = "链接目标的 URL">元素内容</a>
```

【例 4-10】链接到 Internet 中的其他文档的示例,其中 URL 是一个完整的绝对地址。

```
<html>
  <head>
        <title>Best Book 书店首页</title>
  </head>
  <body>
    <p>欢迎光临!</p>
    <p>这里是 Best Book 书店</p>
    <a href = "http://www.bestbook.com/booklist/index.html">请查看图书列表</a>
  </body>
</html>
```

显示效果如图 4-14 所示。

可以看到浏览器将<a>元素的内容作为超链接显示,当点击此链接时,将跳转到 http://www.bestbook.com/booklist/index.html 这个页面。

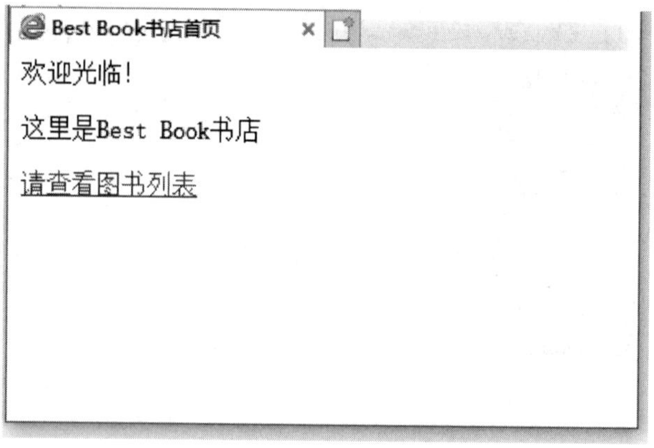

图 4-14　HTML 中的超链接

【例 4-11】链接到本机的其他文档的例子，其中 URL 指向本机的相对地址。

```
< html >
  < head >
        < title > Best Book 书店首页 </title >
  </ head >
  < body >
    < p >欢迎光临！</ p >
    < p >这里是 Best Book 书店</ p >
    < a href = "booklist.html">请查看图书列表</a>
  </ body >
</ html >
```

当点击"请查看图书列表"时，链接到本机的 booklist.html 页面。

下面给出链接到同一文档中的另一个位置的示例。制作此类超链接时，需要利用< a >标签的 name 属性或 id 属性创建书签或锚点。书签不会以任何特殊方式显示，它对用户是不可见的。而< a >标签的 href 属性创建了指向该书签或锚点的链接。这种定义方法常常用在较长文档的开始位置创建目录，便于浏览时从一点快速地跳转到另一点。

【例 4-12】链接到同一文档中的另一个位置的示例。

```
< html >
  < head >
        < title > Best Book 书店首页 </title >
  </ head >
  < body >
    < p >欢迎光临！</ p >
    < p >这里是 Best Book 书店</ p >
    < a href = "#contact">联系方式</a>
    < br/>
    < br/>
    < br/>
    < br/>
    < br/>
```

```
        <br/>
        <a id="contact">alice@bestbook.com</a>
    </body>
</html>
```

<a id="contact">alice@bestbook.com</a> 这句代码定义了一个锚点（文档中的位置）。<a href="#contact">联系方式</a>创建了到"contact"这个锚点的超链接，当点击该链接时会跳转到本页面 alice@bestbook.com 这个位置。

显示效果如图 4-15 所示。

图 4-15　到本文档其他位置的超链接

3. HTML 多媒体

HTML 中的多媒体可以由包括图像、音视频等的多个标签呈现。不同浏览器类型和 HTML 标准版本对不同的多媒体标签支持程度不同。本小节仅对常见的几种标签做简单介绍。

（1）图像标签<img>

该标签为空标签，它只包含属性，并且没有闭合标签。其语法为

<img src="图像URL" alt="图像替用文本描述" width="宽度" height="高度" />

常用的属性说明如下。

- src：图像文件的 URL，它可以是一个本机资源地址，也可以是一个网络资源地址。例如 src="imgfile/jordan.jpg"或者是 src="http://d2.sina.com.cn/201203/398.jpg"。
- alt：由于网络阻塞或者其他原因图像无法调入时，用来给出图像的替代描述，此时浏览器将显示的是这个替代描述而不是图像。该替代描述也可以为视力障碍的用户使用屏幕阅读器服务。
- width：宽度，可以指定图像的显示宽度，单位是像素。
- height：高度，可以指定图像的显示高度，单位是像素。

值得注意的是，虽然可以通过设置高度和宽度来控制图片的显示尺寸，但图片文件的实际大小不会因此而发生变化。所以，不推荐通过设置图片的宽度和高度来减小图片文件的大小。

HTML 页面中并没有图像的内容，图像文件是独立存放在 HTML 文档外部的。浏览器读到图像标签时按照 src 属性指示的 URL 引用图像文件，并在出现图像标签的位置插入图像。

【**例 4-13**】一个完整的图像标签示例。

```
<html>
  <head>
        <title>Best Book 书店首页</title>
  </head>
  <body>
    <p>欢迎光临！</p>
    <p>这里是 Best Book 书店</p>
    <img src="bestbook.gif" alt="书店 logo" width="100" height="100"/>
  </body>
</html>
```

显示效果如图 4-16 所示。

图 4-16　图像标签示例

这个实例中图像的文件名为 bestbook.gif，以 100×100 的大小显示，如果没有指定大小，则图像以实际大小显示。如果图像不能正常调入，则显示"书店 logo"四个字。

（2）播放标签<embed>

<embed>标签用于播放一个多媒体对象。embed 元素用于播放多媒体对象，包括 Flash、音频、视频等。如果用 embed 元素播放音频或视频，在页面上会显示一个播放器，供用户进行播放控制。该标签是 HTML5 的标签，其基本语法结构为

```
<embed src="多媒体文件 URL" 属性="属性值">元素内容</embed>
```

除了 src 属性外，还有以下常用属性。

- width：宽度。
- height：高度。
- loop：是否重复。
- autostart：是否自动开始。

【**例 4-14**】播放标签示例。

```
<html>
  <head>
        <title>Best Book 书店首页</title>
  </head>
  <body>
```

```
    <p>欢迎光临！</p>
    <p>这里是 Best Book 书店</p>
    <embed src = "music.mp3"  width = "300" height = "300" autostart = "1" loop = "true" />
  </body>
</html>
```

显示效果如图 4-17 所示。

图 4-17　<embed>标签使用示例

（3）音频标签<audio>

<audio>标签是 HTML5 新增的标签,它用于向页面插入声音,如音乐或其他音频流。基本语法结构为

```
<audio src = "音频文件 URL" 属性 = "属性值">文本内容</audio>
```

当音频无法正确加载时,旧版浏览器会显示“文本内容”的信息。常见属性如下。

* src：定义播放音频的 URL。
* controls：是否显示播放按钮等控件。
* loop：是否结束后重新播放。
* autoplay：音频就绪后是否自动开始。

标签使用举例如下：

```
<audio src = "music.mp3" controls = "control" loop = true>这里应有背景音乐,但旧版浏览器不支持
</audio>
```

此外,还可以在<audio>元素中嵌套<source>元素。该标签是 HTML5 的新标签,它为媒体元素提供媒体资源,允许指定可替换的视频/音频文件供浏览器根据它对媒体类型或者编解码器的支持进行选择。src 属性用于指定媒体文件的 URL,type 属性用于规定媒体资源的 MIME 类型。

【例 4-15】音频标签示例。

```
<html>
  <head>
      <title>Best Book 书店首页 </title>
  </head>
  <body>
    <p>欢迎光临！</p>
    <p>这里是 Best Book 书店</p>
```

```
< audio controls = "controls">
    < source src = "music.mp3" type = "audio/mp3" />
    < source src = "music.ogg" type = "audio/ogg" />
    这里应有背景音乐,但旧版浏览器不支持
</audio>
    </body>
</html>
```

上面的例子在页面中插入了一个 mp3 文件,在 Internet Explorer、Chrome 以及 Safari 中是有效的。为了使这段音频在 Firefox 和 Opera 中同样有效,添加了一个 ogg 类型的文件。如果加载失败,则会显示错误消息。

成功加载的显示效果如图 4-18 所示。

图 4-18 < audio >标签使用示例

(4)视频标签< video >

< video >标签是 HTML5 的新标签,用于定义视频,如向页面插入电影或视频片段。基本语法结构为

< video src = "视频文件 URL" 属性 = "属性值">文本内容</video>

当视频无法正确加载时,旧版浏览器会显示"文本内容"的信息。常见属性如下。

- src:定义播放视频的 URL。
- controls:是否显示播放按钮等控件。
- loop:是否结束后重新播放。
- autoplay:音频就绪后是否自动开始。
- width:以像素为单位定义播放器宽度。
- height:以像素为单位定义播放器高度。

同样也可以在< video >元素中嵌套< source >元素。

【例 4-16】视频标签示例。

```
< html >
    < head >
        < title >Best Book 书店首页 </title>
    </ head >
    < body >
        <p>欢迎光临! </p>
        <p>这里是 Best Book 书店</p>
```

```
< video width = "320" height = "240" controls = "controls">
    < source src = "cartoon.mp4" type = "video/mp4" />
    < source src = "cartoon.ogg" type = "video/ogg" />
    < source src = "cartoon.webm" type = "video/webm" />
    这里应有卡通视频,但旧版浏览器不支持
</video>
</body>
</html>
```

以上< video >元素会显示一段嵌入网页的 ogg、mp4 或 webm 格式的视频。显示效果如图 4-19 所示。

图 4-19 < video >标签使用示例

4. HTML 表格

表格由 < table > 标签来定义,每个表格均有若干行(由 < tr > 标签定义),每行被分割为若干单元格(由 < td > 标签定义)。常用的表格标签说明如下。

- 开始标签< table >和结束标签</table>分别表示一个表格的开始和结束。
- < tr >标签用于表示一行的开始和结束,其中的 tr 是"table row(表格行)"的缩写。
- < td >标签用于表示行中各个单元格(cell)的开始和结束。字母 td 指表格数据(table data),即数据单元格的内容,可以包含文本、图片、列表、段落、表单、水平线、表格等。
- < th >标签定义表格的表头。
- < caption >标签定义表格的标题。

表格中还可以加入一些属性来控制表格的显示、排列、边界等。常见的属性如下。

- width:表格的宽度。
- border:表格边框的宽度。
- cellpadding:单元格边沿与其内容之间的空白。
- cellspacing:单元格之间的空白。

【例 4-17】简单的表格示例。

```
< html >
  < head >
        < title > Best Book 书店订单页面 </title>
```

```
    </head>
    <body>
        <p>谢谢惠顾！请确认您的订单信息:</p>
        <table border = "1" cellpadding = "10">
        <caption>订单信息</caption>
        <tr>
            <th>姓名</th>
            <th>电话</th>
            <th>商品信息</th>
        </tr>
        <tr>
            <td>Bob</td>
            <td>1234567</td>
            <td>通信原理</td>
        </tr>
        </table>
    </body>
</html>
```

显示效果如图 4-20 所示。

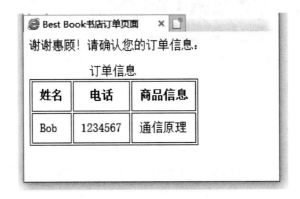

图 4-20　HTML 表格示例

5. HTML 表单

在 Web 应用中,经常会需要浏览器搜集用户的输入信息,再一并提交给服务器。常见的情形包括以下几种。

(1) 用户登录

需要用户输入用户名、密码,提交给服务器验证是否正确,如果正确,允许进入系统。

(2) 用户调查

提供多个选项,让用户选择其中的一项或者多项,提交给服务器,记录用户的选择情况。

(3) 信息搜索

用户输入搜索关键字,由浏览器提交给服务器查找相关信息。

为了解决以上的这些问题,常常需要使用 HTML 中的表单。表单用于收集用户的输入数据,是一个包含表单元素的区域。表单元素是允许用户在表单中输入信息的元素,如文本域、下拉列表、单选框、复选框,等等。

表单使用表单标签＜form＞定义，其功能是为用户输入创建 HTML 表单，并向服务器提交数据。＜form＞元素可以定义属性，常用属性说明如下。

- action：以 URL 形式规定当提交表单时向何处发送表单数据。
- method：规定用于发送表单数据的 HTTP 方法，常见属性值为 GET 或 POST。
- name：规定表单名称。

当使用 GET 时，表单数据追加在 URL 查询部分即问号之后，在页面地址栏中是可见的。如果表单数据不包含敏感信息且数据量较少时，如搜索引擎查询的关键字，可以使用 GET 方法。当使用 POST 方法时，表单数据存放在请求报文的实体主体中，在页面地址栏中被提交的数据是不可见的。因此表单数据包含敏感信息且数据量较大时，建议使用 POST 方法。

表单中常用的表单元素如表 4-6 所示。

表 4-6　常用的表单元素

表单元素	解释
＜input＞	定义输入域，由 type 属性规定 input 元素的类型
＜textarea＞	定义文本域，即一个多行的输入控件
＜select＞	定义一个下拉列表
＜option＞	定义下拉列表中的选项
＜button＞	定义一个按钮

其中＜input＞元素是最常用的，根据不同的 type 属性值，＜input＞元素的输入类型有多种形式，如表 4-7 所示。

表 4-7　＜input＞元素的输入类型

输入类型	解释
text	定义明文输入字段
password	定义密文输入字段
submit	定义提交表单数据至表单处理程序的按钮
radio	定义单选按钮
checkbox	定义复选框
button	定义按钮
color	定义颜色输入，HTML5 新增
date	定义日期输入，HTML5 新增
number	定义数值输入，HTML5 新增
range	定义范围输入，HTML5 新增

除 type 属性外，＜input＞元素还可以拥有其他属性。常用的 name 属性规定了＜input＞元素的名称，value 属性规定了该元素的初始值。

【例 4-18】一个表单的示例。

```
＜html＞
  ＜head＞
      ＜title＞Best Book 书店订单页面 ＜/title＞
```

```
</head>
<body>
    <p>谢谢惠顾！请填写您的收货信息:</p>
    <form name = "data" action = "requestSubmit.jsp" method = "post">
    姓名:<input type = "text" name = "user" /><br/><br/>
    收件电话:<input type = "text" name = "phone" /><br/><br/>
    收件地址:<br/>
    <textarea name = "address" rows = "3" cols = "30">
    请填写有效收货地址
    </textarea><br/><br/>
    性别:
    <input type = "radio" name = "sex" value = "male" />男
    <input type = "radio" name = "sex" value = "female" />女
    <br /><br/>
    收件时间:
    <input type = "checkbox" name = "weekday" />工作日
    <input type = "checkbox" name = "weekend" />周末
    <select name = "time">
        <option value = "1" selected = "selected">上午</option>
        <option value = "2">下午</option>
        <option value = "3" >晚上</option>
    </select>
    <br /><br/>
    <input type = "submit" value = "确认" />
    </form>
</body>
</html>
```

上述代码片段定义了名为 data 的表单,表单元素使用了<input>、<textarea>和<select>几个标签定义了单行/多行文本输入框、下拉菜单、单选框、复选框以及按钮。当用户输入完毕点击确认按钮时,表单数据将以 POST 方法提交给服务器程序 requestSubmit.jsp 处理。显示效果如图 4-21 所示。

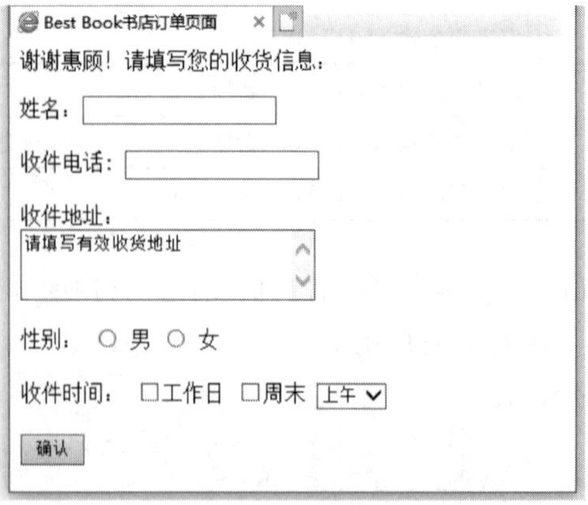

图 4-21　HTML 表单示例

6. HTML 框架

使用框架(frame)可以在浏览器窗口同时显示多个页面。每个 frame 里设定一个页面,其中的页面相互独立。

(1)框架结构标签< frameset >

< frameset >定义如何将窗口分割为框架。每个< frameset > 定义了一系列行或列,有 cols 属性和 rows 属性。使用 cols 属性,表示按列分布 frame;使用 rows 属性,表示按行分布 frame。rows/columns 的值规定了每行或每列占据屏幕的面积。注意< frameset ></frameset >标签不能和< body ></body > 标签一起使用。

(2)框架标签< frame >

用< frame >这个标签定义了放置在每个框架中的 HTML 文档。< frame >里有 src 属性,src 值是页面的路径和文件名。

下面代码的目的是:将 frameset 分成 2 列,第 1 列 25%,表示第 1 列的宽度是窗口宽度的 25%;第 2 列 75%,表示第 2 列的宽度是窗口宽度的 75%。第 1 列中显示 a.html,第 2 列中显示 b.html。

【例 4-19】一个框架的示例。

```
< html >
  < head >
        < title > Best Book 书店订单页面 </title >
  </head >
< frameset cols = "25%,75%">
      < frame src = "eg- img.html">
      < frame src = "eg-form.html">
</frameset >
</html >
```

显示效果如图 4-22 所示。

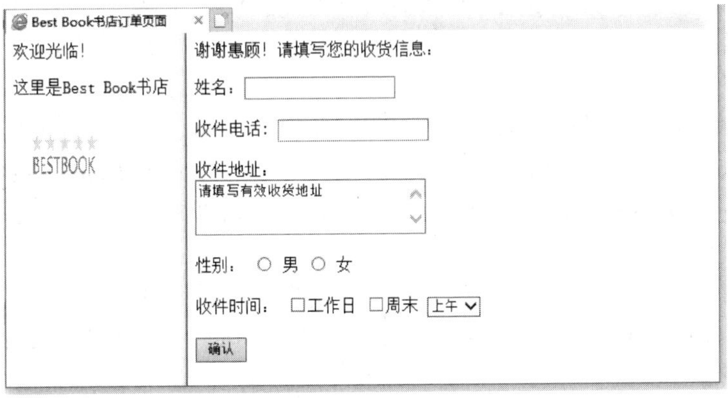

图 4-22 HTML 框架示例

4.4.3 HTML5 简介

1. HTML5

HTML5 是用于取代 1999 年制定的 HTML4.01 和 XHTML1.0 标准的 HTML 标准版

本,现在仍处于完善阶段,但大部分浏览器已经支持某些 HTML5 特性。

HTML5 提供了新的元素、属性以及 API,包括表单控件、布局元素、画布、音视频元素等,以强化 Web 页面的表现性能,为 Web 应用引进新的功能,如支持地理定位、离线存储、拖放等,从而减少浏览器对于插件的需求。HTML5 是跨平台的,它的设计面向不同类型的设备,包括手机、平板计算机、个人计算机、电视等。它的新特性是建立在 HTML、CSS、DOM 以及 JavaScript 基础之上的,因此广义的 HTML5 实际指的是包括 HTML、CSS 和 JavaScript 在内的一套技术组合。

2. HTML5 新内容

(1) HTML5 新元素

① 提供了新的语义/结构元素以构建更好的文档结构

在旧版的 HTML 中,开发人员可以使用如< div >之类的元素结合其属性来设置页面布局,实现网站中的导航、页眉、页脚等功能,如< div id＝"nav">、< div id＝"header">、< div id＝"footer">等,这些元素可以通过 CSS 定位,再对显示外观做进一步修饰。但仅通过< div >标签的识别,浏览器无法正确理解页面的内容。而通过 HTML5 的新元素,如< nav >、< header >、< footer >、< section >、< article >则可以很好地解决此问题。

② 提供了新的表单元素和输入类型,以提供更好的输入控制和验证

例如< datalist >为< input >元素规定预定义选项列表,< keygen >提供了密钥对生成器,为验证用户提供可靠的方法。< output >用于不同类型的输出,如计算或脚本输出。此外,新增的输入类型有 email、url、date、color、range 等,为用户的表单输入提供了更多的选择。

③ 新增的多媒体元素,更好地支持音视频的输出以及复杂的图像生成

目前,大多数网站采用插件,如用 Flash 来播放音视频文件。然而,并非所有浏览器都具备同样的插件。在 HTML5 中,< audio >、< video >元素分别为在页面中插入音频、视频片段提供了标准方法,减少了浏览器对插件的依赖。此外,以前页面中的图像都是静态的,浏览器根据 URL 下载到本地进行显示,而 HTML5 的< canvas >元素即画布元素可以通过 JavaScript 在 Web 页面上绘制图像,使动态生成复杂的图像成为可能。

(2) HTML5 API

① 地理定位

以前的 Web 应用,仅能获得用户的 IP 地址,其在客观世界中的地理位置难以获悉,HTML5 Geolocation API 则可以实现这一功能。与设备中的全球定位系统(GPS,Global Positioning System)相结合,可以提供更加精确的经纬度信息。

② 拖放

通过 HTML5 中的拖放 API,任何元素可以设为可拖放的,这样开发者不需要撰写大量 JavaScript 代码即可非常方便地在页面中实现各种拖放功能。这一特性也将改变用户与文档之间的交互方式。

③ Web 存储

在 HTML5 以前,Web 应用的本地数据只能存在 cookie 中。但 cookie 的数据容量比较小,而且每次请求时 cookie 都会发送至服务器端。HTML5 提供了本地存储,存储容量大大提高,并且信息不会发送到服务器。这样 Web 应用能够在浏览器端对数据进行更安全的存储和处理。

以上仅对 HTML5 的部分新内容和功能进行了简要介绍,详细描述可以参考本书所列文

献[26]。

3．HTML5 代码规范

HTML5 相比之前的版本有更为严格的规范。为方便其他程序、设备更容易理解和使用 HTML 文档，建议开发者编写格式良好的 HTML 代码。一些代码约定如下。

- 在文档首行声明文档类型：<!doctype html>。
- 文档根元素为< html>。
- 使用< head>、< body>元素。
- 在< head>元素中指定正确的字符编码，如< meta charset＝"utf-8">。
- 在< head>元素中包含< title>元素。
- 推荐使用小写元素名、属性名。
- 属性值建议加引号。
- 关闭所有 HTML 元素。
- 添加元素的必要属性，如< img>元素需要包含 alt 属性。

HTML5 采用了统一的 JavaScript 语言、统一的数据模型（XML 和文档对象模型 DOM）以及统一的表现规则 CSS，其新特性增强了 Web 应用的功能，提升了页面的表现以及安全性能，简化了 Web 开发，提供了更好的设备兼容性。随着技术标准的不断完善，HTML5 将推动 Web 进入新的时代。

4.5 JavaScript

目前绝大多数网站都使用了 JavaScript 以增强 Web 应用的交互性，并且所有的 Web 浏览器，包括基于 PC、平板计算机和智能终端的浏览器，均包含了 JavaScript 解释器。这使得 JavaScript 成为 Web 应用开发中极受欢迎的一门语言，也是使用最广泛的编程语言之一。本节将介绍 JavaScript 编程语言及其在客户端实现活动页面的方法。

4.5.1 JavaScript 概述

1．JavaScript 简介

JavaScript 是面向 Web 的一种解释性的脚本编程语言。脚本，是一种能够实现特殊功能的程序代码片段，它不像一般的程序那样被编译，而是在程序运行过程中被逐行解释。它允许创建自定义的逻辑命令和程序，实现 Web 页面的交互处理。因此 JavaScript 是在程序的运行过程中逐行进行解释的，而不需要像 C、C＋＋等语言先编译后执行。它基于对象和事件驱动，可以与 HTML 相结合，增强 Web 与用户之间的交互性，是 Web 的一个重要组成部分。互动性功能如图像操作、表单验证以及动态内容更新基本都在客户端完成，不会增加 Web 服务器的负担。客户端的 JavaScript 必须要有浏览器的支持，用户点击带有 JavaScript 的活动页面时，页面里的 JavaScript 代码就传到客户端浏览器，由浏览器解释执行。随着引擎和框架的发展，JavaScript 也逐渐用于服务器端编程。

JavaScript 是由网景（Netscape）公司于 1995 年创建。在 Web 发展初期的主要作用是处理以前由服务器端语言（如 Perl）负责的一些输入验证操作。之后，JavaScript 逐渐成为常见浏览器必备的一项特色功能，其功能已从简单的数据验证扩展至复杂的计算和交互处理。网景公司将这门语言作为标准提交给了欧洲计算机制造商协会（ECMA，European Computer Manufacturers Association），"ECMAScript"则成为这门语言的标准版本。1997 年发布了 ECMA-262 语言规范 ECMAScript。"JavaScript"是指网景对这门语言的实现，而微软对这门语言的实现版本被称为"JScript"。由于 JavaScript 的日益流行，"ECMAScript"这一语言标准也在不断修订完善，以满足不断增长的 Web 开发需求。

一个完整的 JavaScript 实现包含如图 4-23 所示的 3 个不同的组成部分。

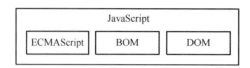

图 4-23　JavaScript 实现的组成部分

（1）核心（ECMAScript）

ECMAScript 提供核心语言功能，它规定了这门语言的语法、数据类型、关键字、保留字、操作符、语句、对象等，但并未定义输入和输出。输入和输出的功能是由 JavaScript 所属的"宿主环境"（hostenviroment）提供的。常见的 Web 浏览器就是 ECMAScript 实现可能的宿主环境之一。宿主环境不仅提供基本的 ECMAScript 实现，同时也会提供该语言的扩展，以便语言与环境之间对接交互。JavaScript 的语法和编程风格与 Java 类似，但它却不是 Java 的"轻量级"版本，实际上它和 Java 是完全不同的两种编程语言。

（2）浏览器对象模型

浏览器对象模型（BOM，Browser Object Model）可以提供与浏览器交互的方法和接口。使用 BOM 可以控制浏览器显示以外的部分，实现如弹出新浏览器窗口，移动、缩放和关闭浏览器窗口，提供浏览器详细信息、用户显示器分辨率详细信息，支持 cookie 等功能。HTML5 已把很多 BOM 功能写入正式规范。BOM 由多个对象构成，其中的顶层对象是 Window 对象，代表了浏览器窗口。其他对象如 Navigator、Location、Screen、History 等都是 Window 对象的子对象。

（3）文档对象模型

文档对象模型（DOM，Document Object Model）提供访问和操作页面内容的方法和接口，是针对 XML 但经过扩展也可用于 HTML 的 API。DOM 把整个页面映射为一个多层节点结构，页面中的每个组成部分，如元素、属性等都视为某种类型的节点，借助 DOM 提供的 API，开发人员可以轻松自如地删除、添加、替换或修改任何节点，从而实现对文档的访问和操作。

JavaScript 的这 3 个组成部分，在当前主要商用浏览器中都得到了不同程度的支持。本节将在后续部分介绍 ECMAScript，而 DOM 的使用将在 4.6 节中结合 XML 文档做简要介绍。

2. 在 HTML 中使用 JavaScript

可以通过使用< script >元素向 HTML 页面中插入 JavaScript 代码。< script > 标签用于定义客户端脚本，< script >元素既可以包含脚本语句，也可以通过 src 属性链接外部脚本文件。其语法结构及主要属性说明如下。

< script 属性 = "属性值"…属性 = "属性值">…</ script >

- type 属性：必选，规定脚本的 MIME 类型，常用值为 text/javascript。
- src 属性：规定外部脚本文件的 URL。

- async 属性:规定异步执行脚本(仅适用于外部脚本)。
- charset 属性:规定在外部脚本文件中使用的字符编码。
- defer 属性:规定是否对脚本执行进行延迟,直到页面加载为止。

使用<script>元素插入 JavaScript 的方式有两种:直接在页面中嵌入 JavaScript 代码和链入外部 JavaScript 文件。

在页面中直接嵌入 JavaScript 代码时,只需为<script>指定 type 属性。Javascript 程序可以如【例 4-20】所示放在 HTML 页面的<body>、</body>之间,也可以放在<head>元素中。包含在<script>元素内部的 JavaScript 代码通常将被从上至下依次解释。

【例 4-20】<script>元素的使用示例。

```
<html>
<head>
</head>
<body>
<script type = "text/javascript">
… //JavaScript 程序语句
</script>
</body>
</html>
```

假如 JavaScript 的脚本代码比较复杂或程序被多个 HTML 页面使用,则可以将这个 JavaScript 程序放到一个后缀名为.js 的文本文件里,通过在 HTML 里引用这个外部文件,从而提高代码的复用性,减少代码维护的负担。在 HTML 里引用外部文件,通常应在<head>元素中写入下述语句,其中 src 属性值即是 JavaScript 文件的 URL,例如

```
<script type = "text/javascript" src = "example.js"></script>
```

与解析嵌入页面的 JavaScript 代码类似,在解析外部 JavaScript 文件时,页面的处理也会暂时停止。

3. 简单示例

JavaScript 程序是文本文件,既可以使用任何文本编辑器如记事本,也可以使用如 Dreamweaver 这样的专业编辑软件作为程序编辑器。下面以使用记事本为例,给出一个在页面输出"欢迎进入 BestBook 书店!"的 JavaScript 代码。

【例 4-21】一个简单的 JavaScript 示例。

```
<html>
<head>
<title>一个简单的 JavaScript 示例</title>
</head>
<body>
<script type = "text/javascript">
document.write ("欢迎进入 BestBook 书店!");
</script>
</body>
</html>
```

打开记事本,输入上述代码,再将文件另存为"hi. html"。在浏览器中打开这个文档,可以看到如图 4-24 所示的效果。上面的例子中,使用了 document. wirte(),这是 JavaScript 中非常常用的语句,使用了 document 对象的 write 方法将字符串"欢迎进入 BestBook 书店!"输出显示在浏览器窗口里。

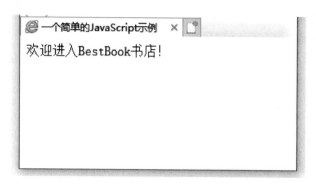

图 4-24　JavaScript 示例的显示效果

4.5.2　JavaScript 的语法基础

编程语言的核心都需要描述这门语言基本的工作原理,包括基本语法规则、数据类型、运算符、内置功能等内容。ECMAScript 规定了 JavaScript 的核心语法基础。

1. 基本语法规则

JavaScript 代码基于 Unicode 字符集,几乎支持现有所有语言,其语法借鉴了 C 语言及其他类语言(如 Java 和 Perl)的语法。

(1)标识符

标识符是指变量、函数、属性的名字或函数的参数等,其组合规则为:第 1 个字符必须是字母、下划线(_)、美元符号($),而其他字符可以是字母、下划线、美元符号或数字。

(2)区分大小写

JavaScript 代码是大小写敏感的,变量、函数名和操作符都需要区分大小写。例如,变量 book 和 Book 是两个不同的标识符。

(3)空格与换行

代码中多余的空格会被忽略,同一个标识符的所有字母必须连续。多数情况下,JavaScript 中的换行符也会被忽略。

(4)语句分隔

ECMAScript 中的语句以一个分号结尾。如果省略分号,则由解析器确定语句的结尾,但不推荐这种做法。

(5)注释

可以在 JavaScript 中添加注释来对代码进行解释,以提高代码的可读性。单行注释以 // 开头;多行注释则用 /* 表示开始, */ 表示结束。JavaScript 不会执行注释。

(6)保留字

JavaScript 中规定了一组具有特定用途的关键字,例如,this、int、if、else、do 等,用于表示控制语句,或用于执行特定操作,不能用作标识符。

2. 数据类型、变量与常量

(1) 数据类型

在编程语言中,数据类型是能够表示并操作的值的类型。JavaScript 包括 5 种基本的数据类型:数值类型(Number)、布尔类型(Boolean)、字符串类型(String)、Undefined 类型(Undefined)、Null 类型(Null),以及 1 种复杂数据类型:对象类型(Object)。

① 数值类型

JavaScript 中用于表示数字的类型称为数值类型,可以表示整数或浮点数。整数数值可以由十进制、八进制和十六进制表示。例如,

```
var intNum = 55;          //整数
var octalNum = 070;       //八进制的 56,字面值的第 1 位必须是 0
var hexNum = 0xA;         //十六进制的 10,字面值的前两位必须是 0x
```

浮点数值必须包含小数点,且小数点后必须至少有一位数字。数字的值可以用普通的记法也可以使用科学计数法。例如,

```
var floatNum1 = 1.1;
var floatNum2 = 3.125e7; //等于 31250000
```

由于内存的限制,在大多数浏览器中 ECMAScript 能够表示的数值大约位于 $5e-324$ 和 $1.797\,693\,134\,862\,315\,7e+308$ 之间。如果某个数值超出了该范围,将被自动转换成特殊的 Infinity 值。

NaN,即非数值(Not a Number),是一个特殊的数值,用于表示一个本来要返回数值的操作数但未返回数值的情况,以免影响其他代码的执行。

② 布尔类型

布尔类型只有 2 个值:true 和 false(注意区分大小写),常用于判断表达式的逻辑条件。所有类型的值都有与这 2 个布尔值等价的值。要将一个值转换为其对应的布尔值,可以调用转型函数 Boolean()。其转换规则如表 4-8 所示。

表 4-8　一个值转换为其对应的布尔值的规则

数据类型	转换为 true 的值	转换为 false 的值
String	任何非空字符串	空字符串""
Number	任何非零数字值(包括无穷大)	0 和 NaN
Object	任何对象	null
Undefined	n/a	undefined

③ 字符串类型

字符串类型用于表示字符序列或字符串。字符串可以由双引号(")或单引号(')表示,例如,

```
var name = "Alice";
var pwd = 'zeze';
```

任何字符串的长度都可以通过访问其 length 属性取得,例如,

```
alert(name.length); //输出 5
```

④ Undefined 类型

Undefined 类型只有一个值,即 undefined。在使用 var 声明变量但未对其初始化时,这

个变量的值就是 undefined。例如，

```
var message;
alert(message == undefined); //结果为 true
```

⑤ Null 类型

Null 类型也只有一个特殊的值，即 null，用于表示一个空对象指针。如果定义一个用于保存对象的变量，可以将其初始化为 null。

⑥ 对象类型

ECMAScript 中的对象其实就是一组属性和方法的集合。属性是描述对象特征的值，方法是能够在对象上执行的操作。

对象由花括号分隔。在括号内部，对象的属性以名称和值对的形式来定义。属性由逗号分隔：

```
var member = {name:"Alice", pwd:"123", id:1210};
```

上面例子中的会员对象（member）有 3 个属性：name、pwd 以及 id，表示会员的姓名、密码和 ID 号。

对象也可以有方法，方法是保存在对象属性中的 JavaScript 函数，用于访问操作对象的属性。如 member. add()、member. delete()、member. update()表示增加会员、删除会员、更新会员。

（2）变量

变量是用来临时存储数值的容器，在程序运行过程中值可以发生改变。变量在命名时可以采用任意长度，但应遵守标识符的规则。

变量的定义有以下两种方式。

① 使用 var 操作符对变量进行声明

可以一次声明一个变量，也可以同时声明多个变量，变量之间用逗号相隔。另外在声明变量时，也可以赋予变量初始值。例如，

```
var x;
var x, y;
var x = 1, y = 3;
```

② 不对变量进行声明，直接赋初值

例如，

```
x = 1;
```

根据作用范围不同，变量可分为全局变量和局部变量。函数外部直接定义的变量称为全局变量，在整个程序范围内都有效。函数内部定义的变量称为局部变量，作用范围仅限于变量所在的函数内。

ECMAScript 的变量是松散类型的，可以用来保存任何类型的数据。这意味着相同的变量可用作不同的类型，例如，

```
var x            //x 为 undefined
var x = 1;        //x 为数值类型
var x = "Alice";  //x 为字符串类型
```

（3）常量

根据不同的数据类型，常量也分为字符串类型、布尔类型、数值类型和 null 类型等。常量直接在语句中使用，值不会改变。

3．运算符和表达式

表达式是 JavaScript 中的一个短语，这个短语可以判断或者产生一个值。表达式可以作为参数传递给函数，或将表达式结果赋给变量保存起来。表达式是由操作数和运算符组成的。操作数是表达式中的常量、变量或子表达式，用于提供计算用的数据。常量、变量名可以看作最简单的一类表达式，常量表达式返回的值为它本身，变量表达式返回的值为变量的值，例如，

```
3.14;//数字常量
a;//变量表达式
```

复杂表达式是由简单表达式通过运算符组合而成的。例如，

```
var expression 1 = 3 * (4 / 5) + 6;//"+""*"和"/"则是运算符
```

运算符是指程序设计语言中有运算意义的符号。运算符按照特定的运算规则对常量或变量进行运算，并计算出新值。通常运算符由符号，如＋、＊、｜等，或关键字，如 delete、var 等来表示。JavaScript 的运算符包含算术运算符、字符串运算符、关系运算符、赋值运算符、逻辑运算符、位运算符和一些特殊的运算符等。表 4-9 罗列了常见的 JavaScript 的运算符及其说明。

表 4-9　常见的 JavaScript 的运算符及其说明

运算符类型	运算符	说明
算术运算符	＋	加法运算符，二元运算符，返回两个操作数的算术和
	++	递增运算符，一元运算符，使数值类型的变量值自增一；使用形式分左结合与右结合两种，左结合在表达式中的效果是先递增再使用，右结合则是先使用再递增
	－	减法运算符，二元运算符，返回两个操作数的算术差
	－－	递减运算符，使变量的值自减一；也有左结合与右结合之分，情况与递增运算符相同
	＊	乘法运算符，二元运算符，返回两个操作数的算术积
	/	除法运算符，二元运算符，返回两个操作数之商
	%	取模运算符，二元运算符，求第 1 操作数除以第 2 操作数的余数
	＋	正号运算符，意义上等同于数学上的正号，一元运算符
	－	负号运行符，将操作数取反，一元运算符
字符串运算符	＋	连接运算符，将两个字符串按顺序连接成为新的字符串
关系运算符	＝＝	相等运算符，二元运算符，将两端的操作数转换为同一种数据类型后判断它们是否相等，是则返回布尔值 true，否则返回 false
	＝＝＝	等同运算符，二元运算符，是严格意义上的相等，两个值和它们的类型完全一致时才返回 true
	!=	不相等运算符，二元运算符，将两端的操作数转换为同一种数据类型后返回一个布尔值表示两个操作数是否相等
	!＝＝	不等同运算符，二元运算符。与等同运算符正好相反，如果两个数严格不相等则返回 true
	<	小于运算符，二元运算符，判断第 1 个操作数是否小于第 2 个操作数的运算符，返回一个布尔值
	>	大于运算符，二元运算符，判断第 1 个操作数是否大于第 2 个操作数的运算符，返回一个布尔值
	<=	小于或等于运算符，二元运算符，判断第 1 个操作数和第 2 个操作数是否是小于等于关系，是则返回 true，否则返回 false
	>=	大于或等于运算符，二元运算符，判断第 1 个操作数和第 2 个操作数是否是大于等于关系，是则返回 true，否则返回 false
赋值运算符	＝	赋值运算符，用于给变量赋值。操作数左值必须是变量，右值可以是变量、常量或表达式。它可以和其他一些运算符相结合，构成混合赋值运算符，如＋＝、＊＝、&＝等

运算符类型	运算符	说明
逻辑运算符	&&	逻辑与运算符,二元运算符,如果两个操作数都是真,则返回 true,否则返回 false
	||	逻辑或运算符,二元运算符,如果两个操作数都是 false,则返回 false,否则返回 true
	!	逻辑非运算符,一元运算符,对操作数的逻辑值取反
位运算符	&	位与运算符,二元运算符,两个操作数所对应的二进制逐位执行与操作,两个操作数对应位都为 1 时结果对应位也为 1,否则为 0
	|	位或运算符,二元运算符,两个操作数所对应的二进制逐位执行或操作,两个操作数对应位如果都为 0 则结果的对应位为 0,否则为 1
	^	位异或运算符,二元运算符,两个操作数所对应的二进制逐位执行异或操作,当两个操作数对应位不相同时结果的对应位为 1,否则为 0
	~	位非运算符,二元运算符,实现对操作数按位取反运算
	<<	左移位运算符,二元运算符,左操作数向左移动,低位补 0,右操作数指明移动位数
	>>	带符号右移位运算符,二元运算符,左操作数向右移动,左边空出的位用数的符号位填充,向右移动超出的位将被丢弃,右操作数指明移动位数
	>>>	无符号右移位运算符,二元运算符,左操作数右移后在左边空出的位上填充 0,右操作数指明移动位数
特殊运算符	?:	条件运算符,三元运算符,根据条件在两个语句间选择一个来执行,语法:条件表达式 ? 语句 1;语句 2 如果条件表达式为真,则执行语句 1,否则执行语句 2
	new	new 运算符,用于创建对象
	void	计算表达式但不需要返回值
	typeof	获得操作数的数据类型
	.	对象属性存取运算符,用于读取对象的属性,或保存值到对象的属性,或调用对象的方法
	[]	数组存取运算符,用于存取数组元素,方括号中是要存取的元素的下标
	()	函数调用运算符,括号中存放参数
	delete	delete 运算符,删除对象的属性或数组的元素
	this	this 运算符,严格地说是一个关键字,也可以理解为运算符。返回当前对象的引用,通常用在对象构造函数中,引用函数对象本身
	,	逗号运算符,计算两个表达式,返回第 2 个表达式的值
	in	in 运算符,检查对象中是否有某个属性
	instanceof	instanceof 运算符,返回一个布尔值,检查某对象是否是某个原型的实例

当不同运算符组合在一起时,由运算符优先级来确定运算顺序。具有较高优先级的运算符先于具有较低优先级的运算符得到执行。同等级的运算符按从左到右的顺序进行。

4. 语句

JavaScript 的代码由语句、语句块和注释构成。JavaScript 语句包含一个或多个表达式、关键字和运算符,用以完成某项任务。语句以分号(;)来表示该句的结束。多条语句还可以组合起来形成一种复合语句,称为语句块(blocks),通常用 {} 括起来。在下面的例句中,{} 中间的两句语句就构成了一个语句块。

```
function totalPrice(num) {
var price = 20;
total = price * num;
}
```

多数情况下语句块可被视为单个语句组合被其他 JavaScript 代码调用。

一个 Javascript 程序实际就是一个语句的集合,包括各种类型的语句,如把表达式当作语句用的表达式语句,声明变量函数的声明语句,控制代码执行顺序的条件语句、循环语句、跳转语句等。下面对常见的几类语句做简要介绍。

(1)表达式语句

表达式语句是 JavaScript 中最简单的语句。这类语句一般按从上到下的顺序依次执行。例如,

```
welcome = "Hi" + member;   //赋值语句
delete member.id;          //使用 delete 运算符删除对象属性
alert(welcome);            //函数调用也是表达式语句的一个大类
```

(2)声明语句

var 和 function 语句都是声明语句,分别用来声明、定义变量和函数。这些语句用于定义标识符(变量名、函数名)并给它们赋值,以便在程序的其他地方使用。

var 语句可以声明一个或多个变量,语法如下。

```
var name1 [ = value1] [,…,namen = [valuen]];
```

var 关键字后面跟的是要声明的变量列表,列表中每一个变量都可以带初始化表达式用于指定初值。如果没有指定初始化表达式,则初值为 undefined。

function 语句用来定义函数,具体语法结构及用法见本节"5. 函数"部分的介绍。

(3)条件语句

条件语句是指根据条件,即判断指定表达式的值,来选择一个任务分支的语句。主要包括 if/else 语句、switch 语句。

① if 语句

if 语句是一种基本的控制语句,使程序可以选择执行路径,有条件地执行语句。这类语句包括两种形式。第 1 种是

```
if( <表达式> ) {//条件语句
  [语句组;]
}
```

这种形式需要测试表达式的值,结果为真则执行语句组,否则不执行。第 2 种形式引入 else 从句,语法如下。

```
if ( <表达式> ) {
[语句组 1;]
}
else {
[语句组 2;]
}
```

if-else 语句提供了双路选择功能,测试表达式的值为假时则执行语句组 2。

当代码中有多条分支时,可以使用 else if 语句,将多个 if-else 组合起来,语法如下。

```
if( <表达式 1> ){
[语句组 1;]
}
[ else if( <表达式 2> ){
[语句组 2;]
}
else{
[语句组 3;]
} ]
```

② switch 语句

当所有分支都依赖于同一个表达式时,使用 if-else 语句会重复计算多条 if 语句,效率比较低。此时可以选择 switch 语句,实现多路选择功能,在给定的多个选择中选择一个符合条件的分支来执行,语法如下。

```
switch ( <表达式> ){
case <标识 1>:
[语句组 1;]
break;
case <标识 2>:
[语句组 2;]
break;
…
[default:]
[语句组 3;]
break;
}
```

执行语句时,首先计算表达式的值,然后查找 case 子句中的标识是否和表达式的值相同,如果找到匹配的 case,则执行对应的语句组,如果没找到,则执行 default 对应的代码。如果没有 default 标识,则跳过所有代码。上述代码中每个 case 语句块都使用 break 语句结尾,表示 switch 语句结束,防止一个 case 语句块执行完后继续执行下一个 case 语句块。break 语句将在后面介绍。

(4) 循环语句

循环语句可以使一段代码重复执行,形成一个程序路径的回路。常用的循环语句包括 while、do-while、for 和 for-in 语句。

① while 语句

while 语句的语法如下。

```
while(条件表达式 ){
语句组;
}
```

while 循环在执行循环体前测试条件表达式,如果条件成立则进入循环体,执行循环体的语句组,然后再次测试表达式,这种循环会一直持续,直到表达式的值为假。若条件不成立,则跳到循环后的第一条语句。

② do-while 语句

do-while 循环与 while 循环相似,不同之处在于 do-while 语句先执行一遍循环体,然后在循环体的尾部而不是顶部测试表达式,如果表达式成立则继续执行下一轮循环,否则跳到 do-while 代码段后的第一条语句,语法如下。

```
do{
语句组;
} while(条件表达式);
```

③ for 语句

for 语句提供了一种比 while 语句更方便的循环控制结构,语法如下。

```
for(初始化计数器;测试计数器;更新计数器){
语句组;
}
```

for 循环语句指定了 3 个表达式分别表示初始化一个计数器变量、循环条件判断和计数器变量的更新,之间用分号分隔。在循环开始前初始化变量,然后每次循环执行之前,都要测试计数器的值。如果满足循环条件,则执行循环内的代码;如果测试不成功,则不执行循环内的代码,而是执行紧跟在循环后的第一行代码。当执行该循环时,计数器变量在下次重复循环前被更新。

④ for-in 语句

for-in 语句是 for 语句的一个变体,语法如下。

```
for (n in set){
语句组;
}
```

其中 n 通常是一个变量名,也可以是一个可以产生左值的表达式或通过 var 语句声明的变量。set 是一个表达式,其计算结果是一个对象。在执行语句过程中,先计算表达式,如果表达式为 null 或 undefined,则会跳过循环并执行后续代码。如果表达式本身是一个对象,则依次枚举对象的属性来执行循环,在每次循环前,会先计算表达式的值,将属性名(一个字符串)赋给它。for-in 语句提供了一种特别的循环方式来遍历一个对象的所有用户定义的属性或者一个数组的所有元素。例如,

```
var person = {member:"Alice",ID:"123",pwd:5678};
for (n in person){
  info = info + person[x];
}
```

上述代码执行完毕后,info 中包含字符串 Alice1235678。

(5)跳转语句

跳转语句使程序的执行从一个位置跳转到另一个位置,主要包括 break、continue、return 语句。

① break 语句

break 语句可以单独使用,其作用是跳出最内层循环或 switch 语句,语法如下。

```
break;
```

JavaScript 也允许 break 后面跟随一个标签,语法如下。

```
break 标签名;
```

此时程序将跳转到标签标识的语句块的结束位置。JavaScript 中的语句可以添加标签,

标签由加在语句前面的标签名和冒号标明,例如,标签名:语句。给语句定义标签后,就可以在程序的其他地方通过标签引用该语句。break 和 continue 语句是唯一可以使用语句标签的语句。

② continue 语句

和 break 语句类似,不过它不是退出循环,而是转去执行下一次循环。语法和 break 语句一样,既可以单独使用,也可以带有标签。如

```
continue;
continue 标签名;
```

③ return 语句

return 语句是函数调用后的返回值,语法如下。

```
return 表达式;
```

该语句只能出现在函数内部。当执行到 return 语句时,函数终止执行并将表达式的值返回给调用程序。return 语句也可以单独使用,此时函数向调用程序返回 undefined。

(6) 异常处理语句

异常是当发生某种异常情况时产生的一个信号。用信号通知发生了异常状况即抛出异常。在 JavaScript 中 throw 语句就可以抛出异常。捕获异常是指采取相应的手段处理异常信号。try/catch/finally 语句则可以捕获异常。

① throw 语句

throw 语句的语法如下。

```
throw 表达式;
```

表达式的值是任意类型,可以抛出一个代表错误码的数字,或者包含错误信息的字符串。抛出异常的时候通常采用 Error 对象,它包含一个 name 属性表示错误类型,一个 message 属性存放传递给构造函数的字符串。当抛出异常时,当前正在执行的逻辑将停止,转而执行异常处理程序。

② try/catch/finally 语句

try/catch/finally 语句用于异常处理,catch 和 finally 从句均为可选,但两者必有其一和 try 从句组合成语句块。其中 try 从句定义了需要处理的异常所在的代码块,当 try 内某次发生异常,调用 catch 从句内的代码块进行处理。finally 从句中放置清理代码,无论异常是否发生,finally 的代码都会执行,语法结构如下。

```
try{
  语句组 1;
}catch(exception){   //局部变量 exception 用来获得对 Error 对象或抛出其他值的引用
语句组 2;
}finally{
语句组 3;
}
```

5. 函数

函数是由多条语句组成的代码段,用以完成特定任务,只需定义一次,但可能被执行或调用多次。在 JavaScript 中,函数被视为对象,程序可以为函数设置属性、调用它的方法、将函数赋值给变量、作为参数传递给其他函数。

(1) 函数的定义

函数使用 function 关键字来定义,可以用在函数声明语句或函数表达式中,后跟一组参数以及函数体。函数的基本语法如下。

```
function 函数名([参数1,[参数2,[参数N]]])
{
[语句组];
[return[表达式]];
}
```

其中函数名是函数声明语句必需的组成,作用类似变量名,定义的函数对象会赋值给该变量。而对于函数定义表达式的形式,函数名则是可选项。圆括号中包含用逗号隔开的参数名。花括号中包含的是 JavaScript 语句,这些语句构成了函数体。return 语句后跟要返回的值,也是可选项。return 语句也可以不带任何返回值。此时函数在停止执行后将返回 undefined值。下面的例子给出了通过函数声明和函数定义表达式的方式定义函数。

```
function sum(x, y){
return x + y;
}
```

上述代码通过函数声明语句声明了求和的函数,函数名为 sum。

```
var sum = function(x, y){return x + y;};
```

上述代码通过函数定义表达式定义了一个求和的函数,并把它赋值给一个变量。此时function 关键字后面没有函数名。这是因为在使用函数表达式定义函数时,没有必要使用函数名,通过变量 sum 即可引用函数。另外,还要注意函数末尾有一个分号,就像声明其他变量时一样。

此外,由于 JavaScript 的函数属于 Function 对象,可以使用 Function 对象的构造函数来创建一个函数,语法如下。

```
var 变量名 = new Function([参数1,[参数2,[参数N]]],[函数体]);
```

其中函数变量名是必选项,表示函数名。参数是可选项。函数体也是可选项,相当于函数体内的程序语句序列,各语句使用分号格开,当忽略此项时函数不执行任何操作。

(2) 函数的参数

函数的参数是函数与外界交换数据的接口。外部的数据通过参数传入函数内部进行处理,函数内部的数据也可通过参数传到外界。函数定义时的参数称为形式参数,调用函数时传递的参数称为实际参数。

JavaScript 中的函数定义未指定函数形式参数的类型,也不对传入的参数个数进行检查。参数在函数内部是用一个类数组(与数组类似,但并不是数组的实例)的对象 arguments 来表示的。可以通过 arguments 对象来访问这个参数数组,获取传入的每一个参数。使用方括号语法访问它的每一个元素(即第 1 个元素是 arguments[0],第 2 个元素是 arguments[1],以此类推),例如,前面定义的求和函数也可以采用下述方式使用参数。

```
function sum(){
return arguments[0] + arguments[1];
}
```

其中 arguments[0]的值即为上例 x 的值,arguments[1]的值等于上例 y 的值。

此外,可以使用 length 属性来确定传递进来多少个参数。例如,

```
function numArg(){
alert(arguments.length)
}
```

```
numArg(1,2,3); //显示传入 3 个参数
```

（3）函数的调用

函数体中的代码在定义时不会执行，只有该函数被调用时才会执行。下面介绍 3 种常见的调用函数的方式。

第 1 种方式是通过普通的函数表达式进行调用。每个函数表达式由一个函数对象和相应的参数列表组成。例如，

```
var total = sum(1,2) + sum(3,4);
```

在这种调用中，每个函数的返回值即为调用表达式的值。如果 return 语句没有值或无 return 语句，则返回 undefined。

第 2 种方式是在程序中通过"函数名(实参值);"的方式直接调用。如调用 sum 函数，

```
sum(2,3);
```

第 3 种方式是在事件中调用。当调用事件时，JavaScript 可以调用某个事件来响应这个函数。例如，

```
< input type = "button" value = "按钮" onclick = "sum()"/>
```

（4）函数的作用域

根据函数的作用范围，可以分为公有函数和私有函数。公有函数是指定义在全局作用域中的函数，程序代码均可以调用。而私有函数是指处于局部作用域中的函数，只能被拥有该函数的函数代码调用，外界不能随意调用。通常当函数嵌套定义时，子函数就是父函数的私有函数。

6. 对象

对象是 JavaScript 的一类重要的数据类型，它将很多值（甚至可以包含对象或函数）集合在一起，并通过字符串形式的名字对值进行访问。这些名/值对都是属性，对象也就是属性的无序集合，而对象也可以看成字符串到值的映射。不过严格来说，JavaScript 并不是一种面向对象的语言，因为它不具备面向对象语言的一些明显特征，例如它没有类的概念。因此，人们往往把它称为"基于对象"，而不是"面向对象"的语言。

JavaScript 的对象主要分 3 类。

- 内置对象：由 ECMAScript 规范定义的对象或引用类型，如数组 Array、函数 Function、日期 Date 和数学 Math 都是内置对象。
- 宿主对象：由 JavaScript 解释器嵌入的宿主环境（如浏览器）定义的。
- 自定义对象：由用户程序创建的对象。

常见的内置对象、宿主对象的使用方法可参考相关书籍。下面仅介绍自定义对象的创建、访问方法。

（1）创建对象

创建对象最基本的方式是通过对象直接量或者执行 new 操作符。所谓直接量是指直接在程序中出现的常数值。

① 通过对象直接量创建对象

对象直接量是由花括号括起来的一组名/值对的集合，其中属性名可以是合法的 JavaScript 标识符或字符串，值可以是任意类型的表达式，属性名和值由冒号分隔，各名/值对由逗号分隔。例如，

```
var member = { name:"Alice", id:123};//会员对象,包括姓名、ID 两个属性
```

```
var empty = {};//空对象,没有属性
```

② 通过 new 创建对象

new 运算符可以创建并初始化一个对象。运算符 new 后面紧跟一个构造函数,用以初始化一个新创建的对象。例如,

```
var member = new Object();        //创建一个空对象
member.name = "Alice";            //添加姓名属性
member.id = "123";                //添加 id 属性
var a = new Array();              //创建一个空数组
```

上述代码使用了 JavaScript 提供的引用类型的内置构造函数如 Object()、Array() 来创建特定类型的对象。此外,也可以用自定义的构造函数自定义对象的属性和方法。例如,

```
function Member(name, pwd, id){
this.name = name;
this.pwd = pwd;
this.id = id;
this.printName = function(){
        alert(this.name);
};
}
var mem1 = new Member("Alice", "123", 3456);
```

上述代码中,Member() 是自定义的构造函数,函数名首字母大写,以与普通函数区分。要创建 Member 的新实例,需要使用 new 运算符调用构造函数。每次调用这个构造函数都会返回一个带 3 个属性和 1 个方法的对象。上例中 mem1 就保存了一个 Member 的实例。

(2) 访问属性

可以通过运算符(.)或方括号([])来获取属性的值。运算符的左侧须是表达式,返回一个对象。运算符(.)的右侧是属性名的标识符,而方括号([])内则是一个结果为字符串的表达式,该字符串即是属性名。例如,

```
var memName = member.name;        //获得 member 的 name 属性
var memName = member["name"];     //同上
```

同样可以通过运算符(.)或方括号([])创建属性或给属性赋值,例如,

```
member.age = "18";                //给 member 创建一个 age 属性
member["name"] = "Alice";         //给 name 属性赋值
```

(3) 访问方法

在对象中除了使用属性外,有时还需要使用方法。在对象的定义中,this. printName = function()语句,就是定义对象的方法。对象的方法其实就是定义在对象内部的函数,通过它实现对对象的操作。可以通过运算符(.)调用对象的方法,运算符左侧是对象的表达式,右侧是方法名。例如,

```
mem1.printName; //输出"Alice"
```

JavaScript 的内置对象介绍请扫二维码。浏览器对象与文档对象介绍请扫二维码。

JavaScript 的内置对象

浏览器对象与文档对象

4.5.3　事件处理

1. 事件概述

客户端 JavaScript 采用了事件驱动的编程模型,它与 Web 页面之间的交互是通过用户操作浏览器时触发相关事件来实现的。事件(event)是用户或浏览器自身执行的某种动作,用户与页面的交互以及程序内部的运行都会产生事件。例如,用户敲击键盘、将鼠标移到超链接上或者文档加载完成都是一个事件。

随着 Web 及其 API 的发展,事件的集合越来越庞大,可以大致分为以下几类。

- 依赖于设备的输入事件:这类事件和特定输入设备相关,如鼠标、键盘,包括 "mousemove""keypress"这类的传统事件类型,以及"touchmove""gesturechange"这类新的触摸事件类型。
- 独立于设备的输入事件:这类事件没有直接关联的输入设备。例如,表示激活按钮、链接等元素的 click 事件可以通过单击鼠标实现,也可以通过键盘或其他设备实现。
- 用户界面事件:通常出现在 Web 页面的 HTML 表单元素上,例如改变表单元素显示值的 change 事件、单击表单提交按钮的 submit 事件。
- 状态变化事件:这类事件由网络或浏览器活动触发,表示相关状态的变化,例如文档加载完成后,产生 load 事件。
- 特定 API 事件:HTML5 及相关规范定义的 API 都有自己的事件类型。例如拖放 API 定义的"dragstart""dragover"等事件,HTML5 的 < video >元素定义的"waiting" "playing"事件等。

通常使用一个字符串来描述发生的什么类型的事件,即事件类型,也称事件名,如上面的 load 是指加载事件、mousemove 是指移动鼠标事件、click 是指单击事件等。事件目标是与事件相关的对象。

这些事件发生时,就可以编写代码对这些事件做出相应的处理。指定为响应特定事件而应执行的某些动作被称为"事件处理",相应的函数即为事件处理程序,函数体内包含了响应要执行的步骤。应用程序通过指明事件类型和事件目标,在浏览器中注册事件处理程序。当特定目标上的某类型事件发生时,浏览器会调用对应的处理程序,此时称浏览器"触发"了事件。事件处理程序的名字由"on"单词前缀＋事件类型组成,如 click 事件的事件处理程序就是 onclick, load 事件的事件处理程序就是 onload。表 4-10 列出了基本的事件及其事件处理程序。

表 4-10　基本的事件及其事件处理程序

事件	事件处理程序	何时触发
submit	onsubmit	单击提交按钮
click	onclick	单击鼠标左键
load	onload	页面加载
focus	onfocus	元素获得焦点
mouseover	onmouseover	鼠标悬停在某元素上
mousemove	onmousemove	鼠标移动
keydown	onkeydown	键盘被按下
keypress	onkeypress	键盘被按下并松开
select	onselect	选中文本

2. 事件处理程序的定义

定义事件处理程序有两种基本的方式。一种是将 HTML 文档元素属性设置为事件处理程序,另一种是将 JavaScript 对象的属性设置为事件处理程序。

(1) 设置 HTML 文档元素属性

常见的定义事件处理程序的方法是直接绑定到 HTML 元素的属性上,属性值即为 JavaScript 的代码字符串。这段代码应是事件处理函数的主体,而不是函数声明。如果属性值包含多条 JavaScript 语句,可以用分号进行分隔,或者可以将它们定义在一个函数中,通过调用函数去执行这些脚本。基本格式如下:

<标签名 事件处理程序名 = "事件处理程序"[事件处理程序名 = "事件处理程序"…]>元素内容</标签名>

例如,

```
< input type = "button" value = "提交" onclick = "alert('确认提交')" />
```

这句代码为 input 表单元素指定了 onclick 属性,并将 JavaScript 代码作为它的值。当单击这个按钮时,就会执行脚本显示一个警告框。

(2) 设置 JavaScript 对象的属性

可以将事件处理程序绑定到 JavaScript 对象属性中,也就是将相应的函数赋值给一个对象的事件处理程序属性。每个对象都有自己的事件处理程序属性。要使用这种方式指定事件处理程序,首先必须取得一个要操作的对象的引用,该对象就是触发事件的事件目标,然后给该对象的属性赋值,其值是一个事件处理函数的引用。基本格式如下:

```
事件目标 JavaScript 对象.事件处理程序名 = 事件处理程序;
```

例如,

```
var header = document.getElementById("myHeader");

header.onclick = function(){
    alert("这是个标题");
};
```

上述代码通过文档对象获得了对标题的引用,然后为它指定了事件处理程序属性,其值为事件处理函数。当点击标题时,会弹出警示框。

通过上面两种方法定义事件处理程序时,有时需要使用函数的返回值。通常返回值为 false,即告知浏览器不要执行该事件相关的默认操作。例如,表单提交按钮对应的 onclick 事件处理程序返回 false 时将阻止浏览器提交表单。当用户输入不合法字符时,输入域的 onkeypress 事件处理程序也是通过返回 false 对键盘输入进行校验的。

3. 基本事件示例

(1) 状态变化事件——文档加载事件

通常 Web 应用需要浏览器通知文档加载完毕并为操作做好准备。load 事件就是为了这个目的的,它直到文档和所有图片加载完毕时发生。支持该事件的 HTML 标签包括:< body >、< frame >、< frameset >、< iframe >、< img >、< link >、< script >。支持该事件的 JavaScript 对象有 Image、layer、window。在指定事件处理程序时,把它写在上述标签或对象的属性中。【例 4-22】给出了文档加载事件的示例。

【**例 4-22**】文档加载事件示例。

```
<!doctype html>
< html >
```

```
< head >
< meta charset = gb2312 >
< title > Best Book 书店首页 </title>
< script type = "text/javascript">
function load(){
alert("文档已加载!");
}
</script>
</head>
< body onload = "load()">
< h1 >欢迎光临! </h1>
< p >这里是 Best Book 书店</p>
</body>
</html>
```

上述代码在< body >标签中定义了 onload 属性,属性值为事件处理程序 load(),当文档加载完毕后将弹出提示框。运行效果如图 4-25 所示。

图 4-25　文档加载事件的运行效果

(2) 依赖于设备输入的事件——鼠标事件

处理鼠标、键盘等设备输入的事件是 Web 应用中很常见的。click 事件会在对象被单击时发生,所谓单击是指在同一元素上按下鼠标并放开,是最常见的事件之一。大多数可显示的 HTML 标签都支持这一事件,支持该事件的 JavaScript 对象包括 button、document、checkbox、link、radio、reset、submit。下面给出一个用于表单校验的 click 事件示例。

【例 4-23】用于表单校验的 click 事件示例。

```
<!doctype html >
< html >
< head >
< meta charset = gb2312 >
< title > Best Book 书店会员注册 </title>
< script type = "text/javascript">
function checkInput(){
var user = document.getElementById("user");
var pwd = document.getElementById("pwd");
```

```
var email = document.getElementById("email");
if (user. value = = ""||user. value. length = = 0){
alert("用户名不能为空!");
return false;
}
if (pwd. value. length < 5){
alert("密码必须为 5 位以上!");
return false;
}
if (email. value = = ""||email. value. length = = 0||email. value. indexOf('@',0) = = - 1){
alert("请填写正确的邮件地址!");
return false;
}
}
</script>
</head>
< body >
< form method = "post"   action = "♯">
用户名:< input type = "text" id = "user"/>< br/>
密码:< input type = "pass" id = "pwd"/>< br/>
邮箱:< input type = "text" id = "email"/>< br/>
< input type = "submit" value = 注册 onclick = "checkInput()"/>
</form>
</body>
</html>
```

上面的代码定义了一个注册会员的表单,当单击注册按钮时,将调用事件处理程序 checkInput()对表单的数据进行校验。checkInput()使用了 document 对象的 getElementById()方法(该方法返回对拥有指定 id 的第一个对象的引用)按 id 提取相应元素进行检测,如果不能通过校验,则弹出提示框,阻止程序向下执行。运行效果如图 4-26 所示。

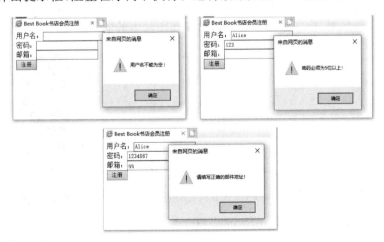

图 4-26　采用 onclick 事件校验表单的运行效果

mouseover 事件发生在鼠标移动到对象范围上方时。鼠标从某对象上移开可以触发 mouseout 事件。而 mousedown 和 mouseup 事件分别发生在鼠标被按下和释放时。多数可显示的 HTML 标签都支持这些鼠标事件。下面给出一个鼠标事件的示例。

【例 4-24】 鼠标事件示例。

```
<!doctype html>
<html>
<head>
<meta charset = gb2312>
<script type = "text/javascript">
function angry(){
document.getElementById('myimage').src = "imgAngry.bmp";
}
function smile(){
document.getElementById('myimage').src = "imgSmile.bmp";
}
</script>
</head>
<body>
<img id = "myimage" onmouseover = "angry()" onmouseout = "smile()" src = "imgSmile.bmp" />
<h1 onmousedown = "innerHTML = '不要将鼠标放到小人的脸上,它会生气'" onmouseup = "innerHTML = '请点击这段文本'">请点击这段文本</h1>
</body>
</html>
```

上面的代码在 HTML 页面上插入了图像和一段文本。当鼠标放在文本内容上并按下时,触发 mousedown 事件并调用 onmousedown 事件处理程序,该代码使用 innerHTML()方法重写元素内容"不要将鼠标放到小人的脸上,它会生气"。当鼠标释放时,触发 mouseup 事件并调用 onmouseup 事件处理程序,重置文本内容。另外,当鼠标悬停在图像上时,触发 mouseover 事件,调用 angry()事件处理程序,替换图片。鼠标移开后,触发 mouseout 事件,调用 smile()函数重置图片。代码运行效果如图 4-27 所示,其中第 2 张图片是将鼠标放在文本内容上并按下时的效果,第 3 张图片是鼠标悬停在图片上的效果。

图 4-27 mouseover、mouseout、mousedown、mouseup 事件示例的运行效果

（3）用户界面事件——change、focus 事件

通常在界面上与用户交互的基本元素包括表单和超链接。当用户通过输入文字、选择选项或复选框改变表单元素状态时,会触发 change 事件,通常它会在域的内容改变时发生。支

持该事件的 HTML 标签仅有：< input type＝"text">、< select >、< textarea >。支持该事件的
JavaScript 对象包括 fileUpload、select、text、textarea。focus 事件在对象获得焦点时发生。
多数可显示的 HTML 标签都支持 focus 事件。支持它的 JavaScript 对象则有：button、
checkbox、fileUpload、layer、frame、password、radio、reset、select、submit、text、textarea、
window。下面给出一个包含 change 和 focus 事件的示例。

【例 4-25】包含 change 和 focus 事件的示例。

```
<!doctype html >
< html >
< head >
< meta charset = gb2312 >
< script >
function changeColor(){
var m = document.getElementById("fname")
m.style.background = "pink";
}
function alertChange(){
var x = document.getElementById("fname").value
alert("输入修改为:" + x);
}
</script >
</head >
< body >
请输入会员名:< input type = "text" onfocus = "changeColor()" id = "fname" onchange = "alertChange
()" >
</body >
</html >
```

上面的代码定义了一个文本输入的表单元素，当该元素通过鼠标、键盘获得焦点时，会触
发 focus 事件，调用改变背景颜色的函数 changeColor()。它调用 document 对象的
getElementById()方法获得文本元素，并改变颜色。当文本域内容被修改时，会触发 change
事件调用 alertChange()函数，输出文本被修改的提示框。其运行效果如图 4-28 所示。

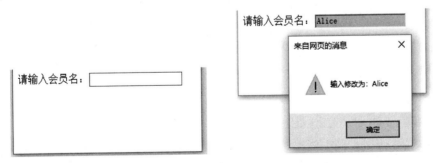

图 4-28　change 和 focus 事件示例的运行效果

4.6 XML

随着 Web 应用需求的增长，HTML 作为 Internet 上传统的描述语言，其局限性逐渐显现。例如，HTML 侧重于文档显示格式的定义，缺乏对数据的描述，设备或程序难以从标签上识别数据的含义，不利于设备之间实现电子文档的交换；HTML 的标签有限，不能由用户扩展自己的标签；HTML 语法不够严密规范，以至于有的标签只能在特定浏览器中实现，影响 Web 信息的共享。W3C 的成员认识到需要一种规范化的格式来处理信息，能够把数据和它的显示分离开来，决定开发一个基于通用标记语言（SGML，Standard Generalized Markup Language）的简化子集，称为可扩展标记语言（XML，eXtensible Markup Language），XML 就这样诞生了。

4.6.1 XML 概述

1. XML 概述

XML 是一种允许用户以自我描述的方式自定义标签的元标记语言。其中的 X 是 eXtensible 即可扩展性的简写，指 XML 允许用户按照规则自定义标签。自我描述是指 XML 将信息以原始数据的形式进行存储，其中的标签不仅可以描述数据含义还能体现数据之间的结构关系。元标记语言是指用于定义其他与特定领域有关的、语义的、结构化的标记语言的句法语言，因此用户可以根据标准的 XML 语法语义创建自己的标记语言。

XML 和 HTML 都属于 SGML 的子集，SGML 有非常强大的适应性，但是因为过于复杂，因此没有得到普及，而作为 SGML 简化子集的 XML 保留了很多 SGML 的优点，更容易操作，便于在 Web 环境下实现。与 HTML 不同之处在于：①XML 的标签是自定义的，是一种元标记语言，即可以像 SGML 那样作为元语言来定义其他文档系统，而 HTML 的标签由标准化组织规定，是实例符号化语言，不能定义其他文档系统；②XML 适合在网络环境下对信息进行组织和描述，是为文档交换设计的，而 HTML 则是为显示设计的。

以下通过一个例子来对比 HTML 和 XML。例如，我们要在页面上提供图书的信息，包括以下内容：书名、作者、ISBN 号、出版社、价格。如果用 HTML 来描述，可以表示如下。

【例 4-26】用 HTML 描述图书信息示例。

```
<html>
<head>
    <title>Books</title>
</head>
<body>
    <table border = "1" cellpadding = "10">
    <caption>Book</caption>
    <tr>
      <td>Brown Bear Brown Bear What Do You See?</td>
      <td>Eric Carle</td>
      <td>9780312509262</td>
      <td>Priddy Books</td>
```

```
            <td>66.00</td>
        </tr>
    </table>
</body>
</html>
```

显示效果如图 4-29 所示。

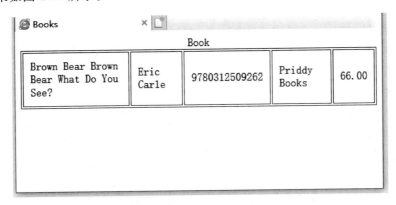

图 4-29　用 HTML 表现数据

从以上的例子可以看出，Web 页面上可以显示出一本图书的主要信息。但是当需要把这些资料保存起来，供别的应用程序使用时，就会碰到这个问题：表格中哪个是图书的名称，哪个是 ISBN 号，表中的每项都各代表什么含义？

这个问题如果由人工来处理可能问题不大，但是由计算机来处理就会遇到麻烦，因为 HTML 把数据和显示放在了一起，想要只使用数据而不需要格式是困难的。为了解决这个问题，需要借助 XML。以下使用 XML 来描述图书信息。

【**例 4-27**】用 XML 描述图书信息的示例。

```
<?xml  version = "1.0" encoding = "gb2312"? >
<book>
    <booktitle> Brown Bear Brown Bear What Do You See? </booktitle>
    <author> Eric Carle </author>
    <isbn> 9780312509262 </isbn>
    <publisher> Priddy Books </publisher>
    <price unit = "元"> 66.00 </price>
</book>
```

使用这种描述方式，就解决了前面提到的问题。可以看到，例子中的标签是有含义的，它描述了数据项的意义。比如，可以通过标签<author>找到图书的作者。

2. XML 特点

从以上的例子可以看出，XML 有以下几个特点。

（1）标签可扩展性

在 XML 中，使用者可以根据自己的需要自定义标签，以上的例子中所使用的标签都是自定义的。

（2）数据和显示相分离

XML 是设计用来描述数据的，它的侧重点是如何结构化地描述数据，在 XML 中看不到数据的显示方式,其显示效果通过样式表或可扩展样式语言(XSL,eXtensible Stylesheet Language)来定义。

(3)自描述性

XML使用了能够说明数据本质而不是其表现形式的标签来标注信息,不仅人能读懂XML文档,计算机也能读懂,有利于数据的存储和交换。XML的表现形式使数据独立于应用系统,并且可重用性大大增强。

(4)具有良好的格式

XML中语法要求更加严格,有利于信息的共享交互,例如要求标签之间正确的嵌套、配对,并遵从树状结构。

(5)保值性

XML保存的数据具有可重用性,同样一份数据可以供给多个应用程序使用,通过链接不同的样式表展现出不同的形式,XML数据被看作文档的数据库化或者数据的文档化。因此XML具有保值性。

(6)与数据库的关系

XML文档可以容易地和关系型数据库、层状数据库进行转换。

虽然XML具有以上的这些特点,但并不是说,XML是HTML的替代品,它们只是侧重点不同。XML侧重于数据的描述和存储,HTML则侧重于数据的展现。实际上,XML和HTML常常结合使用,XML作为数据来源向HTML提供显示的内容,而HTML则负责展示数据。

3. XML 处理过程

XML是一种文本文档,可以使用常见的文本编辑器进行编辑,再经过解析器进行处理,最后由浏览器进行显示。其处理过程如图4-30所示。

图 4-30 XML 文档处理过程

首先使用编辑工具创建 XML 文档。常用的工具包括:记事本、写字板、XML Notepad、XMLwriter、XMLSpy 等。然后由解析器对 XML 文档进行解析处理。能够识别验证 XML 语法的工具叫作 XML 解析器,它往往是 XML 文档和应用程序中间的软件。XML 文档由标签和数据内容构成,解析器能够根据 XML 语法规则检查文档结构、判定文档是否正确,并且能剥离 XML 标签,将其中的信息解析出来为应用程序所用。目前许多编辑器都集成了解析器的功能,方便用户使用。如果 XML 文档符合语法要求,解析将 XML 文档交由客户端程序,如浏览器,进行显示。不同浏览器配置的解析器有所差异,因此相同的文档在不同浏览器可能会有不同的显示。

4.6.2 XML 文档的组成结构

1. XML 文档的数据结构

XML 文档是一种结构化的标记文档,它以结构化的方式来描述各种类型的数据,具体说来,XML 文档在逻辑上是树状结构,如图 4-31 所示。

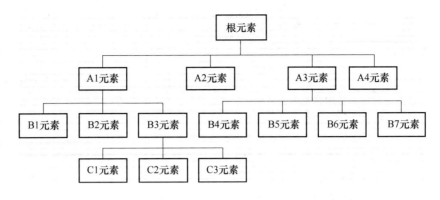

图 4-31 XML 文档数据结构

在这种结构中,有且只有一个节点没有父节点,这个节点称为根节点。除此以外,其他节点有且只有一个父节点。理论上说一个 XML 文档可以包含任意深度、任意个数的子节点,但实际系统中由于受到存储条件和处理能力的限制,规定了子节点最大的深度和个数。

2. XML 文档的基本规定

W3C 为避免 HTML 标准不严格带来的问题,为 XML 制定了更严格的语法规则,有利于 XML 解析器解析 XML 文档,为数据交互共享提供了语法保证。XML 文档基本的语法规则列举如下。

(1) XML 文档有且只有一个根元素

XML 文档的根元素包含所有被视为文档数据内容的单个元素。根元素是在文档的序言码部分后出现的第 1 个元素,也称为文档元素。在【例 4-27】中,< book >就是该文档的根元素。

(2) 所有的 XML 元素必须包含结束标签

XML 文档中所有的元素都必须具有结束标签,否则 XML 文档在语法检查中将不能通过。

(3) 元素名区分大小写

(4) 元素的开始标签和结束标签的名称必须相同

XML 区分大小写,因此结束标签名称必须与其伴随的开始标签名称完全匹配。

(5) XML 元素不能交叉嵌套

如果一个元素的开始标签出现在另一个元素中,则该元素的结束标签也必须包含在其中。

(6) 所有的属性都必须使用引号

属性值必须用单引号或者双引号括起来。因此 username＝xiaoming 这样的写法是无效的,应该写成 username＝"xiaoming"。

(7) 在 XML 文档的文本中不能使用"<""">""&"等特殊字符

这些都是对于 XML 分析程序具有特定含义的特殊字符。如果需要在 XML 文档的文本中使用这些字符,则应使用转义字符。例如,< book name＝"<数学>" ></book >这样的写法是错误的,因为文本<数学>中使用了特殊字符,如果必须要使用这些字符,应该使用转义字符,这个例子中正确的写法是< book name＝"<数学 >" ></book >。在这里"<"用转义字符 <替换,而">"用转义字符 >替换。常见的几个转义字符如表 4-11 所示。

表 4-11　XML 中的转义字符表

特殊字符	转义符号	原因
&	&amp;	每一个代表符号的开头字符
<	&lt;	标签的开始字符
>	&gt;	标签的结束字符
"	&quot;	属性值的设定字符
'	&apos;	属性值的设定字符

3. XML 文档的基本结构

下面通过一个简单的 XML 文档来介绍文档的组成部分。

【例 4-28】简单的 XML 文档示例。

```
<?xml version = "1.0" encoding = "gb2312"? >
<?xml-stylesheet type = "text/xsl" href = "books.xsl"? >
<!--这里是一个 XML 的例子,说明 XML 的使用 -->
< books >
  < book category = "children">
  < booktitle > Brown Bear Brown Bear What Do You See? </booktitle >
  < author num = "1"> Eric Carle </author >
  < isbn > 9780312509262 </isbn >
  < publisher > Priddy Books </publisher >
  < publishtime > 2007 年 10 月 </publishtime >
  < price unit = "元"> 66.00 </price >
  < introduction >
          <![CDATA[< Eric Carle 绘本系列>、"英文原版"]]>
  </introduction >
</book >
< book category = " children ">
  < booktitle > I am a bunny </booktitle >
  < author num = "2"> Ole Risom,Richard Scarry </author >
  < isbn > 9780375827785 </isbn >
  < publisher > Golden Books </publisher >
  < publishtime > 2004 年 3 月 </publishtime >
  < price unit = "元"> 33.80 </price >
  < introduction >
          <![CDATA[< Golden Sturdy Book 丛书>、"英文原版"]]>
  </introduction >
</book >
</ books >
```

XML 文档的逻辑结构由以下几个部分构成:XML 声明、处理指令、注释、根元素、元素、属性、CDATA。

（1）XML 声明

XML 声明是 XML 文档的第 1 行。声明语句的信息主要包括 XML 版本信息、使用的字符集、是否是独立文档等。上例中 XML 文档的声明语句是:

```
<?xml  version = "1.0" encoding = "gb2312"? >
```

该语句说明 XML 的版本号是 1.0,字符编码是 GB2312,这便于 XML 解析器了解该 XML 文档的基本信息,以调用合适的处理模块。

（2）处理指令

处理指令是用来给处理 XML 文档的应用程序提供信息的,XML 解析器把这些信息原封不动地传给应用程序,由应用程序来解释这个指令,遵照它所提供的信息进行处理。处理指令应该遵循下面的格式:

```
<?处理命令名 处理指令信息？ >
```

如例中的处理指令<?xml-stylesheet type＝"text/xsl" href＝"books. xsl"? >,说明 XML 文档引用了外部的 books. xsl 文件用以定义文档的显示方式。

（3）注释

XML 文档可以包含注释,用于在 XML 文档中提供必要的说明以提高文档的可读性。注释以"<!--"开始,并以"-->"结束。在这些字符之间的文本会被 XML 解析程序忽略。上例 XML 文档中注释如下:

```
<!--这里是一个 XML 的例子,说明 XML 的使用 -->
```

使用注释是一个良好的习惯,但要注意注释不能出现在 XML 文档中的第 1 行,否则 XML 处理程序会出错。

（4）根元素

根元素是 XML 文档的主要部分。根元素包含文档的数据以及数据结构的信息。在【例 4-28】中,包含在< books >和</books >之间的部分为根元素。在 XML 文档中,根元素有且只能有一个。

根元素中的信息存储在两种类型的 XML 结构中:元素和属性。XML 文档中使用的所有元素和属性都嵌套在根元素中。

根元素是整个 XML 文档的主要部分,根元素中可以包含其他的元素,在这个例子中它包含了两个< book >元素,而< book >元素中又包含了其他的元素如< booktitle >和< author >元素。

（5）元素

元素是 XML 文档的基本结构单元,用于存放和组织数据。XML 元素是以树状结构组织的。XML 元素包含开始标签、元素内容和结束标签。由于 XML 区分大小写,所以,开始标签和结束标签必须完全匹配。元素内容可以包含文本、其他元素、字符引用或字符数据部分。在【例 4-28】中,< book >和</book >之间,< author >和</author >之间均是元素。< book >元素除了含有< booktitle >和< author >元素外,还含有 category 属性。

没有内容的元素称为空元素。空元素的开始标签和结束标签可以合并为一个标签,如< book/>。

（6）属性

元素的开始标签中可以包含属性,用于包含元素的额外信息。属性包含属性名称和属性值,使用等号分隔属性名称和属性值。属性值包含在单引号或者双引号中。当属性值本身含有单引号时,则用双引号作为属性的界定符,当属性中既包含单引号,又包含双引号时,属性值中的引号必须用实体引用方式来表示。

一个元素不能拥有相同名称的两个或者多个属性,不同的元素可以拥有两个相同名称的属性,例如下面的例子是不合法的,因为出现了两个名称相同的属性 category。

    < book category = "IT" category = "children">

【例 4-28】中 unit 是< price >元素的一个属性,元素可以含有一个或者多个属性,但是属性名不能重复。同名的属性可以出现在多个元素中,如 unit 属性也可以出现在别的元素中。

(7) CDATA

在前面已经指出,出现在元素内容中的特殊字符如"<"">"等必须使用转义字符表示。但对有些程序来说,如果特殊字符出现的情况比较多,使用转义字符是比较麻烦的,如数学公式中会经常用到"<"">"符号。

CDATA 区段就是为了解决这个问题而引入的。它用<![CDATA[和]]>进行定界。在CDATA 区段内,所有的标识、实体引用都被忽略,而被 XML 解析器一视同仁地作为字符数据看待。CDATA 的形式如下:

    <![CDATA[文本内容]]>

CDATA 必须放在元素内容中,CDATA 的文本内容中不能出现字符串"]]>",另外,CDATA 不能嵌套。

下面的例子使用 CDATA 区段将一个 XML 例子插入另一个 XML 文档中。

【例 4-29】CDATA 区段示例。

```
<?xml version = "1.0"? >
< example >
  <![CDATA[
    <?xml version = "1.0"? >
    < entry >
        < name > John Doe </name >
        < email href = "mailto:jdoe@jerry.com" />
    </entry >
  ]]>
</example >
```

注意在 CDATA 节中,大量地使用了特殊字符"<"">",但是其中并没有使用转义字符。

在【例 4-28】中,<![CDATA[< Eric Carle 绘本系列>、"英文原版"]]>是一个 CDATA 区段,它使用<![CDATA[和]]>将要表示的字符串包含在中间。注意 CDATA 区段中的字符串出现了 XML 文档中的保留字符"<"">"等,这在 CDATA 区段中是允许的,它会将内容原封不动地传递给处理程序。

4.6.3 XML 的命名空间

XML 是一种自定义的标记语言,在 XML 文档中使用的标签可以自己定义。不同行业或者不同企业在定义标签名时,可能会使用同样的标签名来标注不同的数据内容。例如,"模型"这个词,在数学领域中的含义是"数学模型",而在机械领域中的含义是"产品模子"。这势必会造成理解和处理上的混乱,为了解决这个问题,XML 引入了命名空间的概念。

命名空间(Namespace)是 W3C 推荐标准提供的一种统一命名 XML 文档中的元素和属性的机制。它通过给元素或属性加上命名空间,可以唯一地标识一个元素或属性,从而避免名称相同带来的问题。

以下是一个存在名称冲突的 XML 文档,其中描述了图书信息。

【例 4-30】 存在名称冲突的 XML 文档示例。

```
<?xml version = "1.0" encoding = "gb2312"? >
< book category = "children">
    < title > Brown Bear Brown Bear What Do You See? </title >
    < author >
      < name > Eric Carle </name >
      < title >国际儿童文学大师,绘本专家</title >
    </author >
    < price unit = "元"> 66.00 </price >
</book >
```

上面的例子都使用了两次< title >标签,但一个的含义是"书名",而另一个的含义是"头衔",它们同时出现在一个 XML 文档中,势必会造成理解上的混乱,为了区分这两个不同的标签,可以通过为标签名指定命名空间的办法来区分。

命名空间可以分为有前缀的命名空间和无前缀的命名空间。

有前缀的命名空间声明语法如下:

```
xmlns:前缀名 = 命名空间名称
```

声明语句以元素属性的形式出现在元素的开始标签中。xmlns:前缀名是属性名,命名空间名称是属性值。其中 xmlns 是命名空间声明的关键字,前缀名是自定义的标识符,用于指代命名空间名称。W3C 推荐使用 URI 作为命名空间的名称,但这里的 URI 不一定是一个真实的资源地址,不会被解析器用来查找信息,它唯一的用途是赋予该命名空间一个唯一的标识。

如果有一个标签中声明了有前缀的命名空间,则隶属于该命名空间的标签和子孙标签,均需在标签名前引用前缀名。

【例 4-31】 有前缀的命名空间使用示例。

```
<?xml version = "1.0" encoding = "gb2312"? >
< b:book xmlns:b = http://www.w3school.com.cn/book category = "children">
    < b:title > Brown Bear Brown Bear What Do You See? </b:title >
    < p:author xmlns:a = http://www.w3school.com.cn/person >
    < p:name > Eric Carle </p:name >
    < p:title >国际儿童文学大师,绘本专家</p:title >
    </p:author >
    < b:price unit = "元"> 66.00 </b:price >
</b:book >
```

从例子中的< p:author xmlns:a= http://www.w3school.com.cn/person > 可以看出,在< p:author >的开始标签中声明了有前缀的命名空间,http://www.w3school.com.cn/person 是该命名空间的标识,由前缀 p 代表。

注意这个例子跟前面的例子相比,在标签名前面都加上了前缀 b 或 p,以区分"书名"和"头衔",而这里的前缀 b 和 p 代表了不同的命名空间,隶属于这两个不同的命名空间的< title >的含义是不一样的。

有前缀的命名空间需要为每一个元素设置前缀名,对于一个长文档来说,操作会比较烦琐。通常可以将文档中使用较多的命名空间指定为默认名字空间,由此产生了无前缀的命名空间。

无前缀的命名空间声明语法如下：

xmlns = 命名空间名称

若一个标签声明了无前缀的命名空间，则该标签及其无前缀的子孙标签都默认隶属于这个命名空间。使用默认命名空间时不需要在标签名前显式地引用命名空间标识符。

【例 4-32】无前缀的命名空间使用示例。

```
<?xml   version = "1.0" encoding = "gb2312"? >
< book xmlns = http://www.w3school.com.cn/book category = "children">
    <title > Brown Bear Brown Bear What Do You See? </title >
    < p:author xmlns:a = http://www.w3school.com.cn/person >
    < p:name > Eric Carle </p:name >
    < p:title >国际儿童文学大师，绘本专家</p:title >
    </p:author >
    < price unit = "元">66.00</price >
</book >
```

该例子中所有不带前缀的标签，都是使用了命名空间"http://www.w3school.com.cn/book"。这种写法省去了大量书写前缀的烦琐工作，简化了文档。

4.6.4 XML 文档的定义和验证

XML 是为数据共享交互设计的，而作为一种元标记语言，不同的开发团队可能采用不同的数据格式、标签格式，导致数据交流不畅、阻碍设备/程序间的文档交换。如【例 4-33】和【例 4-34】所示，图书出版行业的不同书商采用不同的标签描述具有相同含义的图书信息，将导致交流障碍。

【例 4-33】书商 A 用于描述图书信息的文档。

```
<?xml version = "1.0" encoding = "gb2312"? >
< book category = "children">
    < booktitle > Brown Bear Brown Bear What Do You See? </booktitle >
    < author num = "1"> Eric Carle </author >
    < isbn > 9780312509262 </isbn >
    < publisher > Priddy Books </publisher >
    < publishtime > 2007 年 10 月 </publishtime >
    < price unit = "元">66.00</price >
</book >
```

【例 4-34】书商 B 用于描述图书信息的文档。

```
<?xml version = "1.0" encoding = "gb2312"? >
<图书>
    <分类>儿童</分类>
    <书名> Brown Bear Brown Bear What Do You See? </书名>
    <作者> Eric Carle </作者>
    < isbn > 9780312509262 </ isbn >
    <出版信息>
        <出版社> Priddy Books </出版社>
        <出版时间> 2007 年 10 月</出版时间>
```

```
</出版信息>
<价格> 65.00 元</价格>
</图书>
```

从例子中可以看到,同样是描述图书信息,两个文档的数据结构和元素标签名、属性都有所差异。如果由程序来解析处理将导致数据难以交流共享。为解决这一问题,需要不同领域的从业者针对各自领域的特点制定共通的模式信息,用于规范和约束 XML 文档,保证数据交流和共享的顺利进行。

XML 模式信息是描述数据及其结构的模型,用于定义文档的数据结构、词汇表和语法规则。模式信息对文档的逻辑结构进行了约束,这种约束可以比较宽松,也可以十分严格。它不仅可以规定 XML 文档中应包含哪些元素、属性,还可以规定元素之间的内在联系,比如元素之间如何嵌套、它们出现的顺序、元素可以包含的属性,等等。模式信息相当于 XML 文档的模板,各行业或组织应根据自己行业的特点建立适应性良好的规范的模板,方便行业内、组织内统一文档格式,以便数据更好地交互分享。

制定 XML 模式信息即是文档的定义。文档的定义使用户能够不依赖具体的数据就知道文档的逻辑结构。在没有 XML 文档的时候,也可以根据文档定义为 XML 文档编写处理程序,这样可以有效地提高工作效率。

将创建的 XML 文档与模式信息进行比较,即文档的验证。若该文档与模式信息列出的规则相匹配,则称为一个有效的文档。一个完整意义的 XML 文档不仅应是符合语法规范的"格式良好"的文档,还应该是一个有效的文档。

目前常用的撰写 XML 模式信息、实现文档定义和验证的语言是由 W3C 推荐的 DTD (Document Type Definition)和 XML Schema。

1. DTD

DTD 中描述的基本部件是元素和属性,它们负责确定 XML 文档的逻辑结构。元素表示一个信息对象,而属性表示这个对象的性质。DTD 的语法与 XML 有所不同,基本结构包括 XML 文档元素的声明、元素的相互关系、属性列表声明,等等。

以下面的例子来看 DTD 是怎么定义 XML 的文档结构的。

【例 4-35】DTD 使用示例。

```
<!DOCTYPE book[
    <!ELEMENT book(booktitle,author,isbn,publisher,publishtime,price)>
    <!ELEMENT booktitle (#PCDATA)>
    <!ELEMENT author (#PCDATA)>
    <!ELEMENT isbn (#PCDATA)>
    <!ELEMENT publisher (#PCDATA)>
    <!ELEMENT publishtime (#PCDATA)>
    <!ELEMENT price (#PCDATA)>
]>
```

在上例中可以看出,<!DOCTYPE 表示 DTD 声明的开始,其后的 book 表示 XML 文档的根元素名。后续由<!和>括起来的内容均是 DTD 定义的内容,]>标明了声明结束。其中规定了:

- 根元素< book >包含子元素< booktitle >、< author >、< isbn >、< publisher >、< publishtime >、< price >。

- 元素< booktitle >、< author >、< isbn >、< publisher >、< publishtime >、< price >的文本内容是可解析的文本♯PCDATA(Parsed Character Data),也就是说,这些元素的文本中不能再含有其他子元素。因此这种写法< author > Alice < sex > female </sex ></ author >就是错误的,因为 Alice < sex > female </sex >中含有标签< sex >。

(1) DTD 中元素的定义

在 DTD 中,元素的定义方式如下:

```
<!ELEMENT 元素名 元素定义)>
```

元素定义可以有几种方式。

- 当包含多个子元素时,可以将子元素的名称列出,如前面的例子<!ELEMENT book (booktitle,author,isbn,publisher,publishtime,price)>。
- 当要在多个互斥的子元素中选择一个时,用|将子元素隔开,如<!ELEMENT publish (publisher|ISBN|pubdate)>,表示子元素< publisher > 、< ISBN >、< pubdate >都是可选的。
- 当没有下一级子元素时,元素定义写成(♯PCDATA),表示字符类型数据,如 <!ELEMENT author(♯PCDATA)>。
- 当不确定是否有元素时,使用 ANY 关键词,如<!ELEMENT description ANY>。
- 当需要对子元素出现的次数进行控制时,使用? * ＋控制。其中?表示可能出现一次或者不出现;*表示可能不出现或者出现多次;＋表示出现一次或者多次,但至少出现一次。例如,

```
<!ELEMENT book(booktitle,author,isbn,publisher,publishtime,price) +>
```

(2) DTD 中属性的定义

在 DTD 中,还必须对属性进行定义。属性的定义格式如下:

```
<!ATTLIST 元素名 属性名 属性类型 属性附加声明>
```

属性的类型最常见的有两种,一种是 CDATA 型,一种是 Enumerated 型。

- CDATA 型

表明属性值不包含<和"等保留字符,如果属性值中需要包含这些字符,需要使用转义字符。

- Enumerated 型

如果属性值不是任意的字符串,而是在几个可能的值中进行选择,如书籍的类别属性,可以为"历史""地理""文学"等,不能为其他情况时,可以将类别属性设定为 Enumerated 型。这种类型不需要在定义中显式地指出。例如,

```
<!ATTLIST bookinfo category("历史"|"地理"|"文学")>
```

属性的类型除了最常见的 CDATA 和 Enumerated 外,还可能有其他几种类型:ID、IDREF 和 IDREFS 型、ENTITY 和 ENTITIES 型、NMTOKEN 和 NMTOKENS 型、NOTATION 型。具体说明请参考相关文档。

属性附加声明用于描述属性额外的相关信息。常用的属性附加声明包括♯REQUIRED、♯IMPLIED、♯FIXED"固定值"以及"默认值"。具体说明请参考相关文档。

例如,<!ATTLIST memory unit CDATA "MB">,这里定义了 memory 元素中的 unit 属性,类型是 CDATA,表示字符类型数据,引号括起来的表示默认值是"MB"。

当某元素有多个属性时,应对每个属性都加以声明,对属性的先后顺序没有要求。

【例 4-36】声明属性示例。

```
<!ELEMENT price(♯PCDATA)>
<!ATTLIST price unit CDATA "元">
<!ATTLIST price expirationdate CDATA "11.11">
```

上述代码将属性的声明放在其相关的元素声明之后。

```
<!ATTLIST price unit CDATA "元">
<!ATTLIST price expirationdate CDATA "11.11">
<!ELEMENT price(♯PCDATA)>
```

上述代码则将属性的声明放在其相关的元素声明之前。

(3) DTD 的使用

DTD 有两种使用方式:内部 DTD 和外部 DTD。所谓内部 DTD 是指 DTD 的定义和 XML 文档写在同一个文档中,外部 DTD 是指 XML 文档引用一个扩展名为 DTD 的独立文件。

【例 4-37】是一个引用内部 DTD 的文档。

【例 4-37】引用内部 DTD 的文档示例。

```
<?xml   version = "1.0" encoding = "gb2312"? >
    <!DOCTYPE book[
    <!ELEMENT book(booktitle,author,isbn,publisher,publishtime,price)>
    <!ELEMENT booktitle (♯PCDATA)>
    <!ELEMENT author (♯PCDATA)>
    <!ATTLIST author num CDATA "1">
    <!ELEMENT isbn (♯PCDATA)>
    <!ELEMENT publisher (♯PCDATA)>
    <!ELEMENT publishtime (♯PCDATA)>
    <!ELEMENT price (♯PCDATA)>
    <!ATTLIST price unit CDATA "元">
]>
< book >
    < booktitle > Brown Bear Brown Bear What Do You See? </booktitle >
    < author num = "1"> Eric Carle </author >
    < isbn > 9780312509262 </isbn >
    < publisher > Priddy Books </publisher >
    < publishtime > 2007 年 10 月 </publishtime >
    < price unit = "元"> 66.00 </price >
</book >
```

例子中 DTD 的定义写在了 XML 文档中。

引用外部 DTD 也分为两种情况,一种是引用私有的外部 DTD,即自定义的 DTD,如公司开发小组定义的 DTD;另一种是引用国际标准组织发布的技术建议或者某一领域公开的标准 DTD。

【例 4-38】引用私有的外部 DTD 的文档示例。

```
<?xml   version = "1.0" encoding = "gb2312"? >
<!DOCTYPE book SYSTEM "mydef.DTD">
```

...

其中 book 是该 XML 文档的根元素,它引用了自定义的 mydef. DTD 文档。

【例 4-39】为一个引用公开外部 DTD 的文档。

【**例 4-39**】引用公开外部 DTD 的文档示例。

```
<?xml version = '1.0' encoding = 'UTF-8'? >
<!DOCTYPE hibernate-configuration PUBLIC
        "-//Hibernate/Hibernate Configuration DTD 3.0//EN"
        "http://hibernate.sourceforge.net/hibernate-configuration-3.0.dtd">
```

...

hibernate-configuration 是该 XML 文档的根元素,它引用了某组织公开定义好的"-//Hibernate/Hibernate Configuration DTD 3. 0//EN"文档,该文档的 URL 为"http://hibernate. sourceforge. net/hibernate-configuration-3. 0. dtd"。

2. XML Schema

使用 DTD 虽然带来较大的方便,但 DTD 也有一些不足:一是它用不同于 XML 的语言编写,需要不同的分析器技术,这对于工具开发商和开发人员都是一种负担;二是 DTD 不支持名称空间;三是 DTD 在支持继承和子类方面的局限性;最后,DTD 没有数据类型的概念。

为解决这些问题,W3C 在 2001 年 5 月正式发布了 XML Schema 的推荐标准,经过数年的大规模讨论,成为 XML 环境下首选的数据建模工具。XML Schema 是继 DTD 之后第 2 代用来定义和验证 XML 文件的标准。它拥有许多类似 DTD 的准则,但又要比 DTD 强大一些。XML Schema 本身是一个有效的 XML 文档,文件扩展名为. xsd。通过该文档可以更直观地了解所定义的 XML 文档结构。

【例 4-40】是一个 XML Schema 的使用示例。

【**例 4-40**】XML Schema 的使用示例。

```
<?xml    version = "1.0" encoding = "gb2312"? >
< xsd:schema xmlns:xsd = "http://www.w3.org/2001/XMLSchema">
        < xsd:element name = "book">
            < xsd:complexType >
            < xsd:sequence >
                < xsd:element name = "booktitle" type = "xsd:string" />
                < xsd:element name = "author" type = "xsd:string" />
                < xsd:element name = "isbn" type = "xsd:string" />
                < xsd:element name = "publisher" type = "xsd:string" />
                < xsd:element name = "publishtime" type = "xsd:string" />
                < xsd:element name = "price" type = "xsd:integer" />
            </xsd:sequence >
            </xsd:complexType >
        </xsd:element >
</xsd:schema >
```

这个例子第 1 句为 XML 文档声明语句,根元素为< xsd:schema >,其属性 xmlns:xsd = "http://www. w3. org/2001/XMLSchema"表明在 XML Schema 中定义了命名空间。< xsd:element name = "book">是元素声明语句,为 XML 文档定义了一个根元素< book >,该元素是一个复杂类型< xsd:complexType >,它包含了子元素< booktitle >、< author >…,等等。这些子

元素是顺序排列的,因此使用了 sequence 标签,将这个顺序排列的子元素包含起来。每个子元素都有自己的类型,类型可以是简单类型也可以是复杂类型。在这个例子中的子元素都是简单类型,如元素< booktitle >是 string 型的,元素< price >是 integer 型的。

以这个例子和 DTD 定义做一个对比,发现它们有以下的不同。

- XML Schema 的语法和 XML 文档的语法相同,而 DTD 的语法与 XML 文档的语法不同。
- XML Schema 的元素有"类型"的概念。例如,根元素< book >是复杂类型,元素< booktitle >是 string 型,元素< price >是 integer 型。在 DTD 中是没有这种概念的。
- 在 XML Schema 中有命名空间的概念,如 xsd 等,在 DTD 中则没有。

4.6.5 XML 的显示

XML 是一种计算机程序间交换原始数据的简单而标准的方法,它采用树状格式组织数据,将数据内容和显示格式分离,因此单纯的 XML 文本并不太容易被人们阅读。

【例 4-41】用 XML 文档描述购物车信息示例。

```
<?xml   version = "1.0" encoding = "gb2312"? >
< shoppingCart >
    < item >
        < itemNo > 1001 </itemNo >
        < booktitle > Brown Bear Brown Bear What Do You See? </booktitle >
        < author num = "1"> Eric Carle </author >
        < isbn > 9780312509262 </isbn >
        < publisher > Priddy Books </publisher >
        < publishtime > 2007 年 10 月 </publishtime >
        < price unit = "元"> 66.00 </price >
    </item >
    < item >
        < itemNo > 1002 </itemNo >
        < booktitle > I am a bunny </booktitle >
        < author num = "2"> Ole Risom,Richard Scarry </author >
        < isbn > 9780375827785 </isbn >
        < publisher > Golden Books </publisher >
        < publishtime > 2004 年 3 月 </publishtime >
        < price unit = "元"> 33.80 </price >
    </item >
</shoppingCart >
```

将该文档在 IE 中打开时,显示效果如图 4-32 所示。

在浏览器窗口中以树状的形式来显示 XML 文件,与我们在平常的网站上看到的形式大不相同,这是因为 XML 中存储的是格式化数据的信息,并没有数据显示方式的信息。

为了使数据便于人们的阅读和理解,需要将信息显示或者打印出来,通常完成 XML 显示功能的包括 CSS 和 XSL。

CSS 是一种描述由标记语言撰写的文档的显示外观的样式语言,它定义了如字体、颜色、位置等样式,用于格式化显示页面布局和外观,并能对排版进行精确控制。XML 文档可以通过 CSS 达到页面美观的要求。

```
<?xml version="1.0" encoding="GB2312"?>
- <shoppingCart>
    - <item>
        <itemNo>1001</itemNo>
        <booktitle> Brown Bear Brown Bear What Do You See?</booktitle>
        <author num="1"> Eric Carle </author>
        <isbn>9780312509262</isbn>
        <publisher> Priddy Books </publisher>
        <publishtime> 2007年10月 </publishtime>
        <price unit="元">66.00</price>
      </item>
    - <item>
        <itemNo>1002</itemNo>
        <booktitle> I am a bunny</booktitle>
        <author num="2"> Ole Risom, Richard Scarry </author>
        <isbn> 9780375827785 </isbn>
        <publisher> Golden Books </publisher>
        <publishtime> 2004年3月 </publishtime>
        <price unit="元">33.80</price>
      </item>
  </shoppingCart>
```

图 4-32 运行结果

但由于 CSS 本身是为 HTML 设计的,在处理结构复杂的 XML 文本时具有局限性。因此 W3C 针对 XML 设计了一种样式语言,即 XSL。它遵循 XML 规范、符合 XML 语法规则,在样式设计上比 CSS 的功能更强大、灵活,例如可以将数据变成一个 HTML 文件或 PDF 文件等。

XSL 主要由 3 部分组成:第 1 部分是数据转换语言(XSLT,XSL Transformations),是用于转换 XML 文档的语言,将 XML 文档从一种格式转换为另一种格式,得到的文档可以是 HTML、XHTML 或任何其他基于文本的文档。目前 XSLT 最主要的功能是将 XML 转换为 HTML 显示在客户端。第 2 部分是数据格式化语言(XSL-FO,XSL Formation Object),它是用于格式化 XML 文档的语言,定义格式化命令,配合屏幕显示要求精确地设置文档外观。目前 XSL-FO 的发展不太成熟,浏览器相应的支持较少。第 3 部分是寻址语言(Xpath),它是描述节点位置的语言,在使用 XSLT 对 XML 文档进行转换时,针对 XML 树状结构的节点进行操作,常常需要结合 Xpath 对节点进行寻址。

以下通过一个例子说明如何使用 XSL 将 XML 文档转换为 HTML 文档进行显示。首先在文档中加入处理指令说明显示信息,如【例 4-42】所示。

【例 4-42】引用外部样式表的 XML 文档示例。

```
<?xml version = "1.0" encoding = "GB2312"? >
<?xml-stylesheet type = "text/xsl" href = "shoppingcart.xsl"? >
< shoppingCart >
    < item >
        < itemNo > 1001 </ itemNo >
        < booktitle > Brown Bear Brown Bear What Do You See? </ booktitle >
        < author > Eric Carle </ author >
        < isbn > 9780312509262 </ isbn >
        < publisher > Priddy Books </ publisher >
        < publishtime > 2007 年 10 月 </ publishtime >
```

```
              < price unit = "元"> 66.00 </price>
         </item>
         < item>
                < itemNo> 1002 </itemNo>
                < booktitle> I am a bunny</booktitle>
                < author> Ole Risom,Richard Scarry</author>
                < isbn> 9780375827785 </isbn>
                < publisher> Golden Books</publisher>
                < publishtime> 2004 年 3 月 </publishtime>
                < price unit = "元"> 33.80 </price>
         </item>
    </shoppingCart>
```

与前面一个文档相比,此文档中多出了一句<?xml-stylesheet type = "text/xsl" href = "shopping. xsl" ? >,这句代码的含义是此 XML 文档的显示方式参考 shopping. xsl 转换文件的定义。

接下来,定义一个 shopping. xsl 文档,如【例 4-43】所示。

【例 4-43】定义 shopping. xsl 文档。

```
<?xml version = "1.0" encoding = "GB2312"? >
< xsl:stylesheet version = "1.0" xmlns:xsl = "http://www.w3.org/1999/XSL/Transform">
< xsl:template match = "/">
  < html>
    < head>
          <title>购物车</title>
    </head>
  < body>
    < table border = "1">
    < caption>购物车的内容</caption>
      < tr>
          < th>编号</th>
          < th>书名</th>
          < th>作者</th>
          < th> ISBN 号</th>
          < th>出版社</th>
          < th>出版时间</th>
          < th>价格</th>
      </tr>
      < xsl:for-each select = "shoppingCart/item">
      < tr>
          < td>< xsl:value-of select = "itemNo"/></td>
          < td>< xsl:value-of select = "booktitle"/></td>
          < td>< xsl:value-of select = "author"/></td>
          < td>< xsl:value-of select = "isbn"/></td>
          < td>< xsl:value-of select = "publisher"/></td>
```

```
                <td><xsl:value-of select="publishtime"/></td>
                <td><xsl:value-of select="price"/></td>
              </tr>
            </xsl:for-each>
          </table>
        </body>
      </html>
    </xsl:template>
  </xsl:stylesheet>
```

在该文档中,使用的语法与 HTML 非常相似,不同的是,里面有一些是 XSL 的语法。其中的几条解释如下。

<xsl:template match="/">:表示从 XML 文档 shopping.xml 的根节点开始遍历整个文档的内容,根据后续的代码提取 XML 文档中的相关内容。

<xsl:for-each select="shoppingCart/item">:XML 文档 shopping.xml 中有一个根元素 shoppingCart,其下面有 2 个子元素 item,该语句的意思是对于每个 item 元素,均执行后续的操作。包含在<xsl:for-each>和</xsl:for-each>之间的内容类似一个循环体。在本例中被执行了 2 次。其中使用"/"定位节点路径则是 Xpath 提供的寻址方式。

<xsl:value-of select="itemNo" />:提取元素 itemNo 中的文本。

将 shopping.xml 用浏览器打开,其显示效果如图 4-33 所示。

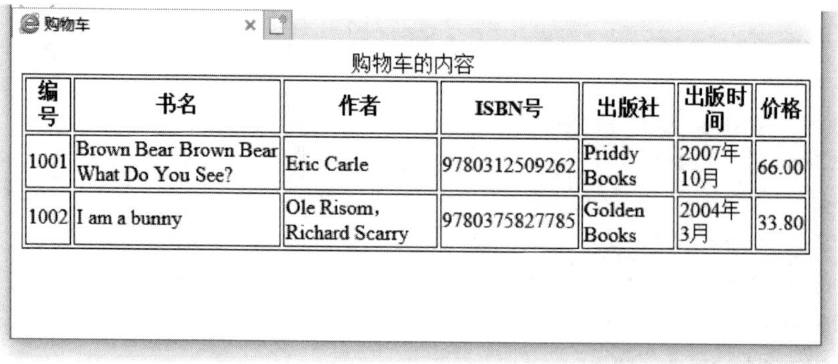

购物车的内容

编号	书名	作者	ISBN号	出版社	出版时间	价格
1001	Brown Bear Brown Bear What Do You See?	Eric Carle	9780312509262	Priddy Books	2007年10月	66.00
1002	I am a bunny	Ole Risom, Richard Scarry	9780375827785	Golden Books	2004年3月	33.80

图 4-33　运行结果

与图 4-32 的显示效果相比较可以看出,同样内容的一个 XML 文档,本例中由于借助了 XSL 的显示定义,把 XML 文档转换成 HTML 文档,使 XML 文档用一种更直观易懂的方式来展现数据的内容。由上面的分析可知,XSL 实际上采用的是一种转换的思想,它和 Xpath 紧密结合,将 XML 文档转换为另一种可用于输出的文档。

4.6.6　XML 的解析

1. XML 解析器概述

XML 作为一种通用的描述和组织数据的方式,其平台无关性、语言无关性、系统无关性给数据集成与交互带来了极大的方便。在很多实际应用中,用户或程序需要从 XML 文档中提取需要的信息。例如,应用程序可能需要从描述图书信息的 XML 文档中提取价格信息进行分析处理。这就需要用到 XML 解析器。

XML 解析器是 XML 文档和应用程序中间的一个软件组织,它能识别 XML 语法、载入 XML 文档并分析其结构、提取相应的数据内容。XML 应用一般都是围绕解析器建立的。

目前常用的解析器有以下两种。

(1) 基于 DOM 的解析器

DOM 是 W3C 制定的一套规范(http://www.w3.org/DOM/),其基本思想是在内存中建立与文档对应的树形结构模型,并提供一系列与浏览器、平台、语言无关的面向对象的编程接口,以便灵活地操作文档的各个组成部分。它既可以用于 HTML 文档解析,也可以用于 XML 文档解析。

(2) 基于事件处理的解析器 SAX

SAX(Simple API for XML)解析器提供了与平台、语言无关的开源的 API 用于解析 XML 文档,其核心是事件处理机制。在解析时 SAX 解析器需要扫描 XML 文档,每读到文档的一个组成部分时,如一个 XML 元素时,就会触发一个事件,相应的事件监听器监听到事件发生后调用相应的事件处理方法,应用程序通过事件处理方法实现对 XML 文档的操作。

两种解析器各有自己的特点。DOM 将文档的树形结构映射在内存中,可以方便地操作树中的节点,提取需要的信息。但如果 XML 文档较大,或者只需要解析文档的一部分,则会占用大量的内存空间。而 SAX 以序列的形式处理文档,对内存需求较少,且当找到需要的信息时,SAX 可以随时终止解析。不过因为 SAX 没有将整个文档载入内存,所以它不能对文档进行随机访问,而且开发人员只能按顺序处理数据,在处理包含大量交叉引用的文档时会有局限。

下面主要介绍 DOM 解析器。

2. XML DOM 的文档结构

XML DOM 定义访问和操作 XML 文档的标准方法,它定义了 XML 文档元素的对象和属性以及访问它们的接口,使应用程序能动态访问操作文档的结构、样式和内容。DOM 实际也是一组语言中立的 API,它将 XML 文档看作一个文档对象,可以使用某种编程语言,如 Java、JavaScript 等,遵循 DOM 的规范实现其定义的文档操作的属性和方法,就可以对文档对象进行访问和操作了。

DOM 解析器在解析 XML 文档时会将其载入内存并建立一个树形的层次化对象模型来表示文档。DOM 将 XML 文档看作一棵节点树,文档的每一个组成部分,如每个标签、文本、属性都视为树中的一个节点。DOM 文档结构的节点可以分为以下几种不同的类型:

- 整个文档是一个文档节点,对应节点树的最顶端节点即根节点;
- 每一个 XML 标签都是一个元素节点;
- 包含在 XML 元素中的文本是文本节点;
- 每一个 XML 属性为一个属性节点;
- 注释属于注释节点。

此外还包括不太常用的 CDATA 类型、处理指令类型的节点。

和 HTML DOM 一样,节点与其他节点存在某种层次关系,可以用父、子、同级节点来描述。父节点拥有子节点,拥有相同父节点的子节点称为同级节点,它们位于相同层级上。文档节点是整个文档中所有其他节点的父节点。元素节点可以有其他元素节点、属性节点、文本节点作为其子节点。这些多层节点共同构成了文档树,它展示了节点的集合以及它们之间的联系。如【例 4-44】所示的 XML 文档可以由图 4-34 的节点树表示。

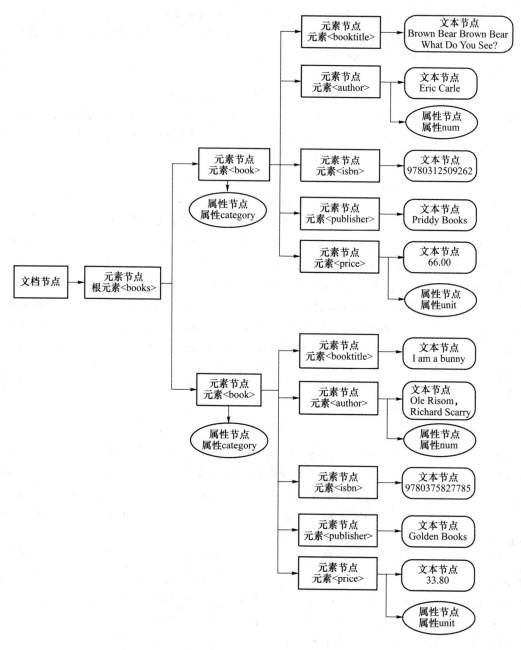

图 4-34 XML 文档的文档树示例

【例 4-44】一个 XML 文档示例：bookinfo. xml。

```
<?xml version = "1.0" encoding = "gb2312"? >
< books >
    < book category = "children">
    < booktitle > Brown Bear Brown Bear What Do You See? </booktitle >
    < author num = "1"> Eric Carle </author >
    < isbn > 9780312509262 </isbn >
    < publisher > Priddy Books </publisher >
    < price unit = "元">66.00 </price >
```

```
</book>
<book category = " children ">
    <booktitle> I am a bunny </booktitle>
    <author num = "2"> Ole Risom,Richard Scarry </author>
    <isbn> 9780375827785 </isbn>
    <publisher> Golden Books </publisher>
    <price unit = "元"> 33.80 </price>
</book>
</books>
```

由上例可以看到,整个 XML 文档对应了文档节点,它也是节点树的起点。XML 文档的根元素<books>对应了文档节点的一个元素类型的子节点。文档中其他元素均包含在根元素内。根节点下包含 2 个同级元素子节点指代< book >标签。< book >元素节点带有属性节点,表示< book >元素属性 category。每个< book >元素节点包含 5 个同级元素子节点:< booktitle >、< author >、< isbn >、< publisher >和< price >。它们各自带有文本节点,< author >和< price >元素节点还包含属性节点。

3. XML DOM 接口和对象

DOM 规范提供了一系列节点接口,将每个节点看成一个可以交互的对象,定义了各自拥有的属性和方法。DOM 接口是一组方法声明的集合,它包含许多类型。常用的基本接口有 Document 接口、Node 接口、NodeList 接口、NamedNodeMap 接口、Element 接口、Text 接口、CDATASection 接口和 Attr 接口等。某个类型的接口是针对节点树的某个对象的一系列方法。按照 DOM 规范通过编程语言实现相关接口的一个对象,即为 DOM 对象。例如,使用 JavaScript 实现了 Element 接口的对象,即获得一个 Element 对象,里面封装了元素节点的属性和元素操作方法。下面对常见的对象和接口进行简要介绍。

- Document 对象代表整个文档,Document 接口提供了对文档数据的最初(或最顶层)的访问入口和创建其他节点对象的方法,它是从 Node 接口继承过来的。
- Node 对象代表了树中的一个节点,Node 接口提供了访问节点信息的方法。Node 接口是其他大多数接口的父类,如 Document、Element、Attr、Text、Comment 等接口都是从 Node 接口继承过来的。
- NodeList 对象代表一个有顺序的节点列表,包含某个节点中的所有子节点,NodeList 接口提供了通过节点索引号来访问节点列表中的节点的方法。
- NamedNodeMap 对象表示一个无顺序的节点列表,通过 NamedNodeMap 接口可以建立节点名和节点之间的一一映射关系,从而利用节点名可以直接访问节点列表中的节点。
- Element 对象代表文档中的元素,元素可包含属性、其他元素或文本。如果元素含有文本,则在文本节点中表示该文本。Element 接口继承自 Node 接口和 NodeList 接口,提供操作元素的方法。
- Text 对象表示元素或属性的文本内容,通过 Text 接口可以访问文本节点的文本内容。

XML 文档在加载到内存中时都会被转化成由不同类型的多层节点构成的节点树。XML DOM 规范和 HTML DOM 类似,也提供了一系列节点接口,定义了 DOM 对象的属性和方法,典型的 DOM 属性和方法如表 4-12 所示。通过这棵树状的层次化对象模型和 DOM 接口就可以访问、修改、添加、删除、创建树中的节点和内容,以实现对 XML 文档的操作。

表 4-12　典型的 DOM 属性和方法示例

典型属性	说明	典型方法	说明
node. nodeName	节点对象 node 的名称	node. getElementsByTagName(name)	获取标签名为 name 的所有元素
node. nodeValue	节点对象 node 的值	node. appendChild(childnode)	向 node 插入子节点
node. childNodes	节点对象 node 的子节点	node. createElement(name)	创建具有 name 标签名的子节点

4. 使用 DOM 访问 XML 文档

下面采用 JavaScript 语言简要介绍通过 DOM 访问 XML 文档的过程。所有浏览器都内建了用于读取和操作 XML 的 XML 解析器。解析器把 XML 文档读入内存,并把它转换为可被 JavaScript 访问的 XML DOM 对象。

使用 DOM 访问 XML 文档需要首先加载 XML 文档并创建 DOM 对象,然后再调用 DOM 接口实现对文档的操作。

在 IE 中通过 JavaScript 加载 XML 文档,可以使用下述语句:

```
xmlDoc = new ActiveXObject("Microsoft.XMLDOM");
xmlDoc.async = "false";
xmlDoc.load("bookinfo.xml");
```

其中第 1 句用于创建微软 XML 文档对象,第 2 句关闭异步加载,这样可使解析器在文档完整加载之前不继续执行脚本,最后一句告知解析器加载名为 “bookinfo. xml” 的文档。其他浏览器中的解析器使用 DOMParser 对象进行加载,与微软解析器有所差别。可以用以下函数在不同浏览器中加载文档,该函数存储在名为 “loadxmldoc. js” 的文件中。

```
function loadXMLDoc(dname)
{
try //Internet Explorer
  {
  xmlDoc = new ActiveXObject("Microsoft.XMLDOM");
  }
catch(e)
  {
  try //Firefox, Mozilla, Opera, etc.
    {
    xmlDoc = document.implementation.createDocument("","",null);
    }
  catch(e) {alert(e.message)}
  }
try
  {
  xmlDoc.async = false;
  xmlDoc.load(dname);
  return(xmlDoc);
```

```
        }
catch(e) {alert(e.message)}
return(null);
}
```

下面的例子给出一个 HTML 文档,在<head>元素中包含了一个指向"loadxmldoc.js"的链接,并使用 loadXMLDoc()函数加载【例 4-45】所示的 XML 文档 ("bookinfo.xml")。

【**例 4-45**】遍历访问文档元素示例。

```
<html>
    <head>
        <script type = "text/javascript" src = "loadxmldoc.js">
        </script>
    </head>

    <body>
        <script type = "text/javascript">
        xmlDoc = loadXMLDoc("bookinfo.xml");
        document.write("xmlDoc is loaded, ready for use");
        document.write("<br />");

        x = xmlDoc.documentElement.childNodes;
        for (i = 0;i < x.length;i++)
          {
          n = x[i].childNodes;
          for (m = 0;m < n.length;m++)
          {
          document.write(n[m].nodeName);
          document.write(": ");
          document.write(n[m].childNodes[0].nodeValue);
          document.write("<br />");
          }
          document.write("<br />");
          }
        </script>
    </body>
</html>
```

上述代码使用 DOM 的接口遍历节点树,循环显示了根元素下的各<book>元素的各个子节点的名称和文本内容。语句 x=xmlDoc.documentElement.childNodes 中的 documentElement 是文档对象 xmlDoc 的一个属性,xmlDoc.documentElement 返回了 XML 文档的根元素<books>,x=xmlDoc.documentElement.childNodes 则返回了根元素下的子节点集合,即两个<book>节点。n=x[i].childNodes 获得了第 i 个<book>节点的所有子节点。n[m].nodeName 代表第 m 个子节点的名称,而 n[m].childNodes[0].nodeValue 表示第 m 个子节点的第 1 个子节点的节点值,即文本内容。在 IE 中的显示效果如图 4-35 所示。

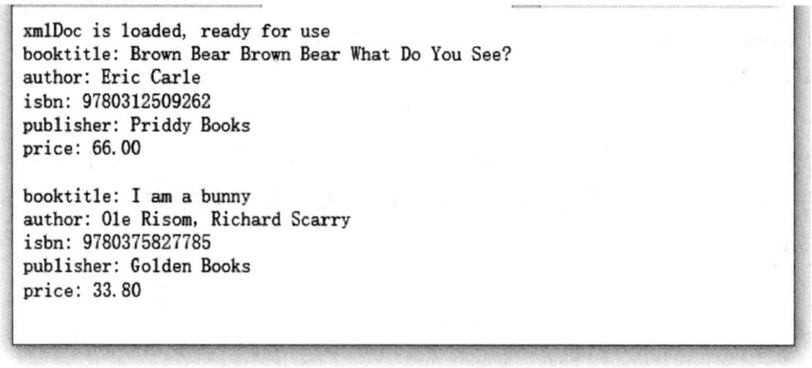

```
xmlDoc is loaded, ready for use
booktitle: Brown Bear Brown Bear What Do You See?
author: Eric Carle
isbn: 9780312509262
publisher: Priddy Books
price: 66.00

booktitle: I am a bunny
author: Ole Risom, Richard Scarry
isbn: 9780375827785
publisher: Golden Books
price: 33.80
```

图 4-35 遍历节点树的方式访问 XML 文档

【例 4-46】则采用了 DOM 对象提供的 getElementsByTagName(name)方法以获取由
name 指定的标签名称的所有元素。

【**例 4-46**】根据标签名提取文档信息示例。

```
< html >
    < head >
        < script type = "text/javascript" src = "loadxmldoc.js">
        </script>
    </head>

    < body >
        < script type = "text/javascript">
        xmlDoc = loadXMLDoc("bookinfo.xml");
        document.write("xmlDoc is loaded, ready for use");
        document.write("< br/>");

        document.write("< table border = \"1\">");
        document.write("< caption>图书价格信息提取</caption>");
        x = xmlDoc.getElementsByTagName('booktitle');
        document.write("< tr >");
        document.write("< td >书名</td>");
        for (i = 0;i < x.length;i + + )
          {
        document.write("< td >");
        document.write(x[i].childNodes[0].nodeValue);
        document.write("</td>");
          }
        document.write("</tr>");

        x = xmlDoc.getElementsByTagName('price');
        document.write("< tr >");
        document.write("< td >价格</td>");
```

```
        for (i = 0;i < x.length;i + + )
          {
        document.write("< td >");
        document.write(x[i].childNodes[0].nodeValue);
        document.write("</td >");
          }
        document.write("</tr >");
        document.write("</table >");
      </script >
    </body >
  </html >
```

上述代码中 x＝xmlDoc.getElementsByTagName(' booktitle ')返回了< booktitle >元素，x[i].childNodes[0].nodeValue 返回的是该元素的第 1 个子节点的节点值，即文本内容。上例从 XML 文档中提取了< booktitle >、< price >标签包含的文本内容，并采用表格的方式进行显示，显示效果如图 4-36 所示。

图 4-36　根据标签名提取 XML 文档内容的显示效果

4.7　本章小结

本章介绍了 Web 的基本原理和关键技术。首先对 Web 及其工作模式进行了介绍；然后描述了 Web 页面的产生及分类；接着讲解了实现 Web 资源标识和定位的 URL 以及实现页面传输的 Web 应用层协议 HTTP；最后对实现静态页面的 HTML、XML 两种标记语言以及实现活动页面的 JavaScript 这一脚本语言做了介绍。Web 应用是网络信息系统中最流行也是最具代表性的一类，通过本章的学习，读者可以对 Web 的概念、工作原理、基本实现技术有一定的了解，能够为后续学习服务器端脚本语言 JSP 以及设计开发 Web 应用奠定理论基础。

第 **5** 章　动态页面技术与JSP

第 3 章介绍了 3 类网络编程：基于 TCP/IP 协议栈的网络编程、基于 Web 应用的网络编程以及基于 Web Service 的网络编程。本章将介绍一种基于 Web 应用的网络编程技术，即动态页面技术。在对 CGI、脚本技术及 Servlet 做简单介绍后，本章将对 JSP(Java Server Pages)进行重点阐述。JSP 自发布以来一直受到关注，现已成为最为流行的网络编程语言之一，广泛地应用于电子商务、信息发布等各类信息网络应用系统中。本章从 JSP 技术原理和运行环境谈起，并讲解 JSP 语言基础知识，包括 JSP 的基本语法、JSP 内置对象等，然后介绍 JSP 的技术基础，包括 JavaBean 以及数据库连接技术，使读者能够对网络信息系统的设计和实现有进一步的了解。

5.1　动态页面技术简介

动态页面以数据库技术为基础，通过动态页面技术实现。本节简要介绍几种实现动态页面的技术。

5.1.1　公共网关接口

早期创建动态页面的主要方法是公共网关接口(CGI)。它是一个标准化的接口，允许 Web 与服务器端程序进行通信并访问数据库。只要按照 CGI 的规范编写的程序即是 CGI 程序，它可以在服务器上运行。CGI 程序可以用几乎所有的程序设计语言编写，如 C/C++、Delphi、Perl、Visual Basic、Java 等。目前仍然有很多网络信息系统如搜索引擎、留言板、电子公告板(BBS)等都是 CGI 程序。

CGI 程序使网页具有交互功能，主要包括解释处理来自表单的输入信息、在服务器产生相应的处理并将响应反馈给浏览器。因此它提供了很多 HTML 无法实现的功能、补充了 HTML 的不足，开启了动态 Web 应用的时代。

然而使用 CGI 开发动态页面存在如下问题：CGI 应用开发较困难，而且由于每次页面被请求的时候，服务器都会重新将 CGI 程序编译成可执行的代码，导致效率低下；移植性较差；CGI 应用基于进程模型，导致内存、CPU 的开销比较大。

5.1.2　脚本技术

常见的 JSP、ASP、PHP 均是服务器脚本技术，可实现动态页面的功能，主要包括：动态地编辑、改变 Web 页面的内容；对由 HTML 表单提交的信息做出响应；访问数据库，并向浏览器返回结果等。基于此类技术实现的动态页面相比 CGI 程序的优势在于，它采用脚本语言实现了动态内容，当客户端请求到来时仅需对动态内容进行编译执行而静态部分则固定不变，提高了执行效率。

JSP 由 Sun 公司提出，其静态内容一般由 HTML 实现，动态部分采用 Java 语言，该技术将在本章后续部分详细介绍。

ASP 是微软推出的动态 Web 设计技术，是在 HTML 页面代码中嵌入 VBScript 或 JavaScript 脚本语言来生成动态的内容，页面后缀名为 .asp。当浏览器向 Web 服务器请求 .asp 页面时，Web 服务器将 .asp 页面发送到 ASP 脚本解释引擎 asp.dll。asp.dll 在服务器端解释 ASP 文件中的脚本，生成动态页面，并以 HTML 语言形式发送回客户端浏览器显示。

而 PHP 是一种开源的服务器脚本技术。类似于 ASP 和 JSP，也是在 HTML 页面中内嵌 PHP 脚本代码来生成动态内容，页面后缀名为 .php。类似于 ASP 的工作原理，当浏览器向 Web 服务器请求 .php 页面时，服务器的 PHP 引擎将对脚本进行处理，并生成相应的 HTML 页面回传给客户端。PHP 提供了许多已经定义好的函数，如标准的数据库接口，使数据库连接方便、扩展性强，此外其执行效率、安全性能和跨平台特性也比较高。

5.1.3　Servlet

Servlet 全称为 Java Servlet，是在 JSP 之前的一种采用 Java 语言实现动态页面的技术，于 1997 年由 Sun 和其他的几个公司提出。在 JSP 技术出现之前，使用 Servlet 能将 HTTP 请求和响应封装在标准 Java 类中来实现各种动态的 Web 应用。

Servlet 最常见的功能包括：处理客户端传来的 HTTP 请求，并返回一个响应；生成一个 HTML 片段，并将其嵌入现有 HTML 页面中；能够在其内部调用其他的 Java 资源并与多种数据库进行交互；可同时与多个客户端建立连接，等等。

Servlet 程序由 Servlet 引擎负责管理运行。当服务器中的 Servlet 程序被请求访问时，该 Servlet 程序被加载到 Java 虚拟机中，接收 HTTP 请求并做相应的处理。当多个客户请求一个 Servlet 时，引擎为每个客户启动一个线程而不是进程，这些线程由支持 Servlet 引擎的服务器来管理，与传统的 CGI 为每个客户启动一个进程相比，效率要高得多。

Servlet 程序的生命周期由 Servlet 引擎控制，在被装入服务器内存时开始，在终止或重新加载 Servlet 程序时结束，包括加载、实例化和初始化 Servlet 程序，处理来自客户端的请求以及从服务器中销毁几个阶段。

Servlet 是传统 CGI 的替代品，与传统的 CGI 和许多其他类似 CGI 技术相比，Servlet 具有更好的可移植性、更强大的功能、更高的效率以及更好的安全性等特点。但随着 JSP 及其他脚本技术的发展，在生成动态页面方面 Servlet 已经逐渐让位给 JSP 了。不过在其他方面，Servlet 技术仍然存在优势。因此，在目前主流的 Web 开发模式中，这两种技术都在发挥各自的作用。

5.2　JSP 技术原理及运行环境

本节将介绍 JSP 概念、技术特征、工作原理以及开发 JSP 应用必需的运行环境。

5.2.1　JSP 概述

1. JSP 概念

JSP 是用来开发动态页面的一种服务器端脚本技术。它是由 Sun 公司倡导、多个公司参与,于 1999 年推出的一种技术标准。利用这一技术,开发人员可以高效率地创建具备安全性高、跨平台等优点的 Web 应用程序。

在深入了解 JSP 之前,有必要介绍一下与 JSP 相关的技术。

(1) Java

Java 是由 Sun 公司于 1995 年推出的编程技术。Java 的特点是简单、面向对象、平台无关性、安全性、多线程。Java 编写的源程序被编译后成为.class 的字节码文件,最终通过执行该字节码文件执行 Java 程序。

JSP 使用了 Java 语言实现动态内容,以 Java 技术为基础。它继承了 Java 简单、面向对象、跨平台和安全可靠等优良特性。

(2) Servlet

Servlet 技术采用 Java 语言实现了服务器端程序,其基本概念在 5.1.3 节已做简单介绍。

JSP 是在 Servlet 的基础上开发的一种技术,所以 JSP 与 Servlet 有着密不可分的关系。服务器在执行 JSP 程序时会将其转换为 Servlet 代码,可以说创建一个 JSP 程序其实就是创建一个 Servlet 程序的简化操作。所有 JSP 页面都在服务器端转换成 Servlet 程序,这样就具备了 Java 技术的所有特点。

Servlet 与 JSP 相比有以下几点区别。

① 编程方式不同。从形式上看,Servlet 是将 HTML 代码包含在 Java 文件中,而 JSP 是将 Java 代码包含在 HTML 代码中。如下面代码所示,左侧是 JSP 代码,右侧是实现相同功能的 Servlet 代码。

```
< % page import = "java.util. * " %>
< % page contentType = "text/html;
charset = gb2312" %>
< html >
  < body >
  你好,今天是
  < %
    Date today = new Date();
  %>
  < % = today.getDate() %>号,
  星期< % = today.getday() %>
  </body>
</html>
```

```
import = java.util. * ;
 response.setContentType("text/html;
 charset = gb2312");
 out = pageContext.getOut();
 out.write("\r\n\r\n< html >\r\n
   < body >\r\n 你好,今天是\r\n");
     Date today = new Date();
   out.print(today.getDate());
 out.write("号,星期");
 out.print(today.getday());
 out.write("\r\n</body>\r\n</html>\r\n");
```

② 复杂度不同。Servlet 要求专业程度比较高的编程技术,需要程序员掌握更多底层知识。

③ 显示和逻辑的分离度不同。JSP 使用了组件技术,更为有效地对显示和业务逻辑进行了分离。

（3）JavaBean

JavaBean 是根据特殊的规范编写的普通的 Java 类,可称它们为“独立的组件”。通过应用 JavaBean 在 JSP 页面中封装各种业务逻辑,可以很好地将业务逻辑和前台显示代码分离。它最大的优点就是提高了代码的可读性和可重用性,并且对程序的后期维护和扩展起到了积极的作用。

2. JSP 技术特征

JSP 相对于其他浏览器/服务器(B/S)模式下的动态页面技术有诸多优势,其技术特征主要有以下几个方面。

（1）跨平台

JSP 是以 Java 为基础开发的,与平台无关,所以 JSP 可以很方便地从一个平台移植到另一个平台。不管是在何种平台下,只要服务器支持 JSP,就可以运行由 JSP 开发的 Web 应用程序。

（2）分离静态内容和动态内容

开发 JSP 的应用时,程序员可以使用 HTML 或 XML 标记来设计和格式化静态内容,而将业务逻辑封装到 JavaBean 组件中,利用 JavaBean 组件、JSP 标签或脚本来设计编辑动态页面,从而有效地将静态和动态内容区分开,为程序的修改和扩展带来了很大方便。

（3）可重用性

大多数 JSP 页面依赖于可重用的、跨平台的 JavaBean 组件。它封装了业务逻辑以执行应用程序要求的复杂处理。这样开发人员能够共享执行普通操作的组件,而不必关心实现细节,大大提高了系统的可重用性。

（4）编写容易

相对于 Java Servlet 来说,使用从 Java Servlet 发展而来的 JSP 技术开发 Web 应用更加简单易学,并且提供了 Java Servlet 所有的特性。

（5）预编译

预编译是 JSP 的另一个重要的特性。JSP 页面通常只进行一次编译,即在 JSP 页面被第 1 次请求时,称为预编译。在后续的请求中,如果 JSP 页面没有被修改过,服务器只需要直接调用这些已经被编译好的代码即可,这大大提高了访问速度。

5.2.2　JSP 工作原理

1. 技术架构

由 JSP 技术开发的程序的网络应用体系架构都是 B/S 的 3 层结构,如图 5-1 所示。

（1）客户端浏览器

数据显示层位于客户端浏览器上,负责用户数据的输入和显示界面。

（2）Web 应用服务器

逻辑计算层位于 Web 应用服务器上,负责接收客户请求进行数据计算,并把结果返回给客户。

Web 应用服务器是专用于部署 Web 应用的中间层系统软件,由 JSP 引擎、Servlet 引擎和 Web 服务器组成。

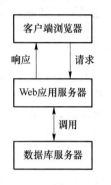

图 5-1　JSP 技术支持的架构

Web 服务器是一种请求-响应模式的服务器,提供 Web 信息浏览服务,处理 HTTP 请求。客户端向服务器发送请求,服务器收到请求后进行相应的处理,并将结果返回客户端。它们之间的通信协议是 HTTP。

JSP 引擎和 Servlet 引擎是可以提供 JSP 和 Servlet 运行支持并对其生存周期进行管理的系统级实体,为 Web 应用服务器提供服务。引擎也被称为容器。JSP 引擎的功能是当 JSP 页面请求到达服务器时,将 JSP 页面转换编译为字节码文件并保存。而 Servlet 引擎负责为 Servlet 提供运行时环境,对 JSP 页面转换编译的结果进行管理,并将其载入 Java 虚拟机运行,以处理客户端的请求,并将结果返回。JSP 引擎通常架构在 Servlet 引擎之上,其本身就是个 Servlet 程序。

（3）数据库服务器

数据处理层则位于数据库服务器上,负责数据库处理。常见的数据库服务器包括 SQL （Structured Query Language）Server、MySQL 和 Oracle。

2. 处理流程

当浏览器向服务器发出页面请求且该页面是第 1 次被请求时,由 JSP 引擎首先截获对 JSP 页面的请求,将 JSP 页面转换成一个 Servlet 程序,再编译生成字节码文件。这一阶段被称作翻译阶段。然后 Servlet 引擎通过执行该字节码文件处理客户的请求,生成响应。这一阶段被称作请求处理阶段。当这个 JSP 页面再次被请求执行时,若页面没有进行任何改动,后续请求将直接进入请求处理阶段,引擎将直接执行这个字节码文件来响应客户。如果被请求的页面经过修改,它会在进入请求处理阶段前再次通过翻译阶段,即服务器会重新编译这个文件,然后执行。

JSP 的具体处理过程如图 5-2 所示。

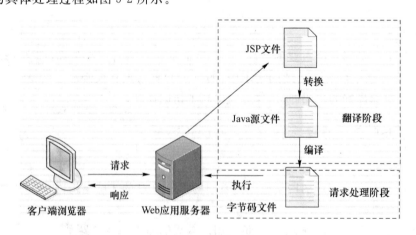

图 5-2　JSP 的处理流程

3. JSP 开发模式

JSP 开发模式主要有以下 3 种。

（1）单纯的 JSP 页面编程

单纯的 JSP 页面编程模式通过应用 JSP 中的脚本元素，直接在 JSP 页面中实现各种功能。但这会使大部分的程序代码与 HTML 元素混淆在一起，给程序的维护和调试带来困难，整个程序的逻辑结构也显得非常混乱。这样的模式是无法应用到实际的大型、中型甚至小型的 Web 应用程序开发中的。

（2）JSP＋JavaBean 编程

这种模式利用 JavaBean 技术封装了常用的业务逻辑，如对数据库的操作、用户登录等，再在 JSP 页面中通过动作元素来调用这些组件，执行业务逻辑。依此模式编出的 JSP 页面具有较清晰的程序结构：JSP 负责部分流程的控制和页面的显示，JavaBean 用于业务逻辑的处理。该模式是 JSP 程序开发的经典模式之一，适合小型或中型网站的开发。

该模式对客户端请求进行处理的过程如下。用户通过客户端浏览器向 Web 应用服务器发送请求，服务器接收用户请求后调用相应的 JSP 页面。JSP 页面中的 JavaBean 组件被调用执行，一些 JavaBean 组件用于对数据库的访问，还有一些 JavaBean 组件处理其他业务逻辑。然后执行的结果将被返回，最后由服务器将最终的结果返回给客户端浏览器进行显示，如图 5-3 所示。

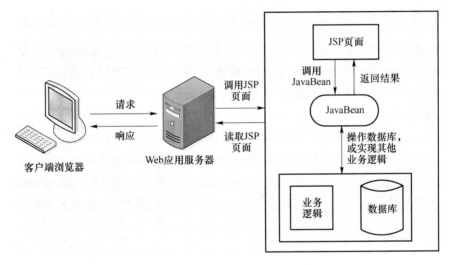

图 5-3　JSP＋JavaBean 编程过程

（3）JSP＋Servlet＋JavaBean 编程

这一模式遵循了模型-视图-控制器（MVC，Model-View-Controller）设计模式。MVC 是一个抽象的设计概念，将待开发的应用程序分解为 3 个独立的部分：模型（Model）、视图（View）和控制器（Controller）。这种编程模式在原有的 JSP＋JavaBean 设计模式的基础上加入 Servlet 负责程序的流程控制，JavaBean 组件实现业务逻辑，JSP 仅用于页面的显示。这样可以避免 JSP＋JavaBean 模式中 JSP 既要负责流程控制，又要负责页面显示的情况，使程序中的层次关系更清晰，各组件的分工也更为明确。

5.2.3　JSP 工作环境

使用 JSP 进行开发，需要具备以下对应的运行环境：Web 浏览器、Web 应用服务器、Java 开发工具包（JDK，Java Development Kit）以及数据库。此外还需要相应的开发工具。

1. 运行环境

（1）Web 浏览器

浏览器是用户访问 Web 应用的工具，开发 JSP 应用对浏览器的要求并不是很高，任何支持 HTML 的浏览器都可以。

（2）Web 应用服务器

Web 应用服务器是运行及发布 Web 应用的容器。开发的 Web 项目只有被部署到容器中，才能被网络用户访问。开发 JSP 应用比较常用的服务器有 BEA WebLogic、IBM WebSphere 和 Apache Tomcat 等。其中 Tomcat 服务器最为流行，也是学习开发 JSP 应用的首选。它是 Apache-Jakarta 的一个免费开源码的子项目，是一个小型的、轻量级的应用服务器。运行时占用的系统资源少，扩展性好。由于 Tomcat 是使用 Java 开发的，所以它可以运行在任何一个装有 Java 虚拟机的操作系统之上。

（3）JDK

JDK 是 Java 语言的开发环境，包括运行 Java 程序所必需的 Java 运行环境（JRE,Java Runtime Environment）及开发过程中常用的库文件。由于 JSP 本身执行的语言就是 Java，所以开发 JSP 必须使用 JDK 工具包，它包含 Java 编译器、Java 解释器和 Java 虚拟机，为 JSP 页面文件、Servlet 程序提供编译和运行环境。

（4）数据库

Web 应用的开发通常需要使用数据库对信息进行管理和存储。根据应用的需求，选取合适的数据库。如大型项目可采用 Oracle 数据库，中型项目可采用 Microsoft SQL Server 或 MySQL 数据库，小型项目可采用 Microsoft Access 数据库。

2. 开发工具

Eclipse 是一个基于 Java 的、开放源码的集成应用开发工具，特别适用于 Java 程序的开发。MyEclipse 企业级工作平台（MyEclipse Enterprise Workbench），简称 MyEclipse，是对 Eclipse 集成开发环境（IDE,Integrated Development Environment）的扩展，是目前开发 JSP 程序最方便的工具之一。它是一个功能丰富的 Java2 平台企业版（Java2EE,Java2 Platform Enterprise Edition）集成开发环境，包括完备的编码、调试、测试和发布功能，完整支持 HTML、Struts、CSS、JavaScript、SQL、Hibernate。利用它可以极大地提高 Web 应用开发的效率。

JSP 实验环境的搭建请扫二维码。

JSP 实验环境搭建

5.3 JSP 中的 Java 语言

JSP 页面通常由 HTML、Java、JavaScript 等组成，其中 Java 语言是 JSP 的基础。本节简要介绍 Java 语言的相关知识，以便理解 JSP 的语法结构。

5.3.1 Java 语言概述

Java 语言是 Sun 公司推出的新一代面向对象的程序设计语言。它具有简单、面向对象、可移植、稳健、多线程、安全及高性能等优良特性。另外，Java 语言还提供了丰富的类库，方便用户进行自定义操作。现在 Java 已成为在 Web 应用中被广泛使用的网络编程语言。

1．Java 面向对象

面向对象程序设计是一种软件设计和实现的有效方法。Java 语言与其他面向对象语言一样，引入了类和对象的概念。

客观世界中的一个事物就是一个对象，每个客观事物都有自己的属性和行为。在面向对象程序设计中，对象是程序的基本单位，把某一类对象所共有的属性和行为抽象出来之后就形成了一个类。类是用来创建对象的模板，它包含被创建对象的属性描述和方法的定义。

Java 语言编写的程序代码都涉及类的定义，将不同的对象归纳为少数几个类，可以提高软件的可重用性。因此，使用 Java 编程必须学会如何用 Java 的语法去描述一类事物共有的属性和行为。

面向对象的主要特点包括封装和继承。

- 封装是将对象的属性和方法进行绑定。对象的属性被封装在其内部，要了解它的内部属性必须通过该对象提供的方法。这样的机制保证了对象属性和方法的独立性。
- 继承是从已有类中派生出新类的一种方式。一个类的属性和方法可以传给另一个类。当这个类获得了其他类传给它的属性和方法，再添加上自己的属性和方法，就可以对已有的功能进行扩充。

2．Java 程序结构

Java 程序由一个或多个编译单元组成。每个编译单元就是一个以 .java 为后缀的文件，其中包含若干个类，编译后生成 .class 文件。.class 文件是 Java 虚拟机能够识别的代码。

每个编译单元除空格和注释外只能包含程序包语句、引用入口语句、类的声明以及接口声明。

下面的例子是一个 Java 程序 HelloWorld.java。

【**例 5-1**】HelloWorld.java。

```
/* Hello World */
Package Hello;
import java.lang.*;
public class helloworld
{
 public static void main (String[] argv)
 {
     System.out.println("Hello, World!");
 }
}
```

运行结果如图 5-4 所示。

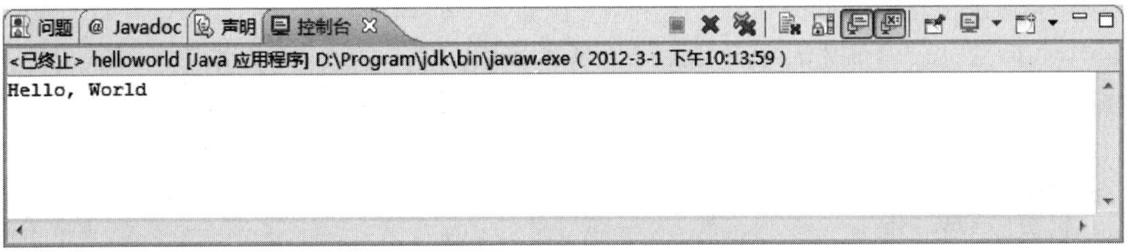

图 5-4　HelloWorld.java 运行结果

该例的代码第 1 行为程序注释;第 2 行定义了 Java 程序包名字;第 3 行导入本程序中所用到的程序包;第 4～10 行对 HelloWorld 类进行定义。在 HelloWorld 的类中仅定义一个main()函数。

注意:定义的类中只能有一个是属于 public 类型的,而且程序的文件名也必须与这个public 类的名称一致;Java 语言是严格区分字母大小写的。

5.3.2 数据类型

1. 常量与变量

常量是在程序运行时不会修改的量,用文字串表示,如整型常量 12、浮点型常量 1.21、字符常量"啊"、布尔常量"true"和"false"及字符串常量"ab is c"。通过 final 关键字也可以定义常量,此时常量名全部为大写字母。

变量是 Java 程序中的基本存储单元,它的定义包括变量名、变量类型和作用域。

① 变量名是一个合法的标识符,它是字母、数字、下划线或"＄"的序列。Java 对变量名区分大小写。变量名不能以数字开头,且不能为关键字。

② 变量类型用于指定变量的数据类型。

③ 变量的作用域是指程序代码能够访问该变量的区域。根据作用域的不同,可将变量分为成员变量和局部变量。

成员变量在类中、方法体之外定义,在创建对象的时候实例化,可以被类中方法、构造方法和特定类的语句块访问。局部变量是在方法内或方法内的某代码块(方法内部,"{"与"}"之间的代码)中声明的变量。在代码块中声明的变量,只在当前代码块中有效;在代码块外、方法内声明的变量,在整个方法内都有效。

2. 数据类型

Java 使用两种数据类型:简单数据类型和复合数据类型。简单数据类型包括:整型、浮点型、字符型和布尔型。复合数据类型包括字符串、数组、类,等等。

(1) 整型

Java 提供了 4 种整型数据类型,分别是 byte (字节)、short (短整数)、int(整数)、long (长整数),占用内存空间分别为 1、2、4、8 字节。表示整数常数值的方式包括常用的十进制以及八进制和十六进制。例如,

```
int n = 123;//十进制
short j = 0123;//八进制
long l = 0x123;//十六进制
```

(2) 浮点型

浮点型数据有十进制和科学计数法两种形式。浮点型变量包含单精度浮点数(float),双精度浮点数(double) 两种,分别占 4、8 字节。例如,

```
float b = 7.0F;//单精度浮点数
double c = 1.6;//双精度浮点数
```

(3) 字符型

字符型数据是单一的 2 字节 Unicode 字符,以单引号' '括起来。字符型变量的数据类型为 char,占 2 字节。例如,

```
char ch1 = 'C';
```

```
char ch2 = '飞';
```

（4）布尔型

布尔型仅有两种可能取值："true"和"false"，分别表示逻辑的真与假。

（5）字符串

Java 的字符串分为不变字符串和可变字符串，不变字符串是 java. lang. String 类的实例，可变字符串是 java. lang. StringBuffer 类的实例。可以利用 new 运算符创建。例如，

```
String str = new String("abcd");
```

（6）数组

数组是一组相同数据类型元素的集合，分为一维、二维和多维数组。其元素数据类型既可以是简单的也可以是复杂的，数组名称必须是合法标识符。

声明数组时可以使用 new 运算符分配内存：

```
int list[] = new int[5];
```

数组元素由统一数组名和下标来唯一确定，如 list[1]、list[2]或 list[x]，x 为数组下标，为整型常数或表达式。

每个数组有个属性 length 指示长度，如 list. length。

可以设置数组元素的值或列举初始值对数组初始化，例如，

```
String names[] = {"a","b","c","d"};
```

3. 数据类型转换

在程序执行时，有时需要进行数据类型转换。

（1）基本数据类型的转换

基本数据类型的转换比较简单，只需要在数据前加上要转换的类型即可。例如，

```
int i;

byte b = (byte)i;
```

这种类型转换可能导致精度下降或溢出。

（2）字符串与基本数据类型的转换

字符串与基本数据类型的转换需要使用对象提供的方法，包括字符串转换为基本数据类型以及基本数据类型转换为字符串。主要方法如表 5-1 所示。

表 5-1　字符串与基本数据类型的转换方法

方法	说明
Integer. parseInt(字符串)	字符串转换为整型
Float. parseFloat(字符串)	字符串转换为浮点 float 型
Byte. parseByte(字符串)	字符串转换为字节型
String. valueOf(数据)	数据转换为字符串

5.3.3　类和对象

1. 类和对象

在 Java 中定义类主要包括类的声明和类体。类声明定义了类的名称、对该类的访问权限和该类与其他类的关系等。类体是位于类声明后面大括号中的内容，包括成员变量和成员方法的定义。语法格式如下：

```
[访问权限] class <类名> [extends 父类名] [implements 接口列表] {
    定义成员变量
    定义成员方法
}
```

其中的参数解释如下。

- 访问权限：指定类的访问权限。可选参数，其值为 public、abstract 或 final。
- 类名：指定类的名称，必选参数，必须是合法的标识符。
- extends 父类名：指定要定义的类继承自哪个父类。可选参数。当使用 extends 关键字时，父类名为必选参数。
- implements 接口列表：指定该类实现的是哪些接口。可选参数。当使用 implements 关键字时，接口列表为必选参数。

Java 中类的行为由类的成员方法来实现。类的成员方法包括方法的声明和方法体两部分，其语法格式如下：

```
[访问权限] <方法返回值的类型> <方法名> ([参数列表]) {
    [方法体]
}
```

其中的参数解释如下。

- 访问权限：用于指定方法的访问权限。可选参数，其值为 public、protected 和 private。
- 方法返回值的类型：用于指定方法的返回值类型，必选参数。
- 方法名：用于指定成员方法的名称，必选参数，必须是合法的标识符。
- 参数列表：用于指定方法中所需的参数。可选参数，当存在多个参数时，各参数之间应使用逗号分隔。
- 方法体：为方法的实现部分，其中可以定义局部变量。可选参数。

下面的代码定义 Car 类，并在其中声明两个成员方法 start() 和 running()。

【例 5-2】Car 类中声明成员方法。

```java
public class Car
{
    public String color;                 //声明公共变量 color
    public static String speed;          //声明静态变量 speed
    public final boolean STATE = true;   //声明常量 STATE 并赋值

    //定义一个无返回值的成员方法
    public void start()
    {
        final boolean STATE;             //声明常量 STATE
        int age;                         //声明局部变量 age
        System.out.println("车正在启动…");
    }
    //定义一个返回值为 String 类型的成员方法
    public String running()
    {
        String rtn = "车正在飞驰…";        //定义一个局部变量
```

```
        return rtn;
    }
}
```

在 Java 中使用关键字 new 来实例化对象,具体语法格式如下:

```
对象名 = new 构造方法名([参数列表]);
```

其中的参数解释如下。

- 对象名:用于指定已经声明的对象名。
- 构造方法名:用于指定构造方法名,与类名一致。
- 参数列表:用于指定构造方法的入口参数,可选参数。

其中构造方法也称构造函数,它是为避免每次创建对象都初始化所有变量的麻烦,Java 提供的一种特殊的成员函数。它用于对象被创建时初始化对象,具有和所在类一样的名字,没有返回类型。一旦用 new 运算符创建对象时会自动调用构造函数获得一个可用的对象。

创建对象后,就可以通过对象来引用其成员变量,改变成员变量的值,还可以通过对象来调用其成员方法。通过使用运算符 "."实现对成员变量的访问和成员方法的调用。

下面的代码给出了 Circle 类及其对象 ccl 的定义和使用方法。

【例 5-3】Circle 类及其对象 ccl 的定义和使用方法。

```
public class Circle
{
  public float r;
  public float pi;
//构造函数
public Circle(){
        r = 10.0f;
        pi = 3.14159f;
}
//定义计算圆面积的方法
public float getArea ()
{
        float area = pi * r * r;//计算圆面积并赋值给变量 area
        return area;//返回计算后的圆面积
}
//定义 main 函数测试程序
public static void main(String[] args)
{
        Circle ccl = new Circle();
        ccl.r = 20;//改变成员变量的值
        float area = ccl.getArea();//调用成员方法
        System.out.println("圆形的面积为:" + area);
    }
}
```

2. 包和常用类

为避免同名的类发生冲突,Java 提供了包(package)来管理类名空间。JDK 提供的包包括 java. applet、java. awt、java. io、java. lang、java. net、java. util 等。每个包由一组相互联系的类和接口组成。用户也可以定义自己的包实现应用程序。在使用包中的类和接口时,用 package 语句指定类所在的包,用 import 语句引入包中的类。

(1) package 语句

该语句为 Java 文件的第 1 条语句,指明文件中使用的类所在的包。语法格式为:

```
package packageName1[. packageName2…]
```

其中"."用于指示目录层次。包的结构层次需与文件目录层次相同。例如,

```
package java.util. * ; //指定包中的文件位于 java/util 目录中
```

(2) import 语句

该语句可以引入需要的类,语法格式为:

```
import packageName1[. packageName2…]. className;
```

其中:packageName1[. packageName2…]表示包的层次,className 表示类名。如果引入多个类,可以用" * "号代替类名,如 import java. util. * 。

编译器默认引入 java. lang 包,若使用其他包的类,需用 import 引入。

在 JSP 页面中有些常用的类,有的可以直接调用,有的需要导入后使用。表 5-2 列出了其中一些常用的类及所属的包。

表 5-2　常用的类及所属的包

常用的类	所属的包	方法说明
String	java. lang. *	提供了字符处理、类型转换、字符串搜索等方法,常用的包括返回长度 length()、字符串比较 equals(字符串)、提取子字符串 substring(index1,index2)
Float	java. lang. *	提供了浮点型对象的判断比较、类型转换等方法,常用的包括比较 equals(浮点对象)、转换为字符串 toString()、字符串转为浮点对象 valueOf(字符串)
Integer	java. lang. *	提供方法与 Float 类似,常用的包括字符串转为整型 parseInt(字符串)、valueOf(字符串)等
Math	java. util. *	提供常用的数学方法,如取绝对值 abs(数值)、求 a 的 b 次方 pow(a,b)、余弦 cos(弧度)、对数 log(数值)、开方 sqrt(数值)等
Random	java. util. *	提供产生多种类型的随机数,如 nextInt()、nextFloat()等
Date	java. util. *	提供获取、设置、比较等处理日期时间的方法,如以字符串返回当前时间 toString()
ArrayList	java. util. *	提供了操作动态数组队列的方法,如添加、删除、修改、遍历等
Vector	java. util. *	提供了操作矢量队列的方法,如添加、删除、修改、遍历等
Hashtable	java. util. *	提供了操作散列表的方法,如存取键值、删除散列表、查找键值等

5.3.4　流程控制语句

Java 语言中,流程控制语句用于控制程序执行的顺序与流程,主要有条件语句、分支语句、循环语句和跳转语句 4 种。

1. 条件语句

if 语句,根据判断表达式决定执行或跳过程序的部分代码。语法格式为:

```
if(判断表达式)
    语句 1;
```

```
else
    语句 2；
```

当条件表达式结果为 true 时，则执行程序语句 1，否则执行程序语句 2。

2. 分支语句

switch 语句，根据表达式值决定执行多个操作中的一个，语法格式为：

```
switch(表达式)
{
    case value1：
        语句 1；
        break；
    case value 2：
        语句 2；
        break；
    ...
    default：
    语句；
}
```

将表达式值与 case 后的 value 值比较。如果找到一个匹配的，则执行相应的语句后退出，否则执行 default 后面的语句退出。

3. 循环语句

用于反复执行一段代码，直到满足终止条件。

(1) for 循环

语法格式为：

```
for(初始化语句；循环条件；迭代语句){
    语句序列
}
```

for 循环语句执行时，首先对循环变量进行初始化，然后判断循环条件，如果判断结果为 false，退出循环。否则执行一次循环体中的语句序列，最后执行迭代语句，改变循环变量的值，完成一次循环。

(2) while 循环

语法格式为：

```
while(条件表达式){
    语句序列
}
```

while 循环语句执行时先判断条件表达式，如果条件表达式的值为 true，则执行循环体，否则退出循环。

(3) do while 循环

语法格式为：

```
do{
    语句序列
} while(条件表达式);
```

语句序列在循环开始时首先被执行，然后对条件表达式进行判断，结果为 true 时，重复执行，否则退出。

4. 跳转语句

Java 语言中提供了 3 种跳转语句，分别是：break、continue 和 return，用于控制循环的流程。

break 语句用于强行退出循环，常位于 switch 语句和循环语句中。

continue 语句指示程序直接跳过其后的语句，退回至循环起始处，进入下一次循环，通常只用在 for、while 和 do…while 循环语句中。

return 语句用于退出当前方法并返回一个值。语法格式为：

return［表达式］；

其中表达式为可选参数，表示要返回的值。它的数据类型必须同方法声明中的返回值类型一致，当方法声明中用 void 声明返回类型时为空。

5.3.5　异常处理机制

在 Java 程序的执行过程中，如果出现了异常事件，就会生成一个异常对象并传递给 Java 运行时系统。这一异常产生和提交过程称为抛出(throw)异常。Java 运行时系统得到这个异常对象后，将会寻找处理这一异常的代码，并把当前的异常对象交给这个方法进行处理，这一过程称为捕获(catch)异常。

如果 Java 运行时系统找不到可以捕获异常的方法，则运行时系统将终止，相应的 Java 程序也将退出。

概括说来，Java 异常处理机制为：抛出异常和捕获异常。

1. try…catch 语句

在 Java 语言中，用 try…catch 语句来捕获异常，代码格式如下：

```
try {
    //可能会发生异常的程序代码
}
catch (Type1 id1){
    //捕获并处置 try 抛出的异常类型 Type1
}
catch (Type2 id2){
    //捕获并处置 try 抛出的异常类型 Type2
}
```

在上述代码中，try 块用来监视这段代码运行过程中是否发生异常，若发生则产生异常对象并抛出；catch 用于捕获异常并处理它。

2. throw 语句

当程序发生错误而无法处理时，会抛出对应的异常对象。可以使用 throw 关键字，并生成指定的异常对象。例如下面的代码：

```
throw new MyException();
```

3. throws 语句

如果一个方法会出现异常，可以在方法声明处用 throws 语句来声明抛出异常。throws 的语法格式如下：

```
返回类型　方法名(参数表) throws 异常类型表{
方法体
}
```

5.3.6 多线程同步

Java 为多线程编程提供了内置的支持。多线程方式通常可以通过 Thread() 类和 Runnable 接口实现。第 2 章中介绍了进程的状态变化,同样地,线程也有新建、就绪、运行、阻塞和终止状态。使用 new 关键字和 Thread 类或其子类建立一个线程对象后,该线程对象就处于新建状态。它保持这个状态直到对象调用 start() 方法,该线程就进入就绪状态,等待 CPU 调度。如果就绪状态的线程取得 CPU 资源,就可以执行 run() 方法,此时线程便处于运行状态。当线程需要等待外部事件时,执行 sleep(睡眠)、suspend(挂起)等方法进入阻塞状态。阻塞状态分为以下 3 种。

① 等待阻塞:运行状态中的线程调用 wait() 方法,就进入等待阻塞状态,等待某个工作完成。

② 同步阻塞:线程在获取 synchronized 同步锁失败时进入同步阻塞。

当多线程需要通信或共享数据时,需要同步机制使它们能协调一致保证程序正确执行。基于此,Java 使用了监视器(Monitor)的机制实现线程间的同步。可以将监视器视为一个封闭的盒子,一旦一个线程进入盒子,其他线程将无法进入直到该线程退出。这样多线程可以实现互斥地访问共享资源。通常可以用 synchronized 关键字修饰方法或代码块,让对象获得同步锁,这相当于定义监视器。当一个线程访问某对象的 synchronized 方法或代码块时,其他线程对这个 synchronized 方法或代码块的访问将会被阻塞。

③ 其他阻塞:通过调用线程的 sleep() 或 join() 发出了 I/O 请求时,线程就会进入阻塞状态。

一个运行状态的线程完成任务或者其他终止条件发生时,该线程就进入终止状态,结束其生命周期。

Java 提供了 Thread 类、Object 类,synchronized 关键字,Runnable、Callable 等接口,定义了一系列线程的操作控制方法。利用相应的 API,可以快速地编写出多线程的程序。

5.4 JSP 基本语法

本节将介绍 JSP 的基本语法。首先介绍 JSP 页面的基本结构;然后介绍指令元素,包括 page、include 及 taglib 等;最后介绍 JSP 的动作元素,包括 include、forward、param 等。

5.4.1 JSP 页面结构

在学习 JSP 语法之前,首先了解一下 JSP 页面的基本结构。JSP 页面是带有 JSP 元素的 Web 页面,包含模板数据(Template Data)和 JSP 元素。模板数据是 JSP 引擎不处理的部分,会直接传送到客户端的浏览器,可以是任何文本:HTML、XML、WML,甚至纯文本等。由于 HTML 是目前最常用的 Web 页面语言,因此 JSP 页面通常由在 HTML 页面中插入 Java 程序构成。除模板数据以外的部分为 JSP 元素,它负责页面的动态内容。JSP 元素由 JSP 引擎直接处理,这一部分必须符合 JSP 语法,否则会导致编译错误。

下面的代码尽管没有包括 JSP 中的所有元素,但它仍然构成了一个动态的 JSP 页面。从中可以明显看到模板数据和 JSP 元素。

【例 5-4】一个基本的 JSP 页面。

```
<% @ page language = "java" import = "java.util. * " pageEncoding = "UTF-8" %>
<!DOCTYPE HTML>
<html>
  <head>
      <title>My JSP 'index.jsp' starting page</title>
</head>
    <body>
     <p>欢迎访问本页面! </p>
     <% int i = 50;
      %>
     <p>您是第<% = i %>个访问本页面的用户。</p>
    </body>
</html>
```

访问包含了该代码的 JSP 页面后,将显示如图 5-5 所示的页面。

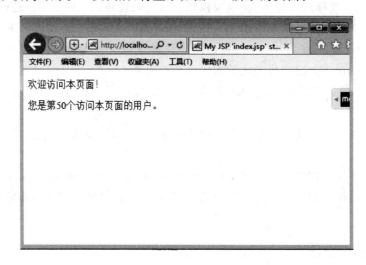

图 5-5　显示页面

JSP 元素包括注释(Comment)、脚本元素(Scripting)、指令元素(Directive)与动作元素(Action)几种类型。下面对它们分别进行介绍。

5.4.2　JSP 注释

在 JSP 程序中加入注释是一种良好的编程习惯,可以增强程序的可读性,易于维护。由于 JSP 代码中包含了多种语言,所以在 JSP 中可以使用很多种类型的注释,如 HTML 中的注释、Java 中的注释和在严格意义上说属于 JSP 页面自己的注释:带 JSP 表达式的注释和隐藏注释。它们的语法规则和运行效果有所不同。

1. HTML 中的注释

HTML 中的注释语法格式如下:

```
<!-- 注释 -->
```

因为 JSP 页面通常由 HTML 标记和嵌入的 Java 程序片段组成,所以在 HTML 中的注释同样可以在 JSP 中使用。由这种方法产生的注释会通过 JSP 引擎发送到客户端,但不直接显示,仅在源代码中可以查看到。

【例 5-5】HTML 中的注释。

```
<%@ page language = "java" import = "java.util. * " pageEncoding = "UTF-8" %>
<!DOCTYPE HTML>
<html>
  <head>
    <title>HTML 注释</title>
  </head>
  <body>
    <!-- 本句注释不会显示 -->
    这是正文,上一行注释未显示。
  </body>
</html>
```

运行效果如图 5-6 所示。

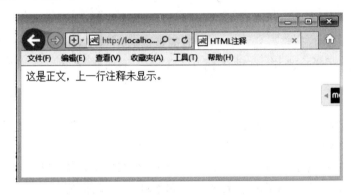

图 5-6　HTML 注释的运行效果

2. 带 JSP 表达式的注释

在 HTML 注释中可以嵌入 JSP 表达式,语法格式如下:

```
<!-- 注释<% = 表达式 %>-->
```

包含该注释语句的 JSP 页面被请求后,服务器会识别并执行注释中的 JSP 表达式,对注释中的其他内容不做任何操作。当服务器将执行结果返回给客户端后,客户端浏览器会识别该注释语句,注释的内容同样不会显示在浏览器中。

【例 5-6】带 JSP 表达式的注释。

```
<%@ page language = "java" import = "java.util. * " pageEncoding = "UTF-8" %>
<!DOCTYPE HTML>
<html>
  <head>
    <title>带 JSP 表达式的注释</title>
  </head>
  <body>
    <% int sum = 10; %>
```

```
    <!-- 这是注释,当前登录用户数:<% = sum %> -->
    <p>当前登录用户数:<% = sum %></p>
</body>
</html>
```

运行效果如图 5-7 所示。

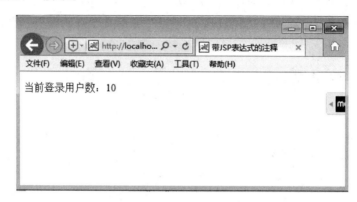

图 5-7 带 JSP 表达式的注释运行效果

3. 隐藏注释

前面介绍的 HTML 注释虽然在客户端浏览页面时不可见,但用户一旦查看源代码就会看到这些注释。所以严格来说,这种注释并不安全。下面将介绍一种隐藏注释,语法格式如下:

```
<%--注释--%>
```

使用该方法注释的内容,不仅在客户端浏览时看不到,在客户端查看 HTML 源代码也不会看到,所以安全性较高。

【例 5-7】使用了隐藏注释,如图 5-8、图 5-9 所示,在浏览器和客户端显示的源代码中均无法看到"本行注释未显示,在客户端查看源代码亦不可见"这段内容。

【例 5-7】隐藏注释。

```
<% @ page language = "java" import = "java.util. * " pageEncoding = "UTF-8" %>
<!DOCTYPE HTML >
< html >
  < head >
      < title >隐藏注释</title >
  </ head >

  < body >
      <%-- 本行注释未显示,在客户端查看源代码亦不可见--%>
      这是正文,上一行注释未显示,在客户端查看源代码亦不可见< br/>
      <!-- 本行注释未显示,在客户端查看源代码时可见 -->
      这是正文,上一行注释没有被显示,在客户端查看源代码时可见< br/>
  </ body >
</ html >
```

运行结果如图 5-8 所示。

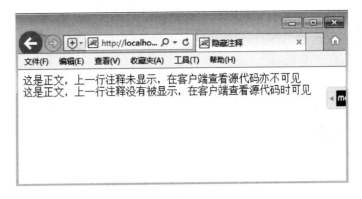

图 5-8　带隐藏注释的页面在浏览器上显示的效果

图 5-9　查看源代码的效果

4．脚本程序中的注释

在脚本程序中的注释和在 Java 中的注释是相同的，包括下面 3 种注释方法。

（1）单行注释

单行注释的格式如下：

```
//注释内容
```

符号"//"后面的所有内容为注释的内容，服务器对该内容不进行任何操作。因为脚本程序在客户端通过查看源代码是不可见的，所以在脚本程序中通过该方法被注释的内容也是不可见的。

（2）多行注释

多行注释是通过"/＊"与"＊/"符号进行标记的，它们必须成对出现，在它们之间输入的注释内容可以换行。多行注释的格式如下：

```
/ *
    注释内容 1
    注释内容 2
    ...
* /
```

（3）文档注释

文档注释的格式如下：

```
/ * *
    提示信息 1
    提示信息 2
    ...
* /
```

多行注释和提示文档进行注释的内容都是不可见的。

5.4.3 JSP 脚本元素

脚本元素是嵌入 JSP 程序中的小段 Java 代码，可用于在 JSP 页面中声明变量、定义函数或进行各种表达式的运算。这些元素在客户端是不可见的，它们由服务器在请求页面时执行。通常，JSP 中的脚本元素包括以下 3 种类型：声明标识（Declaration）、JSP 表达式（Expression）和脚本片段（Scriptlet）。

1. 声明标识

声明标识在 JSP 页面中声明变量、方法和类，语法格式如下：

```
<%!声明;[声明;]... %>
```

注意：在"<%"与"!"之间不能有空格。声明的语法必须符合 Java 语法。

通过声明标识声明的变量、方法和类，会被多个线程即多个用户共享，在整个页面内有效。出于多线程下线程安全角度考虑，不建议使用声明标识声明变量。

下面通过一个具体实例来介绍声明标识的应用。

【例 5-8】声明标识的使用。

```
<% @ page language = "java" import = "java.util. * " pageEncoding = "UTF-8" %>
<!DOCTYPE HTML >
< html >
  < head >
      <title>声明示例</title>
  </head >

  < body >
      <% ! int sum = 7;                     //声明计数变量
      void add(){                           //该方法实现计数功能
          sum ++ ;
      }
      %>
      <% add();                             //在程序片中调用方法
      %>
```

```
        访问本页面的客户总数 sum 为：
            <% = sum %>
    </body>
</html>
```

上述代码主要实现网页访问计数的功能，sum 被定义为线程共享变量。当访问页面后，实现计数的 addsum()方法被调用，将访问次数累加，并向用户显示结果。运行结果如图 5-10 所示。但这只是一个演示实例，不能用于实际项目。

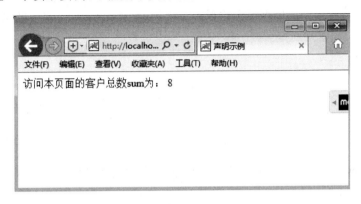

图 5-10 声明标识用法举例

2. JSP 表达式

JSP 表达式是对数据的表示，用于在页面上输出表达式结果，语法格式如下：

```
<% = 表达式 %>
```

注意：“<％＝”是一个完整的符号，“<％”和“＝”之间没有空格，其后的表达式必须能求值。

表达式的值由服务器负责计算，并将计算结果用字符串形式发送至客户端进行显示。表达式可以嵌套，这时表达式的求解顺序为从左到右。当表达式比较复杂时，可以用括号表示优先级。

下面的代码是 JSP 表达式的一个简单示例。

【例 5-9】 JSP 表达式。

```
<% @ page language = "java" import = "java.util. * " pageEncoding = "UTF-8" %>
<!DOCTYPE HTML >
< html >
    < head >
        < title > JSP 表达式</title >
    </head >


    < body >
        < p > cos(1)等于< % = Math.cos(1) %></p >
        < p > 2 的立方是：
        < % = Math.pow(2,3) %></p >
        < p > 3 是否小于 64 的平方根？回答:< % = 3 < Math.pow(64,0.5) %></p >
    </body >
</html >
```

运行结果如图 5-11 所示。

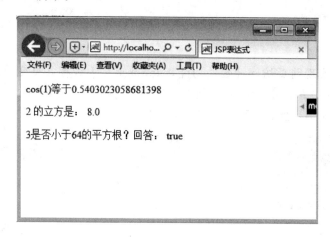

图 5-11 JSP 表达式运行结果

3. 脚本片段

如果需要在网页上插入比表达式更复杂的程序,可以应用脚本片段。它是 JSP 中嵌入的一段 Java 代码,位于"<%"和"%>"标记之间。语法格式如下:

```
<% 程序码片段 %>
```

当客户端向服务器提交了包含 JSP 脚本程序的 JSP 页面请求时,服务器会执行脚本并将结果发送到客户端浏览器中。

【例 5-10】给出了脚本的使用方法。

【**例 5-10**】脚本的使用。

```
<%@ page language = "java" import = "java.util. * " pageEncoding = "UTF-8" %>
<!DOCTYPE HTML >
<html >
    <head >
        <title>JSP 脚本语法示例</title>
    </head >

    <body >
        <p>计算 1 到 100 所有正整数和的 JSP 脚本运行结果如下:</p>
        <%   int i, sum = 0;
        for(i = 1;i <= 100;i = i + 1){
            sum = sum + i;
        }
        %>
        <p>从 1 到 100 正整数之和是:<% = sum %></p>
    </body >
</html >
```

运行结果如图 5-12 所示。

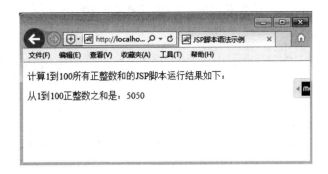

图 5-12 JSP 脚本运行结果

5.4.4 JSP 指令元素

指令元素用于提供和 JSP 页面相关的信息并设置在整个 JSP 页面范围内有效的属性,如页面的编码方式、是否跟踪会话、缓冲需求等。指令中可以设置多个属性。语法格式如下:

```
<%@指令 属性 1 = "值 1"属性 2 = "值 2"…%>
```

指令元素在客户端是不可见的,并不直接产生任何可见输出,只是告诉引擎如何处理其余 JSP 页面。JSP 中主要包含 3 种指令,分别是 page 指令、include 指令和 taglib 指令。其中 page 指令和 include 指令是 JSP 初学者需要掌握的元素,下面将对这两种指令进行详细介绍。而 taglib 指令用于在页面中自定义新的标签来完成特殊的功能,有需要的读者可参考相关的书籍资料。

1. 页面指令:page

page 指令用于定义整个 JSP 页面的一些属性和它们的值,对整个页面有效。指令可以放在页面中任何位置,但习惯上放在 JSP 页面的最前面。page 指令的语法格式如下:

```
<%@ page 属性 1 = "值 1"属性 2 = "值 2"…%>
```

page 指令包含了许多属性,如下例:

```
<%@ page
[ language = "java" ]
[ extends = "package.class" ]
[ import = "{package.class | package. * },…" ]
[ session = "true | false" ]
[ buffer = "none | 8kb | sizekb" ]
[ autoFlush = "true | false" ]
[ isThreadSafe = "true | false" ]
[ info = "text" ]
[ errorPage = "relativeURL" ]
[ contentType = "text/html "; charset = ISO-8859-1" ]
[ isErrorPage = "true | false" ]
%>
```

在一个 JSP 页面中,可以使用多个 page 指令来指定属性及其值。但只有 import 属性可以使用多个 page 指令重复设定。其他属性只能使用一次 page 指令。表 5-3 对 page 指令的主要属性进行了介绍。

表 5-3   page 指令的主要属性说明

属性	说明	默认值
language	用于设置当前页面中编写 JSP 脚本使用的语言,如<%@ page language="java"%>	java
import	为 JSP 页面引入 Java 核心包中的类,以便在 JSP 页面中使用。在 page 指令中可多次使用该属性来导入多个包,如<%@ page import="java.util.*,java.text.*"%> 或<%@ page import="java.util.*"%><%@ page import="java.text.*"%>	JSP 默认导入了 java.lang.*、javax.servlet.*、javax.servlet.jsp.*、javax.servlet.http.*
pageEncoding	用来设置 JSP 页面字符的编码	ISO-8859-1
contentType	用于定义 JSP 页面响应的 MIME 类型和字符编码。属性值的一般形式是:"MIME 类型"或"MIME 类型;charset=编码",如<%@ page contentType="text/html;charset=GB2312"%>,可显示中文	"text/html;charset=ISO-8859-1"
session	用于设置是否需要使用内置的 session 对象,其属性值可以是 true 或 false,设为 false 表示不支持 session	true
buffer	用来指定 out 对象(内置输出流对象)设置的缓冲区大小,值为以 KB 为单位的数字,如<%@ page buffer="24kb"%>。若 buffer 属性设置为 none,表示不使用缓存,直接进行输出	8 KB
auotFlush	指定 out 的缓冲区被填满时,缓冲区是否自动刷新。auotFlush 取值为 true 或 false。当缓冲区填满时,若 auotFlush 属性取值 false,就会出现缓存溢出异常;若取值为 true,则自动将内容输出到客户端。若 buffer 属性设为 none,则 autoFlush 只能设为 true	true
isThreadSafe	用来设置 JSP 页面是否支持多线程访问,取值 true 或 false。当属性值设置为 true 时,JSP 页面能同时响应多个客户的请求;当设置为 false 时,JSP 页面同一时刻只能处理响应一个客户的请求	true
info	为 JSP 页面准备一个字符串。属性值是某个字符串,如当前页面的作者或其他有关的页面信息。可以在 JSP 页面中使用方法 getServletInfo() 获取 info 属性的属性值	-
errorPage	设定当前 JSP 页面出现异常时所要指向的处理页面。属性值即为指向页面的 URL。使用格式为<%@page errorPage="relative URL"%>	-
isErrorPage	设置是否可以在该页面中使用 exception 对象处理异常。将该属性值设为 true 时,在当前页面中可以使用 exception 异常对象。若在其他页面中通过 errorPage 属性指定了该页面,则当前者出现异常时,会跳转到该页面,并在该页面中通过 exception 对象输出错误信息	false

2. 包含指令:include

include 指令用于在翻译阶段向当前 JSP 页面使用该指令的位置静态包含一个文件。包含的文件可以是 JSP 文件、HTML 文件、文本文件等,也可以是 Java 程序。如果被包含的文件中有可执行的代码,则显示代码执行后的结果。

所谓静态包含,是指将当前 JSP 页面和被包含的页面合并为一个新的 JSP 页面,然后再由引擎将这个新的 JSP 页面进行转译。因此,包含文件时,必须保证新合成的 JSP 页面符合 JSP 语法规则。

include 指令的语法格式如下:

```
<%@  include file = "relativeURL" %>
```

include 指令只有一个属性 file ="relativeURL"。它是一个相对路径,指出了被包含文件 的 URL。若路径以斜线开头,则为上下文路径,需要在该应用指定的上下文路径中加以解释。 若并非以斜线开头,则是一个页面相对路径,在相对于当前页面的路径下解释。该属性不支持 任何表达式,不允许有参数。

下面是在 mainpage.jsp 中使用 include 指令包含 triangle.jsp 的示例。

【例 5-11】 include 指令的使用。

```
    mainpage.jsp:
<%@ page language = "java" pageEncoding = "UTF-8" %>
<!DOCTYPE HTML >
< html >
  < head >
        < title > include 指令示例</title >
  </head >
  < body >
    下面用 include 指令包含了 triangle.jsp 页面画个三角形< br/>
    <%@ include file = "triangle.jsp" %>
  </body >
</html >
    triangle.jsp:
<%@ page import = "java.util. * " %>
<!DOCTYPE HTML >
< html >
  < head >
        < title > My JSP ' triangle.jsp ' starting page </title >
  </head >
  < body >
    <%   int   i = 7,j,k;
        for(j = 1;j < i;j ++ ){
                for(k = 0; k < j; k ++ ) {
                        out.print(" * ");
                        }
        %>
        < br/>
        <%
        }
    %>
  </body >
</html >
```

运行结果如图 5-13 所示。

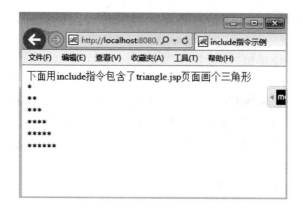

图 5-13　include 指令的运行结果

5.4.5　JSP 动作元素

JSP2.0 规范中定义了一些标准动作元素,基于某些信息完成特殊的动作,如请求的转发、在当前页中包含其他文件、创建一个 JavaBean 实例等。动作元素的语法以 XML 为基础,使用时区分大小写。

JSP2.0 规范中,主要有 20 项动作元素。其中对于 JSP 初学者较为常用的有<jsp:include>、<jsp:forward>、<jsp:param>、<jsp:params>、<jsp:useBean>、<jsp:setProperty>和<jsp:getProperty>。其中<jsp:useBean>、<jsp:setProperty>和<jsp:getProperty>与 JavaBean 组件相关,读者可以通过扫描本章后的二维码继续学习。下面将重点介绍动作元素<jsp:include>、<jsp:forward>、<jsp:param>和<jsp:params>。

1. 包含文件:<jsp:include>

<jsp:include>动作元素用于在请求处理阶段向当前的页面中包含其他的文件。此时并不包含指定页面的实际内容,只包含通过执行页面生成的响应。

该标识的使用格式如下:

<jsp:include page="{relativeURL | <% = expression %>}" flush="true|false"/>

或者向被包含的动态页面中传递参数:

<jsp:include page="{relativeURL | <% = expression %>}" flush="true|false">

<jsp:param name="ParameterName" value="{ParameterValue| <% = expression %>}"/>

</jsp:include>

<jsp:include>的属性如表 5-4 所示。

表 5-4　<jsp:include>的属性及说明

属性	说明
page="{relativeURL | <%=expression %>}"	指定了被包含文件的路径,其值可以是要包含的文件位置或者是一个表达式代表的相对路径
flush	该属性值为 boolean 型。设为 true,表示当输出缓冲区满时,清空缓冲区。默认值为 false
<jsp:param>	可以向被包含的页面中传递一个或多个参数。它本身也是 JSP 动作元素,与其他动作元素配合使用

下面给出使用动作元素在 mainpage.jsp 页面中包含 currenttime.jsp 的例子。

【例5-12】<jsp:include>的使用。

mainpage.jsp：

```
<%@ page language = "java" pageEncoding = "UTF-8" %>
<!DOCTYPE HTML>
<html>
    <head>
        <title>include 动作元素示例</title>
    </head>

    <body>
        下面用 include 动作元素包含了 currenttime.jsp 页面显示当前时间<br/>
        <jsp:include page = "currenttime.jsp"  flush = "true" />
    </body>
</html>
```

currenttime.jsp：

```
<%@ page language = "java" import = "java.util. * " pageEncoding = "ISO-8859-1" %>
<!DOCTYPE HTML>
<html>
    <head>
        <title>My JSP 'currenttime.jsp' starting page</title>
    </head>

    <body>
    <% = (new Date()).toString() %>
    </body>
</html>
```

运行结果如图 5-14 所示。

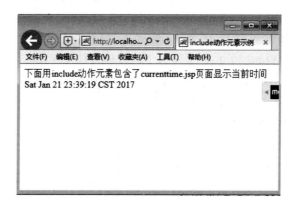

图 5-14 <jsp:include>动作元素使用示例

<jsp:include>元素包含的文件既可以是动态文件也可以是静态文件。如果被包含的是静态文件，则页面执行后，在使用该元素的位置将会输出这个文件的内容；如果<jsp:include>

元素包含的是一个动态文件,那么 JSP 编译器将编译并执行这个文件。

前面已经介绍了 include 指令,include 动作元素与 include 指令之间有如下差异。

① 指定被包含页面的属性不同:include 指令的 file 属性不支持任何表达式,而 include 动作元素的 page 属性支持 JSP 表达式。

② 处理方式不同:include 指令在翻译阶段执行,将被包含的页面内容原封不动地插入当前页面使用该指令的位置,形成一个合成页面,然后 JSP 编译器对这个最终页面进行编译。include 动作元素在请求处理阶段执行,当前页面将请求转发到被包含的页面,并将执行结果输出后,返回当前页面继续执行后面的代码。此时,JSP 编译器分别对两个页面进行了编译。

③ 包含方式不同:include 指令是静态包含。被包含的页面发生改变时,整个合成页面会重新被编译,最终服务器执行的是合成后经 JSP 编译器编译的一个. class 文件。include 动作元素通常用于包含经常需要改动的页面。被包含页面发生改动不会影响当前文件,服务器只需重新编译被包含页面即可。此时服务器执行的是两个页面。只有在执行< jsp:include >动作元素时,被包含的页面才会被编译,这是一种动态包含。

④ 对被包含文件的约定不同:使用 include 指令包含页面时,对被包含页面有约定,合成的页面需要符合 JSP 语法规范,如当前页面和包含页面的 page 指令不应重复设置。而include 动作元素不必遵循此约定。

2. 请求转发:< jsp:forward >

< jsp:forward >动作元素用来将客户端请求的处理转发到另外一个 JSP、HTML 或相关的资源页面上。通常在使用多个页面处理同一个请求时,需要使用该元素将控制从一个页面传到另一个页面。当该元素被执行后,当前的页面不再被执行,而转去执行该元素指定的目标页面。

该标识的使用格式如下:

```
< jsp:forward page = {"relativeURL" | "< % = expression % >"}/>
```

如果转发的目标是一个动态文件,还可以向该文件中传递参数,使用格式如下:

```
< jsp:forward page = {"relativeURL" | "< % = expression % >"}/>
< jsp:param name = "ParameterName" value = "{ ParameterValue |< % = expression % >}"/>
</jsp: forward >
```

< jsp:forward >的属性包括 page 属性,指定了目标文件的路径,类似< jsp:include >的 page 属性。此外,< jsp:param >子元素可以用于向目标文件传递参数。

下面给出< jsp:forward >的使用示例。在 forward. jsp 页面中,首先获取一个随机数,如果该数大于 0.5 就转向页面 add. jsp,否则转向页面 power. jsp。

【例 5-13】< jsp:forward >的使用。

```
    forward. jsp:
< % @ page language = "java" import = "java. util. * " pageEncoding = "UTF-8" % >
<!DOCTYPE HTML >
< html >
  < head >
    < title > My JSP 'foward. jsp' starting page </title >
  </head >
```

```jsp
<body>
<% double i = Math.random();
if(i>0.5){
%>
<jsp:forward page = "add.jsp" />
<%
}
else{
%>
<jsp:forward page = "power.jsp" />
<%
}
%>
<p>这句话和下面的表达式的值能输出吗? </p>
<% = i %>
</body>
</html>
```

add.jsp：

```jsp
<%@ page language = "java" import = "java.util.*" pageEncoding = "UTF-8" %>
<!DOCTYPE HTML >
<html>
<head>
<title>My JSP 'add.jsp' starting page</title>
</head>
<body>
<% int i = 7;
i++; %>
<p>7+1 结果为<% = i %></p>
</body>
</html>
```

power.jsp：

```jsp
<%@ page language = "java" import = "java.util.*" pageEncoding = "UTF-8" %>
<!DOCTYPE HTML >
<html>
<head>
<title>My JSP 'power.jsp' starting page</title>
</head>

<body>
<p>2 的立方是：
<% = Math.pow(2,3) %></p>
</body>
</html>
```

图 5-15 所示为 forward.jsp 运行几次后,随机出现的两种运行结果。

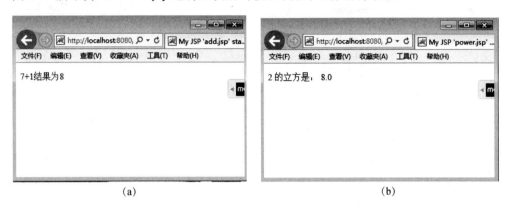

图 5-15　使用<jsp:forward>的运行结果

其中图(a)是随机数大于等于 0.5 时,执行 add.jsp 页面的结果,图(b)是随机数小于 0.5 时,执行 power.jsp 页面的结果。

3. 参数传递:<jsp:params>与<jsp:param>

在前面的 include 和 forward 动作元素中,均出现了<jsp:param>动作元素,它用来向需要包含的页面或要转向的页面传递参数。<jsp:params>也同样用于传递参数。不同之处在于:<jsp:param>经常与<jsp:include>、<jsp:forward>等元素一起使用,而<jsp:params>只和<jsp:plugin>(见后面介绍)一起使用,向 Applet 或 Bean 传递参数。

通过<jsp:param>传递参数的格式如下:

<jsp:param name="ParameterName" value="ParameterValue"/>

通过<jsp:params>传递多个参数的格式如下:

<jsp:params>

　　　　<jsp:param name=" ParameterName " value=" ParameterValue "/>

　　　　<jsp:param name=" ParameterName " value=" ParameterValue "/>

</jsp:params>

其中 name 属性为参数的名称,value 属性是参数值。

5.5　JSP 内置对象

本节将介绍 JSP 内置对象,并通过示例介绍它们的使用方法。

5.5.1　内置对象概述

常见的 Web 应用,如网上购物系统,通常有多个页面,登录、浏览查询、购物过程都涉及信息在不同页面之间传递、共享的问题。因此 JSP 根据规范要求,向用户提供了一些内置对象,用于解决上述问题。

JSP 内置对象是指在 JSP 中内置的、无须定义即可在页面中直接使用的对象。这些对象由 JSP 容器自动提供,可以使用标准的变量来访问,不必显式地声明,也不必创建它们的实例,从而有效地简化了页面。JSP2.0 规范定义了 9 个内置对象,包括 request、response、 session、application、config、exception、out、page、pageContext。这些内置对象实质都是由特定的 Java 类所产生的,在服务器运行时根据情况自动生成。表 5-5 列举了内置对象的所属类型、有效范围和简要说明。

表 5-5　内置对象的所属类型、有效范围和简要说明

内置对象	所属类型	有效范围	简要说明
request	javax. servlet. http. HttpServletRequest	request	提供对 HTTP 请求数据的访问
response	javax. servlet. http. HttpServletResponse	page	用来向客户端返回响应
session	javax. servlet. http. HttpSession	session	用来保存会话期间的数据
application	javax. servlet. ServletContext	application	代表应用程序上下文,它允许 JSP 页面与包含在同一应用中的任何 Web 组件共享信息
config	javax. servlet. ServletConfig	page	允许将初始化数据传递给一个 JSP 页面
exception	java. lang. Throwable	page	含有只能由指定的 JSP"错误处理页面"访问的异常数据
out	javax. servlet. jsp. JspWriter	page	提供对输出流的访问
page	javax. servlet. jsp. HttpJspPage	page	代表 JSP 页面对应的 Servlet 类实例
pageContext	javax. servlet. jsp. PageContext	page	JSP 页面本身的上下文,它提供了唯一一组方法来管理具有不同作用域的属性

其中 request、response 和 session 是 JSP 内置对象中重要的 3 个对象。它们涉及客户端浏览器与服务器端之间交互通信的控制。客户端浏览器通过 HTTP 协议将页面请求发送至服务器,请求信息封装在 request 对象中,JSP 通过 request 对象提供的方法获取客户浏览器的请求信息。之后,服务器对请求进行处理,再通过 response 对象提供的方法对客户浏览器进行响应。而 session 对象则一直维持着会话期间所需要传递的数据信息。

5.5.2　请求对象:request

在 JSP 中,内置对象 request 封装了客户端的请求信息。请求信息包括客户端浏览器提交的各项参数和选项,如请求的头信息、请求方式、请求的参数等。

使用 HTTP 协议传递请求信息的方式通常有两种,一种是将请求信息加到 URL 中,另一种是通过表单。在第 1 种方式中,客户端的请求信息会附加到 URL 结构的问号后,使用 GET 方法向服务器提交表单数据时,也采取这种方式。传送至服务器后相应的 Web 应用程序从 URL 中取出数据进行处理。所使用的 URL 形式如下:

http://host/path? username = Alice&number = 08

其中问号后面为查询数据,即传递到服务器的请求信息。这些请求信息多以"关键字＝值"的形成出现,每组请求信息之间使用 & 符号间隔。

第 2 种方式中,请求信息被包含在请求报文实体主体中发送至服务器,而不是附加到 URL 上。采用 POST 方法提交表单数据即是如此。

无论以何种方式传递请求信息,在服务器端它们都封装在 request 对象中。可以通过 request 对象相应的方法获取需要的信息。

1. 常用方法

request 对象主要用途包括:访问请求参数、在作用域中管理属性、获取 Cookie、获取客户

信息、访问安全信息以及访问国际化信息。表 5-6 列出了常用的方法及说明。

表 5-6　request 对象常用方法及说明

方法	说明
String getParameter(String name)	获取请求参数,返回值为 String 类型。属性 name 与 HTML 标记 name 属性对应,如果属性值不存在,则返回 null
String[] getParameterValues (String name)	获取请求参数,常在表单的复选框中使用,可以得到所有请求参数值的数组,数组的内容为请求中指定属性 name 的多个值
Object setAttribute(String name, Object attribute)	在一次请求中设置转发数据,设定名为 name 的属性,值由 Object 类型的 attribute 指定
Object getAttribute(String name)	获取此次请求中转发的数据,返回参数 name 指定的属性值,若不存在,返回 null
void removeAttribute (String name)	删除指定属性
Cookies[]getCookies()	获取所有 Cookie 对象,返回 cookie 数组
void setCharacterEncoding (String encoding)	设置读取请求时的字符编码,在读取参数之前调用
String getCharacterEncoding()	返回请求的字符编码
String getHeader(String name)	返回 HTTP 请求首部信息
String getMethod()	返回 HTTP 请求的方法,如 get、post、put 等
String getProtocol()	返回请求所用的协议名称、版本
String getRequestURI()	返回请求行中的 URL 从协议名到查询串部分
String getRemoteAddr()	返回客户端的 IP 地址
String getRemoteHost()	返回客户端的主机名称
String getServerName()	返回服务器的名字
String getServletPath()	返回客户端所请求的脚本文件的文件路径
int getServerPort()	返回服务器的端口号
String getContentType()	返回请求的 MIME 类型,如果类型未知则返回 null

2. 应用示例

（1）访问请求参数

使用 request 对象的 getParameter()以及 getParameterValues()方法,可以获取用户提交的数据,包括客户端通过 HTML 表单提供的数据以及在 URL 后面提供的数据。

下面的示例中,生成表单的程序为 form.jsp,其中提供参数的控件名为 user;接收处理表单的是 form.jsp 中< form >标签的属性 action 指定的 requestSubmit.jsp 程序,其中 request.getParameter("user")语句获取表单提供的数据。

【例 5-14】使用 getParameter()获取表单信息。

```
form.jsp:
<% @ page language = "java" import = "java.util. * " pageEncoding = "UTF-8" %>
<!DOCTYPE HTML >
< html >
```

```
  <head>
    <title>My JSP 'form.jsp' starting page</title>
  </head>
  <body>
    <form action = "requestSubmit.jsp" method = post name = form>
        用户名:<input type = "text" name = "user">
        <input type = "submit" value = "登录">
    </form>
  </body>
</html>
```

    requestSubmit.jsp:

```
<%@ page language = "java" import = "java.util.*" pageEncoding = "UTF-8"%>
<!DOCTYPE HTML>
<html>
  <head>
    <title>My JSP 'requestSubmit.jsp' starting page</title>
  </head>
  <body>
    <%String UserName = request.getParameter("user");%>
    <p><% = UserName%>您好,欢迎光临!</p>
  </body>
</html>
```

运行结果如图 5-16、图 5-17 所示。

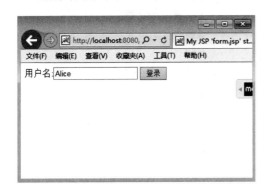

图 5-16 提交信息

图 5-17 获取表单信息

【例 5-15】中,form.jsp 程序生成的表单中有 3 个复选框,名字为 checkbox,如图 5-18 所示;处理表单信息的程序为 requestSubmit.jsp,其中使用 getParameterValues() 获取复选框的成组信息。

【例 5-15】使用 getParameterValues() 获取复选框的成组信息。

    form.jsp:

```
<%@ page language = "java" import = "java.util.*" pageEncoding = "UTF-8"%>
<!DOCTYPE HTML>
<html>
```

```
< head >
  < title > My JSP ' form. jsp ' starting page </title >
</ head >
< body >
  < form method = "post" action = "requestSubmit. jsp">
    Please select your favorite sports:< p >
    < input type = "checkbox" name = "checkbox" value = "basketball"/> basketball
    < input type = "checkbox" name = "checkbox" value = "football"/> football
    < input type = "checkbox" name = "checkbox" value = "table tennis"/> table tennis < p >
    < input type = "submit" name = "submit" value = "submit"/>
  </ form >
</ body >
</html >
```

```
    requestSubmit. jsp:
< % @ page language = "java" import = "java. util. * " pageEncoding = "UTF-8" % >
<!DOCTYPE HTML >
< html >
  < head >
    < title > My JSP ' requestSubmit. jsp ' starting page </title >
  </ head >
  < body >
    < %
        String[] temp = request. getParameterValues("checkbox");
        out. println("Your favorite sports:");
        for( int i = 0; i < temp. length; i ++ ) {
            out. println(temp[i] + " ");
        }
    % >
  </ body >
</ html >
```

运行结果如图 5-18、图 5-19 所示。

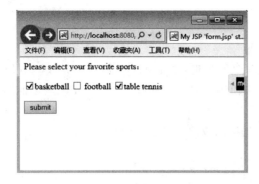

图 5-18　提交复选框信息

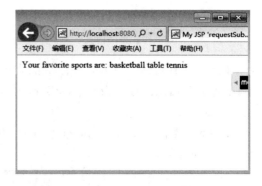

图 5-19　获取成组信息

（2）在作用域中管理属性

在进行请求转发时，需要把一些数据带到转发后的页面进行处理。这时，可以使用 request 对象的 setAttribute()方法设置在本次请求范围内有效的数据。【例 5-16】使用 setAttribute()方法设置数据，并在转发后获取。

【**例 5-16**】使用 setAttribute()方法设置数据。

```
    setAttribute.jsp：
<%@ page language = "java" import = "java.util.*" pageEncoding = "UTF-8" %>
<!DOCTYPE HTML>
<html>
  <head>
    <title>设置属性示例</title>
  </head>
  <body>
    <% request.setAttribute("error","sorry, your username or password is wrong!"); %>
    <jsp:forward page = "error.jsp" />
  </body>
</html>


    error.jsp：
<%@ page language = "java" import = "java.util.*" pageEncoding = "ISO-8859-1" %>
<!DOCTYPE HTML>
<html>
  <head>
    <title>My JSP 'error.jsp' starting page</title>
  </head>

  <body>
    <% out.println("error information is：" + request.getAttribute("error")); %>
  </body>
</html>
```

运行结果如图 5-20 所示。

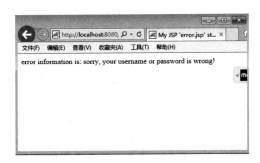

图 5-20 设置对象数据

（3）获取客户端信息

request 对象的一些方法可以访问首部行内容，用于确定组成 JSP 页面的客户端的信息。

【例5-17】中，程序form.jsp通过表单向requestSubmit.jsp提交信息。requestSubmit.jsp通过request对象提供的方法获取客户端信息并显示用户提交的信息。

【例5-17】获取客户端信息。

form.jsp：

```jsp
<%@ page language = "java" import = "java.util.*" pageEncoding = "UTF-8"%>
<!DOCTYPE HTML>
<html>
  <head>
    <title>My JSP 'form.jsp' starting page</title>
  </head>
  <body>
    <form action = "requestSubmit.jsp" method = post name = form>
        用户名:<input type = "text" name = "user">
        <input type = "submit" value = "登录">
    </form>
  </body>
</html>
```

requestSubmit.jsp：

```jsp
<%@ page language = "java" import = "java.util.*" pageEncoding = "UTF-8"%>
<!DOCTYPE HTML>
<html>
  <head>
    <title>My JSP 'requestSubmit.jsp' starting page</title>
  </head>
  <body>
    <% String  username = request.getParameter("user"); %>
    <% = username%>,您好！您的客户端信息如下：
    <%
    out.println("<pre>");
    out.println("客户协议:" + request.getProtocol());
    out.println("服务器名:" + request.getServerName());
    out.println("服务器端口号:" + request.getServerPort());
    out.println("客户端IP地址:" + request.getRemoteAddr());
    out.println("客户机名:" + request.getRemoteHost());
    out.println("客户提交信息长度:" + request.getContentLength());
    out.println("客户提交信息类型:" + request.getContentType());
    out.println("客户提交信息方式:" + request.getMethod());
    out.println("Path Info:" + request.getPathInfo());
    out.println("Query String:" + request.getQueryString());
    out.println("客户提交信息页面位置:" + request.getServletPath());
    out.println("HTTP头文件中accept-encoding的值:" + request.getHeader("Accept-Encoding"));
    out.println("HTTP头文件中User-Agent的值:" + request.getHeader("User-Agent"));
    out.println("</pre>");
```

```
        % >
      </body>
   </html>
```

运行结果如图 5-21、图 5-22 所示。

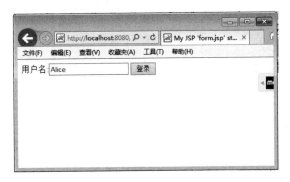

图 5-21　客户端提交的信息

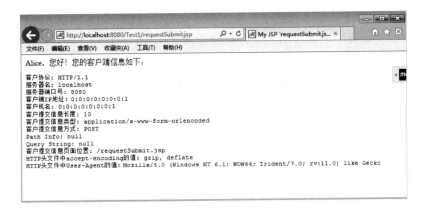

图 5-22　获取客户端信息

5.5.3　响应对象：response

response 对象和 request 对象是相对应的，request 对象用来获取客户端的信息。而
response 对象封装了 JSP 产生的将被发送到客户端的响应。request 对象和 response 对象的
结合可以使 JSP 更好地实现客户端与服务器的信息交互。

1. 常用方法

response 对象的主要用途包括设置 HTTP 响应报头、重定向页面、设置缓冲区。常用方
法及说明如表 5-7 所示。

表 5-7　**response 对象常用方法及说明**

方法	说明
void setHeader(String head,String value)	使用给定的名称和值设置一个响应首部
void addHeader(String head，String value)	使用给定的名称和值添加一个响应首部
void addCookie(Cookie cookie)	设置指定的 cookie
void setContentType(String type)	设置响应的 MIME 类型

续 表

方法	说明
String getContentType()	获取响应的 MIME 类型
void setContentLength(int len)	设置响应内容长度
void sendError(int number)	使用指定的状态码向客户发送错误响应
void sendRedirect(String location)	将客户请求重定向到另一个页面,参数为重定向位置 URL
String getCharacterEncoding()	获取响应中 MIME 的字符编码
void setCharacterEncoding(String encoding)	设置响应的字符编码

2. 应用示例

(1) 设置 HTTP 响应的首部信息

response 对象可以使用方法 addHeader()或方法 setHeader()添加或设置响应报文的首部和值,并传给客户的浏览器。如果添加的首部已经存在,则后添加的响应首部可以覆盖原来的内容。

下面是一个定时刷新页面的例子。通过 response 对象的 setHeader()方法设置 HTTP 响应首部的值使页面每隔 1 秒自动刷新。程序中用到了 Date 类的方法,需要使用 page 指令导入 java. util. * 类。

【例 5-18】使用 setHeader()方法设置 HTTP 首部。

```
<% @ page language = "java" import = "java.util. * " pageEncoding = "UTF-8" %>
<!DOCTYPE HTML>
<html>
  <head>
    <title>页面刷新示例</title>
  </head>
  <body>
    北京时间:(每隔 1 秒钟自动刷新)<br>
    <%
        response.setHeader("refresh","1");
        out.println(new Date().toString());
    %>
  </body>
</html>
```

运行结果如图 5-23 所示。

图 5-23   定时刷新页面的运行结果

（2）重定向页面

response 对象提供了 sendRedirect()方法实现重定向的功能,即在某些情况下响应客户时,将客户重新引导至另一个页面。例如,如果客户输入的表单信息不完整,就会再被引导到该表单的输入页面。

【例 5-19】给出了一个登录页面,当用户没有输入用户名就直接提交表单时,页面会调用 sendRedirect()方法重定向到登录页面。

【例 **5-19**】使用 sendRedirect()重定向。

form. jsp：

```
<%@ page language = "java" import = "java.util. * " pageEncoding = "UTF-8"%>
<!DOCTYPE HTML>
<html>
  <head>
    <title>My JSP 'form.jsp' starting page</title>
  </head>
  <body>
    <form action = "requestSubmit.jsp" method = post name = form>
        用户名:<input type = "text" name = "user">
        <input type = "submit" value = "登录">
    </form>
  </body>
</html>
```

requestSubmit. jsp：

```
<%@ page language = "java" import = "java.util. * " pageEncoding = "UTF-8"%>
<!DOCTYPE HTML>
<html>
  <head>
    <title>My JSP 'requestSubmit.jsp' starting page</title>
  </head>
  <body>
    <% String str = null;
        str = request.getParameter("user");
        if(str.equals("")){
        response.sendRedirect("form.jsp");
        }
        else{
        out.print(str + ",欢迎访问本站!");
        }
    %>
  </body>
</html>
```

运行结果如图 5-24、图 5-25 所示。

图 5-24 用户未输入信息登录时将重定向到登录页面　　图 5-25 用户输入信息的正常登录页面

需要注意的是 sendRedirect 与<jsp:forward>的区别。sendRedirect 是绝对跳转,地址栏中显示跳转后页面的 URL,跳转前后的两个页面不属于同一个请求。而<jsp:forward>跳转后地址栏中仍显示以前页面的 URL,跳转前后的两个页面属于同一个请求。

（3）cookie 管理

第 3 章介绍了 cookie 的基本原理,这种技术使服务器端程序能够将部分跟踪会话的数据存放在客户端,提高网页处理效率。JSP 中使用了 javax. servlet. http. Cookie 类创建 cookie 对象来表示一个 HTTP cookie。该类也提供了一些方法用于 cookie 处理,常用方法及说明列举如下。

表 5-8　cookie 的常用方法及说明

方法	说明
String getName()	获取 cookie 名字
String getValue()	获取 cookie 值
String getDomain()	获取为 cookie 设置的域名
int getMaxAge()	获取 cookie 存在的最大时效(秒数)
String getPath()	获取 cookie 返回服务器的路径
void setValue(String value)	设置 cookie 的值
void setMaxAge(int expiry)	设置 cookie 存在的最大时效(秒数),0 表示 cookie 应由浏览器删除,−1 表示 cookie 一直存在直至浏览器关闭
void setDomain(String domain)	指定 cookie 应出现在哪个域
void setPath(String uri)	指定服务器路径,浏览器把 cookie 返回至该路径

上述 Cookie 类的方法需要和 request、response 对象提供的方法结合使用以实现对 cookie 的管理。下面介绍服务器端使用 cookie 的方法和步骤。

① 创建 cookie 对象

调用 Cookie 的构造函数创建一个 cookie,该方法接收两个参数:cookie 名字和值,例如,

```
Cookie usercookie = new Cookie("userName","Alice");
```

注意,名字和值都不能含有空格或 []（） = ,"/?@ :;等字符。

② 设置 cookie 有效期

默认情况下,创建的 cookie 将在浏览器关闭时取消。若希望浏览器将 cookie 存储在磁盘上,则需要调用 setMaxAge()方法设置 cookie 的最大时效。例如,

```
usercookie.setMaxAge(60 * 60 * 24 * 7); //usercookie 的生存时间为 1 周,以秒为单位
```

将最大时效设为 0 则是告知浏览器删除 cookie。

③ 将 cookie 返回客户端

将 cookie 发送回客户端需要调用 response 对象的 addCookie()方法。该方法创建 Set-Cookie 首部并将 cookie 插入 HTTP 响应报文。例如，

```
response.addCookie(usercookie);
```

④ 从客户端获取 cookie

由浏览器发来的 cookie 封装在 request 对象中，对应了 HTTP 请求报文 Cookie 首部，需要调用 request 对象的 getCookies()方法获取 cookie。该方法返回一个包含所有 cookie 对象的数组，当请求报文中不含 cookie 时，返回 null。

获得数组后，通常会循环调用 Cookie 的 getName()方法与需要的 cookie 名字进行对比，找到匹配的 cookie 对象。之后调用 getValue()方法获取该 cookie 的值进行处理。例如，

```
String cookiename = "userName";
String cookievalue = null;
Cookie[] cookies = request.getCookies();
if (cookies != null){
    for (int i = 0;i < cookies.length;i++){
        if (cookiename.equals(cookies[i].getName)){
            cookievalue = cookies[i].getValue;
        }
    }
}
```

下面给出了一个使用 cookie 记录客户浏览页面的次数和上次浏览时间的示例。

【例 5-20】使用 cookie 的示例。

```
<%@ page language = "java" import = "java.util. * " pageEncoding = "UTF-8" %>
<!DOCTYPE HTML>
<html>
  <head><title>cookie 示例</title></head>
  <body>
    <% Cookie temp = null;
    int count = 1;
    String currenttime = new Date().toString(); //获得当前时间
    String lasttime = null;
    int lastcount = 0;
    Cookie[] cookies = request.getCookies(); //获得客户端所有 cookie
    if(cookies!= null){
        for(int i = 0;i < cookies.length;i++){
            temp = cookies[i];
            if (temp.getName().equals("accessCount")){ //查找记录浏览次数的 cookie
                lastcount = Integer.parseInt(temp.getValue()); %> //取出上次浏览次数
                通过这个浏览器您的浏览次数是<% = lastcount %><br/>
                <% count = lastcount + 1;
                temp.setValue(Integer.toString(count)); //重新设置记录浏览次数的 cookie 值
                response.addCookie(temp); //插入响应报文返回客户端
```

```
                    }
            if (temp.getName().equals("date")){ //查找记录浏览时间的 cookie
                    lasttime = temp.getValue(); %>//取出上次浏览时间
                您上次的浏览时间:<% = lasttime %>
                <% lasttime = currenttime;
                temp.setValue(lasttime); //重新设置记录浏览时间的 cookie 值
                response.addCookie(temp); //插入响应报文返回客户端
                    }
                }
        }
    if (lastcount == 0){
            lastcount = count + 1;
            Cookie accessCount = new Cookie("accessCount", String.valueOf(lastcount)); //创建记
录浏览次数的 cookie
            accessCount.setMaxAge(30 * 24 * 60 * 60); %> //设置最大时效
            通过这个浏览器您的浏览次数是<% = count %><br/>
        <% response.addCookie(accessCount);
        }
            if (lasttime == null){
            lasttime = currenttime;
            Cookie date = new Cookie("date", lasttime.toString()); //创建记录浏览时间的 cookie
            date.setMaxAge(30 * 24 * 60 * 60); %>
            您上次的浏览时间:<% = lasttime %>
        <% response.addCookie(date);
        } %>
    </body>
</html>
```

运行结果如图 5-26 所示。

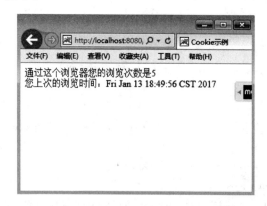

图 5-26　用 cookie 记录客户浏览页面的次数和上次浏览时间的显示效果

（4）页面中文乱码处理

由于 Java 内核和 .class 文件都是基于 Unicode 的，所以在页面上处理显示中文可能会出现乱码的问题。解决乱码问题，需要结合具体的情况。

① JSP 页面乱码

这通常是由页面编码不一致导致的,默认的页面字符编码集为 ISO-8859-1,不支持中文,显示中文时需要使用 page 指令设置页面字符编码,如下所示:

```
<%@ page pageEncoding = "gb2312%">
<%@ page contentType = "text/html; charset = gb2312" %>
```

其中 GB2312 可以改为 UTF-8、GBK。

② 表单提交中文时的乱码

使用 POST 方法提交表单时,可以选用以下两种方法:

- 获取请求参数后进行编码转换,例如 name 属性指定的参数带有中文,可以采用如下语句进行转换

```
String s = new String(request.getParameter("name").getBytes("ISO-8859-1"),"gb2312")
```

但如果此类参数较多,每个都进行编码转换,效率太低。

- 在获得请求参数之前,通过 request. setCharacterEncoding ("gb2312")对请求进行统一编码。

使用 GET 方法提交表单或直接在 URL 后面追加中文的请求参数时,也可以使用 POST 方法提交表单时的第 1 种处理方法进行编码转换或者在 Tomcat 下 server. xml 的 Connector 节点中增加 useBodyEncodingForURI = "true"属性配置,再使用 request. setCharacterEncoding ("gb2312")语句。

③ 响应中输出的乱码

当向客户端响应时带有中文,可以在返回客户端之前使用下述语句设置 HTTP 响应编码。

```
response.setCharacterEncoding("gb2312");
response.setContentType("text/html;charset = gb2312");
```

5.5.4 会话对象:session

第 3 章中介绍过 HTTP 协议的无状态性,也就是一旦连接结束,服务器端不保留连接的相关信息。在客户端使用了 Cookie 保存信息,但 Cookie 一般只能保存字符串等简单数据,不适于保存比较复杂的数据。

那么服务器是如何知道在不同页面之间跳转的用户是否是同一个用户,它又是怎样获取用户在访问各个页面期间所提交的信息的? 在 JSP 中,服务器端使用了 session 对象来存储数据。

每一个 session 对象代表一个会话。会话是指从一个客户打开浏览器并连接到服务器开始,到客户关闭浏览器离开这个服务器的整个过程。一个客户对同一服务目录中不同网页的访问属于同一会话。

当一个客户访问 Web 应用时,即 JSP 页面被装载时,服务器自动为用户生成一个独一无二的 session 对象。与此同时 JSP 引擎还会分配一个 String 类型的 ID 号并将这个 ID 号发送到客户端,存放在 Cookie 中,这样 session 对象和客户之间就建立了一一对应的关系。当客户再访问连接该服务器的其他页面时,不再分配给他新的 session 对象。接下来当客户浏览这个 Web 应用的不同网页时,始终处于同一个 session 中。但当客户浏览器禁止 Cookie 时,引擎无法从客户端浏览器中获得存储在 Cookie 中的 Session ID,也就无法跟踪客户状态。因此要使用 session 对象,不能在客户端禁止 Cookie。

从一个客户会话开始到会话结束这段时间称为 session 对象的生命周期。在以下情况中,

session 对象将结束生命周期,session 对象所占用的资源会被释放掉:①客户端关闭浏览器; ②session 对象过期;③服务器端调用了 invalidate()方法。

1. 常用方法

session 内置对象提供了相应的方法创建及获取客户的会话,并设置 session 生命周期。常用方法及说明如表 5-9 所示。

表 5-9　session 对象常用方法及说明

方法	说明
String getId()	获取 session ID
void setAttribute(String name,Object value)	设置指定名称的属性值,并将其存储在 session 对象中,参数 name 为属性名称,value 为属性值
Object getAttribute(String name)	获取与此会话中与属性名 name 相关的属性
void removeAttribute(String name)	删除会话中名为 name 的属性
void setMaxInactiveInterval(int n)	指定会话的最大时效,当超过该时间,会话置为无效
int getMaxInactiveInterval()	获取会话的最大时效
void invalidate()	将会话置为无效,解除与之绑定的所有属性
long getCreationTime()	获取会话创建时间
long getLastAccessedTime()	获取与此会话有关的上一个请求的时间

2. 应用示例

(1) 创建及获取客户的会话

可以使用 setAttribute()和 getAttribute()方法创建及获取客户会话的属性。【例 5-21】是一个非常简单的购物商店的代码示例。使用 session 对象存储顾客的姓名和购买的商品。

【例 5-21】session 对象的使用。

```
    form.jsp:
<%@ page language = "java" import = "java.util. * " pageEncoding = "UTF-8" %>
<!DOCTYPE HTML >
< html >
  < head >
    < title > My JSP ' form.jsp ' starting page </title >
  </head >
  < body >
    < form action = "requestSubmit.jsp" method = post name = form >
        用户名:< input type = "text" name = "user">
        < input type = "submit" value = "登录">
    </form >
  </body >
</html >


    requestSubmit.jsp:
<%@ page language = "java" import = "java.util. * " pageEncoding = "UTF-8" %>
<!DOCTYPE HTML >
< html >
```

```
< head >
    < title > My JSP ' requestSubmit. jsp ' starting page </title >
</head >
< body >
    < % String userName = request. getParameter("user");
    session. setAttribute("name",userName);
    % >
    < p >这里是学苑超市</p >
    < p >输入您想购买的商品以结账:</p >
    < form action = "checkout. jsp" method = post >
        < input type = "text" name = "goods">
        < input TYPE = "submit" value = "确定">
    </ form >
    </ body >
</ html >
```

checkout. jsp:

```
< % @ page language = "java" import = "java. util. * " pageEncoding = "UTF-8" % >
<!DOCTYPE HTML >
< html >
    < head >
        < title > My JSP ' checkout. jsp ' starting page </title >
    </ head >
    < body >
        < % String goods = request. getParameter("goods");
        session. setAttribute("goodsinfo",goods);
        String name = (String)session. getAttribute("name");
        String goodsinfo = (String)session. getAttribute("goodsinfo");
        % >
        < p >< % = name % >,您好! </p >
        < p >这里是收银台,您选择选购的商品是:
        < % = goodsinfo % ></p >
    </ body >
</ html >
```

运行结果如图 5-27、图 5-28、图 5-29 所示。

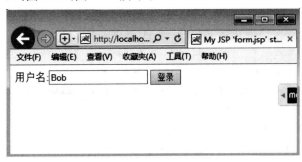

图 5-27　登录页面

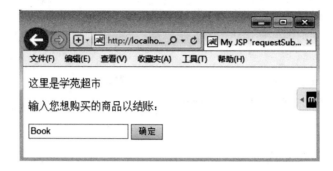

图 5-28　输入商品

图 5-29　购物结果显示

（2）session 对象的生命周期

session 对象默认的生存时间为 1 800 秒。这个时间可以通过方法 setMaxInactiveInterval（int n）设置，对系统安全使用进行保护。【例 5-22】给出了关于 session 对象的生命周期的一些设置方法。

【例 5-22】session 对象生命周期的设置。

```
<%@ page language = "java" import = "java.util. * " pageEncoding = "UTF-8" %>
<!DOCTYPE HTML>
<html>
  <head>
    <title>session 对象生命周期设置示例</title>
  </head>
  <body>
    会话标识:<% = session.getId() %>
    <p>创建时间:<% = new Date(session.getCreationTime()) %></p>
    <p>最后访问时间:<% = new Date(session.getLastAccessedTime()) %></p>
    <p>是否是一次新的对话? <% = session.isNew() %></p>
    <p>原设置中的一次会话持续的时间:<% = session.getMaxInactiveInterval() %></p>
    <%-- 重新设置会话的持续时间--%>
    <% session.setMaxInactiveInterval(100); %>
    <p>新设置中的一次会话持续的时间:<% = session.getMaxInactiveInterval() %></p>
  </body>
</html>
```

运行结果如图 5-30 所示。

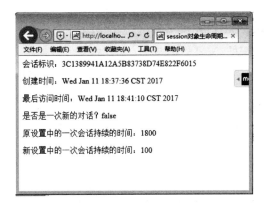

图 5-30　session 对象生命周期的设置

5.5.5　多客户端共享对象：application

application 对象实现多个 Web 应用或多个用户之间的数据共享，用于保存所有应用中的公有数据。application 对象一旦被创建就会一直存在，除非服务器关闭。

application 对象与 session 对象的不同之处在于：session 对象和用户会话相关，不同用户的 session 是完全不同的对象。而所有用户的 application 对象都是相同的，即共享这个内置的 application 对象。

在调用 application 对象时，需要实现同步处理。这是因为所有客户共享同一个 application 对象，任何客户对 application 对象中数据的改变都会影响其他的客户。

1. 常用方法

常用的 application 对象的方法及说明如表 5-10 所示。

表 5-10　application 对象的常用方法及说明

方法	说明
void setAttribute(String key,Object obj)	设定属性的属性值
Object getAttribute(String key)	返回给定名的属性值
void removeAttribute(String key)	从当前 application 对象中删除属性及其属性值
String getServletInfo()	返回 JSP(Servlet)引擎名及版本号

2. 应用示例

下面给出了一个简单的页面计数的例子，使用了 getAttribute()方法获得计数变量，重新计数后使用 setAttribute()方法设置计数器的值。

【例 5-23】application 对象做页面计数。

```
<%@ page language = "java" import = "java.util. * " pageEncoding = "UTF-8" %>
<!DOCTYPE HTML>
<html>
  <head>
    <title>My JSP 'counter.jsp' starting page</title>
  </head>
```

```
< body >
    < % if(application. getAttribute("counter") = = null){
        application. setAttribute("counter","1");
    }
    else{
        String counter = null;
        counter = application. getAttribute("counter"). toString();
        int icount = 0;
        icount = Integer. parseInt(counter);
        icount + + ;
        application. setAttribute("counter",Integer. toString(icount));
    }
    % >
    欢迎光临,您是本站第< % = application. getAttribute("counter") % >位访客!
    </ body >
</ html >
```

运行结果如图 5-31 所示。

图 5-31   访客计数示例

5.5.6   其他对象

1. 输出对象:out

内置输出流对象 out 负责将服务器的某些信息或运行结果发送到客户端进行显示,如可以利用 out 对象直接向客户端写一个由程序动态生成的 HTML 文件。此外 out 对象还管理应用服务器上的输出缓冲区。例如,对缓冲区进行操作,及时清除缓冲区中的残余数据,数据输出完毕后及时关闭输出流,等等。

out 对象中常用的方法及说明如表 5-11 所示。

表 5-11   out 对象的常用方法及说明

方法	说明
void print(type x)	向客户端输出各种类型的数据
void println(type x)	向客户端换行输出各种类型数据

续 表

方法	说明
void newline()	向客户端输出一个换行符
void flush()	输出缓冲区里的内容
void clear()	清空缓冲区的数据
void close()	关闭输出流

下面给出了使用 out 对象向客户端输出数据的示例。

【例 5-24】使用 out 对象向客户端输出数据。

```
<% @ page language = "java" import = "java.util. * " pageEncoding = "UTF-8" %>
<!DOCTYPE HTML >
< html >
    < head >
        < title > out 对象示例</title>
    </head>
    < body >
        <% int a = 2;
        out.println("< h1 >学生名单</h1 >");
        out.print("< br/>");
        out.println("总人数为:");
        out.println( + a);
        out.print("< br/>");
        out.println("< table border >");
        out.println("< tr >");
        out.println("< th >" + "姓名" + "</th>");
        out.println("< th >" + "班级" + "</th>");
        out.println("< th >" + "学号" + "</th>");
        out.println("</tr>");
        out.println("< tr >");
        out.println("< td >" + "Alice" + "</td>");
        out.println("< td >" + "1" + "</td>");
        out.println("< td >" + "001" + "</td>");
        out.println("</tr>");
        out.println("< tr >");
        out.println("< td >" + "Bob" + "</td>");
        out.println("< td >" + "2" + "</td>");
        out.println("< td >" + "002" + "</td>");
        out.println("</tr>");
        out.println("</table >");
        %>
    </body>
</html >
```

运行结果如图 5-32 所示。

图 5-32　使用 out 对象向客户端输出数据

2. 异常对象：exception

exception 内置对象用来处理 JSP 文件执行时发生的异常。通常一个页面在运行过程中可能发生异常时，需要在 page 指令中的 errorpage 属性指定异常处理页面，并在异常处理页面中设置 page 指令的 isErrorPage 属性为 true。当异常发生时，JSP 引擎会自动导向异常处理页面。在该页面中可以调用 exception 对象输出异常信息。

常用的 exception 对象的方法及说明如表 5-12 所示。

表 5-12　exception 对象的常用方法及说明

方法	说明
String getMessage()	返回描述异常的消息
void printStackTrace()	显示异常的栈跟踪轨迹
String toString()	返回关于异常的简单信息描述

下面给出了一个 exception 对象的应用示例。在 calculate.jsp 页面中进行除法运算，当除数为 0 时，抛出异常，转向 error.jsp 页面调用 exception 对象进行异常处理。

【例 5-25】使用 exception 对象处理异常。

calculate.jsp

```
<%@ page language = "java" import = "java.util. * " pageEncoding = "UTF-8"
errorPage = "error.jsp" %>
<!DOCTYPE HTML >
<html >
  <head >
    <title>出错测试页面</title>
  </head >
    <body >
    <% int i = 9;
    int j = i/0; %>
  </body >
</html >
```

error.jsp

```
<%@ page language = "java" import = "java.util. * " pageEncoding = "UTF-8"
isErrorPage = "true" %>
<!DOCTYPE HTML>
<html>
    <head>
        <title>错误处理页面</title>
    </head>

    <body>
      系统出现异常.<br>
      <% = exception.toString() %>
    </body>
</html>
```

运行结果如图 5-33 所示。

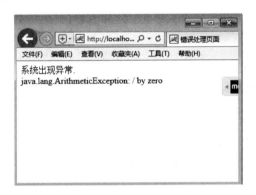

图 5-33　异常处理效果

此外,内置对象还包括页面对象 page、页面上下文对象 pageContext 和配置对象 config,由于实际应用中出现得较少,此处不再做详细介绍,读者可参考相关的书籍资料。

5.5.7　内置对象应用简单示例

本小节给出一个应用 JSP 内置对象实现的简单留言板的例子。该应用不涉及登录会话,为所有访客提供向服务器提交留言信息以及查看留言的功能。

1. 页面设计

为实现留言板功能,本例设计了 3 个页面,它们之间的关系如图 5-34 所示。

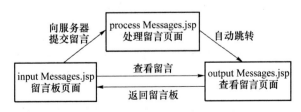

图 5-34　留言板各页面的关系

各页面实现的主要功能如下。

- inputMessages.jsp：主要负责用户输入，用户可以通过该页面提供的表单输入留言信息，也可以通过该页面向服务器提交查看留言的请求。当输入留言后，可以向服务器提交留言进入处理留言页面 processMessages.jsp，或者通过提交查看留言的请求进入查看留言页面 outputMessages.jsp 查看留言。
- processMessages.jsp：主要负责留言处理，接收来自客户端的留言信息输入，对留言进行处理并保存至服务器端，处理完毕后自动跳转至查看留言页面 outputMessages.jsp。
- outputMessages.jsp：主要负责留言显示，将存储在服务器的留言内容以特定外观显示出来，用户浏览完毕可以返回留言板页面 inputMessages.jsp。

2. 代码设计及运行效果

留言板页面 inputMessages.jsp 的代码如下。

```
inputMessages.jsp
<%@ page language="java" import="java.util.*" pageEncoding="GB2312"%>
<%@ page contentType="text/html;charset=GB2312" %>
<!DOCTYPE HTML>
<html>
  <head>
  <meta charset="GB2312">
  <title>留言板页面</title>
  <script type="text/javascript">
  functioncheckInput(){
  var user = document.getElementById("user");
  var content = document.getElementById("content");

  if(content.value.trim()==""){          //trim()方法用于去掉空格
  alert("留言内容不能为空!");
  return false;
  }
  if(user.value.trim()==""){
  alert("用户名为空,将以匿名方式留言!");
  }
  }
  </script>
  </head>

  <body>
      <form action="processMessages.jsp" method="post" name="form">
      <p>输入您的名字:<input type="text" name="userName" id="user"/></p>
      <p>留言标题:<input type="text" name="messageTitle"/></p>
      <p>留言内容:<br/>
      <textarea name="messages" id="content" rows="10" cols=30>
      </textarea></p>
      <input type="submit" value="提交留言" name="submit" onclick="return checkInput()">
```

```
    </form>
      <button type = "button" onclick = "location = 'outputMessages.jsp'">查看留言</button>
    </body>
  </html>
```

上述代码中设计了一个 name 属性为 form 的表单用于输入留言,以及一个 button 按钮用于提交查看留言请求。

form 表单中包括两个 input 元素用作文本输入、一个 textarea 元素提供多行文本输入,还有一个类型为 submit 的 input 元素用作提交留言按钮。当单击该按钮时,触发 click 事件,调用事件处理程序 checkInput()函数对表单内容进行校验。事件处理程序由 JavaScript 实现,其中使用了 document 对象提供的 getElementById()方法提取表单的用户名和留言内容。当留言内容为空时,输入警示信息,返回 false,阻止浏览器提交表单。当用户名为空时,提示用户以匿名方式提交留言。

点击 button 按钮时,将进入查看留言页面 outputMessages.jsp 显示留言。

该页面的显示效果如图 5-35 所示。

图 5-35　留言输入页面

当留言内容为空时,运行效果如图 5-36 所示。

当用户名为空时,运行效果如图 5-37 所示。

图 5-36　留言内容为空时的运行效果　　　图 5-37　用户名为空时的运行效果

处理留言页面 processMessages.jsp 的代码如下。

```jsp
processMessages.jsp
<%@ page language = "java" contentType = "text/html; charset = GB2312"
pageEncoding = "GB2312" %>
<%@ page import = "java.util. * ,java.text. * " %>
<!DOCTYPE html>
<html>
<head>
<meta charset = "GB2312">
<title>处理留言页面</title>
</head>
<body>
  <%!
    Vector < String > v = new Vector < String >();
    ServletContext application;//当服务器不直接支持 application 对象时,声明这个对象
    int count = 0;
    synchronized void submitMessage(String str) //并发线程,互斥执行
    {
      application = getServletContext();//当服务器不直接支持 application 时对其初始化
      count ++ ;
      v.add("第" + count + "楼" + str);
      application.setAttribute("Messages", v); ///留言信息保存在 application 对象中
    }
    request.setCharacterEncoding("gb2312");
    String name = request.getParameter("userName");
    String title = request.getParameter("messageTitle");
    String messages = request.getParameter("messages");
    if(name == null||name == ""){
      name = "匿名用户" + (int)(Math.random() * 10000);
    }
    if(title == null||title == ""){
      title = "无";
    }
    String time  = new SimpleDateFormat("yyyy-MM-dd hh:mm:ss"). format(Calendar.getInstance().
    getTime()); //获取系统时间
    String str = "#" + title + "#" + name + "#" + time + "#" + messages + "#";
    submitMessage(str);//互斥提交信息
    out.print("您的信息已经提交,5 秒后跳转到留言查看页面。");
    response.setHeader("refresh","5;URL = outputMessages.jsp");
  %>
  </body>
</html>
```

该页面中留言信息以 Vector < String >类型的矢量队列形式被处理,由于需要对所有访客可见,留言信息存储在 application 对象的"Messages"属性中。

上述代码首先使用了 request 对象的 getParameter()方法提取来自客户端的用户名、留言标题、留言内容。当用户名为空时,使用匿名用户＋随机数的形式代表留言者;当留言标题为空时,则使用"无"替代。接着将标题、留言者姓名、留言时间和留言内容拼接成字符串,各部分用"＃"分隔。然后调用提交留言信息的函数 submitMessages(),将留言字符串作为参数传入。函数 submitMessages()在定义时使用了 synchronized 这一关键字,其目的是使多线程在操作 application 对象时保持同步。因为所有访客都可以对 application 对象的"Messages"属性进行修改,该属性即是多线程通信时的临界资源,需要实现互斥访问。在函数中使用了 Vector 提供的 add()方法向队列末尾追加留言信息,其中还包含了留言序号。保存留言信息则使用了 application 对象的 setAttribute()方法将对象添加到 application 对象中。最后使用了 response 对象的 setHeader()方法实现自动跳转至查看留言页面。

图 5-38　留言处理完毕后的显示效果

留言处理完毕后的显示效果如图 5-38 所示。

查看留言页面 outputMessages.jsp 的代码如下。

outputMessages.jsp

```
<%@ page language = "java" import = "java.util. * " pageEncoding = "GB2312" %>
<%@ page contentType = "text/html;charset = GB2312" %>
<!DOCTYPE html >
<html >
    <head >
        <meta charset = "GB2312">
        <title>查看留言页面</title>
    </head>


<body>
<a href = "outputMessages.jsp#theEnd">跳转至页尾</a><br/><hr/>
<%
    Vector<String> mess = (Vector<String>)application.getAttribute("Messages");
    if (mess == null) {
        out.print("暂时还没有留言!");
    }
    else {
        for(int i = 0;i < mess.size();i + + ){
            String message = (String)mess.elementAt(i);
            String str[] = message.split("#");
            out.println(str[0]);
            out.print("<table width = '600'>" + "<tr>");
                out.print("<td align = 'left'>" + "标题:" + str[1] + "</td>");
                out.print("<td align = 'left'>" + "留言者:" + str[2] + "</td>");
```

```
                out.print("<td align='left'>" + "留言时间:" + str[3] + "</td>");
                out.print("</tr>");
                out.print("<tr><td colspan='3'><TextArea  rows=5 cols=70>" + str
[4] + "</TextArea></td></tr>");
                out.print("</table><br/><hr/>");
        }
    }
%>
<button id="theEnd" type="button" onclick="location=' inputMessages.jsp '">返回留言板
</button>
</body>
</html>
```

上述代码中,使用了 application 对象的 getAttribute()方法提取"Messages"属性,获取留言信息。若该属性为空,则输出"暂时还没有留言!"。否则调用 elementAt()方法依次取出各个留言信息,针对每条留言信息字符串,调用 split()方法将字符串按"♯"进行分割,各部分作为数组元素存入 str[]。然后使用 out 对象的 print 方法显示留言次序、留言标题、留言者、留言时间和留言内容。此外该页面还设计了一个 button 元素,点击后可返回留言板页面,并将该元素设置为一个锚点,页面开始位置设计了跳转至该锚点的超链接,方便在留言较多的时候跳至页尾。

该页面的运行效果如图 5-39 所示。

图 5-39　查看留言页面的运行效果

当点击页面开始位置的超链接时,将跳转至页尾,显示效果如图 5-40 所示。

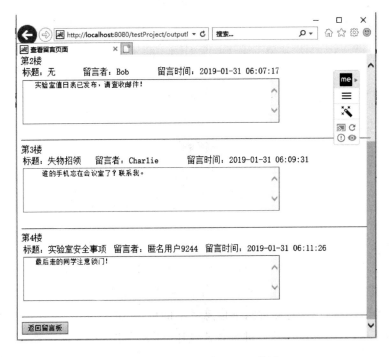

图 5-40 跳转至页尾的显示效果

5.6 本章小结

本章介绍了一种基于 Web 应用的网络编程技术 JSP。首先对 JSP 的技术原理、开发环境进行介绍,给出了 JSP 中涉及的 Java 语言的基本知识,着重讲述了 JSP 的基本语法和内置对象的使用方法,并给出一个基于 JSP 内置对象的简单留言板应用示例。关于 JavaBean 技术、JDBC 技术以及通过 JDBC 操作数据库的方法请扫二维码进行详细了解。读者在学习完本章后能对 JSP 的基本原理、主要技术、开发环境、编程方法都有所掌握,对基于 Web 应用的网络编程技术概貌也能有较为全面的了解。

JavaBean 简介

JDBC 与 JSP

第6章 网络信息系统实例

第1章介绍了网络信息系统——网上书店,下面将使用 JSP 技术实现一个简单的网上书店。通过这个实例,读者可以更好地了解 JSP 和 Java 数据库连接(JDBC,Java DataBase Connectivity)的结合应用,也能够对网络信息系统的设计和实现有进一步的掌握。本章首先给出网上书店系统的需求分析,然后进行系统设计,最后给出代码及运行效果。

6.1 网络信息系统设计

系统的设计包括功能模块设计、文件组织结构及数据表设计,下面逐步介绍这几个步骤。

6.1.1 需求分析

网上书店提供的基本功能包括以下几个。

① 会员注册:首次进入网上书店的用户需要注册成为会员,注册时需填写个人基本信息,注册后还可修改个人信息和登录密码。

② 会员登录:使用注册的用户名、密码可登录系统,使用网上书店的服务。

③ 图书浏览:进入书店主页浏览书店图书,点击查看图书详情。

④ 图书购买:将选中的图书添加到购物车中,查看购物车的内容并修改购买数量,也可以删除购物车中的图书甚至清空购物车;当用户决定购买选中的图书时,可以填写订单并提交,也可以查看以往订单详情。

6.1.2 系统设计

系统的业务逻辑与功能需求并不复杂,主要功能可以采用 JSP＋JavaBean 的编程模式来实现。系统的所有数据包括会员信息、图书信息及订单信息存放于数据库中,这里采用的数据库是 MySQL。服务器接收用户请求调用 JSP 页面,JSP 页面中包含 JavaBean 实现业务逻辑以及对数据库的访问,处理流程如图 6-1 所示。

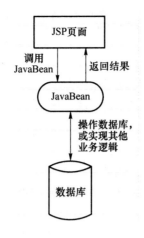

图 6-1　系统设计结构

1. 功能模块设计

系统功能模块可以划分为会员管理模块、图书管理模块、购物车管理模块以及订单管理模块。

① 会员管理模块:实现会员注册,输入个人基本信息;实现会员登录验证;实现会员修改个人信息和登录密码。

② 图书管理模块:实现图书浏览查看,包括显示图书列表、查看图书详情。

③ 购物车管理模块:实现对购物车信息的管理,包括将图书添加到购物车中、显示购物车内容、修改图书数量、删除图书、清空购物车。

④ 订单管理模块:实现创建订单、查看订单的功能。

系统功能模块的结构如图 6-2 所示。

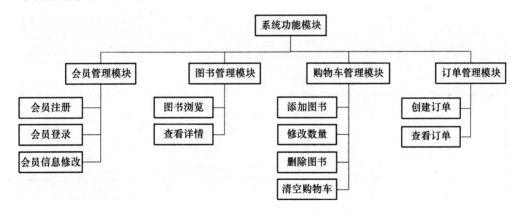

图 6-2　系统功能模块划分

2. 文件组织结构

整个网上书店系统包含了 2 个 HTML 文件、9 个 JSP 文件、5 个 JavaBean 组件,各页面文件的功能如表 6-1 所示。

表 6-1　各页面文件功能说明

文件名	功能描述
Login. html	登录界面,提供填写用户名、密码的表单
Register. html	注册界面,提供填写会员注册信息的表单
LoginManagement. jsp	登录管理页面,进行登录验证、处理退出登录
BestBook. jsp	图书浏览页面,提供图书列表信息
Bookdetail. jsp	图书详情页面,提供图书详细信息
Bookcart. jsp	购物车页面,显示购物车内容
CartInfoManagement. jsp	购物车管理页面,提供添加图书到购物车、修改图书数量、删除图书、清空购物车等功能
OrderForm. jsp	订单填写界面,提供填写收货信息的表单
OrderManagement. jsp	订单管理页面,提供创建订单、查询订单等功能
UpdateMemInfoForm. jsp	修改会员信息界面,提供修改个人信息、登录密码的表单
MemInfoManagement. jsp	会员信息管理页面,提供注册、修改个人信息、修改密码等功能
Member. java	访问数据库操作会员信息
Book. java	访问数据库中关于图书的信息
CartItem. java	用于对购物车的购物项进行操作
Cart. java	用于实现购物车的操作
Order. java	用于实现订单的操作

3. 数据表设计

本系统中使用的数据库名为 BestBook,包括 4 个数据表,分别为会员信息表(memberinfo)、图书信息表(bookinfo)、订单基本信息表(orderbasicinfo)和订单详情表(orderdetailinfo)。

会员信息表用于储存会员信息,如表 6-2 所示。

表 6-2　会员信息表

字段名	数据类型	说明	备注
ID	int	用户序号,主键,自动增长	主关键字
memberID	varchar(30)	用户名	
memberName	varchar(30)	用户真实姓名	
LoginTimes	int	登录次数	
pwd	varchar(10)	密码	
phoneCode	varchar(20)	电话号码	
emailaddress	varchar(30)	电子邮件地址	

图书信息表用于存储图书信息,如表 6-3 所示。

表 6-3 图书信息表

字段名	数据类型	说明	备注
bookISBN	varchar(30)	图书 ISBN 号	主关键字
bookName	varchar(50)	书名	
bookAuthor	varchar(30)	作者姓名	
publisher	varchar(50)	出版社	
introduction	varchar(2000)	图书简介	
price	float	价格	

订单基本信息表用于储存订单的基本信息，如表 6-4 所示。

表 6-4 订单基本信息表

字段名	数据类型	说明	备注
ordercode	varchar(50)	订单编号	主关键字
createtime	varchar(50)	下单时间	
memberID	varchar(30)	用户名	
totalPrice	float	订单总价	
receiverName	varchar(30)	收件人姓名	
receiverAddress	varchar(50)	收件人地址	
telephone	varchar(20)	电话号码	
email	varchar(30)	电子邮件地址	
zipcode	varchar(30)	邮编	
date	varchar(50)	送货日期	
message	varchar(255)	备注	

订单详情表用于储存订单中的图书、数量以及价格小计，如表 6-5 所示。

表 6-5 订单详情表

字段名	数据类型	说明	备注
ordercode	varchar(50)	订单编号	联合主关键字
bookISBN	varchar(50)	图书 ISBN 号	
mount	int	购买数量	
subtotalprice	float	价格小计	

6.2 页面设计及代码实现

1. Login. html

该页面提供了用户登录的表单，输入用户名和密码后提交到 LoginManagement. jsp 进行登录验证，此外页面还提供了到注册界面 Register. html 的超链接。代码如下。

```html
<!DOCTYPE html>
<html>
   <head>
     <title>Login.html</title>
   <style>
* {
     font-family:Arial, Microsoft YaHei, sans-serif;
}
#header {
     background-color:#4682B4;
     color:white;
     text-align:center;
     padding:5px;
}
#section {
     padding:50px;
     text-align:center;
}
#footer {
     background-color:#4682B4;
     color:white;
     clear:both;
     text-align:center;
     padding:5px;
}
a:link,a:visited
{
     display:block;
     font-weight:bold;
     color:black;
     width:120px;
     text-align:center;
     padding:4px;
     text-decoration:none;
     margin-left:auto;
     margin-right:auto;
}
a:hover,a:active
{
     background-color:#1E90FF;
}
</style>
</head>
```

```
< body >
    < div id = "header">
        < h1 >北邮校园网上书店</h1 >
    </div >


    < div id = "section">
    < h2 >会员登录</h2 >< br/>
        < form method = "POST" ACTION = "LoginManagement.jsp? logoper = verification">
            用户名:< input TYPE = "text" name = "memberID"  >
            密  码:< input TYPE = "password" name = "pwd"  >
            < input type = "submit" name = "submit" value = "登录">
        </form >
        < br/>< br/>
        < a href = "Register.html">新用户注册</a >
    </div >


    < div id = "footer">
      Copyright BestBook
    </div >
  </body >
</html >
```

运行结果如图 6-3 所示。

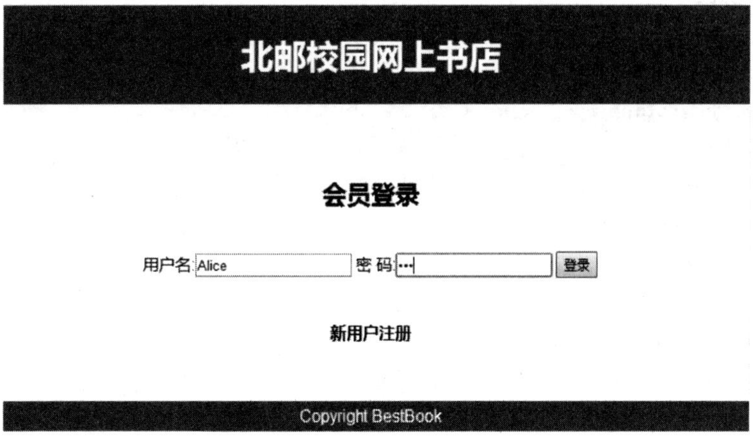

图 6-3　登录界面

2．Register. html

该页面用于会员注册,提示用户输入个人信息,提交后会转到 MemInfoManagement. jsp
进行注册。代码如下。

```
<!DOCTYPE html >
< html >
  < head >
    < title > Register. html </title >
```

```
<style>
* {
    font-family:Arial, Microsoft YaHei, sans-serif;
}
# header {
    background-color:#4682B4;
    color:white;
    text-align:center;
    padding:5px;
}
# section {
    padding:50px;
    text-align:center;
}
# footer {
    background-color:#4682B4;
    color:white;
    clear:both;
    text-align:center;
    padding:5px;
}
a:link,a:visited
{
    display:block;
    font-weight:bold;
    color:black;
    width:120px;
    text-align:center;
    padding:4px;
    text-decoration:none;
    margin-left:auto;
    margin-right:auto;
}
a:hover,a:active
{
    background-color:#1E90FF;
}
</style>
</head>

<body>
<div id = "header">
    <h1>北邮校园网上书店</h1>
```

```
        </div >

        < div id = "section">
            < h2 >会员注册</h2 >
                < form action = "MemInfoManagement. jsp? oper = register" method = "post">
                    用户名:< input type = "text" name = "userid">< br/>< br/>
                    密    码:< input type = "password" name = "password"> < br/>< br/>
                    姓    名:< input type = "text" name = "username">< br/>< br/>
                    电    话:< input type = "text" name = "phoneCode" >< br/>< br/>
                    邮    箱:< input type = "email" name = "emailaddress" >< br/>< br/>
                        < input type = submit value = "提交注册">
                        < input type = "reset" value = "重置" >< br/>< br/>
                        < a href = "Login. html">返回登录</a>
                </form >
        </div >

            < div id = "footer">
            Copyright BestBook
            </div >
        </body >
</html >
```

运行结果如图 6-4 所示。

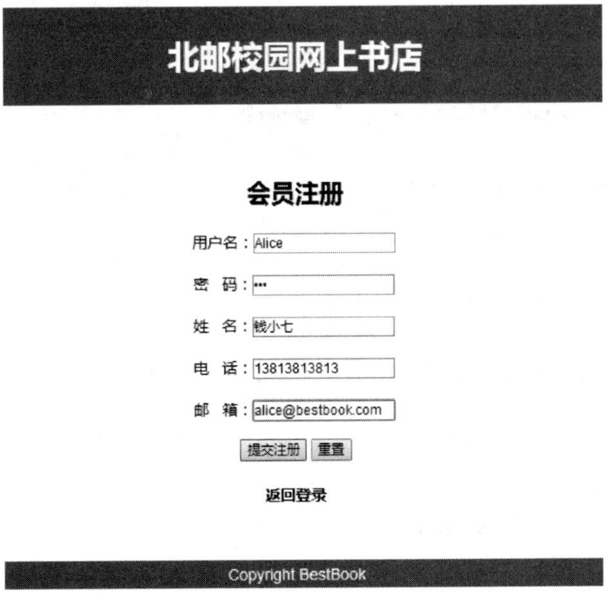

图 6-4 注册界面

3. LoginManagement. jsp

该页面实现会员登录处理,包括登录验证和退出登录的处理。登录验证需要从登录表单获取用户名和密码,若用户名或密码为空则重定向至登录页面,否则调用 JavaBean 组件

Member.java 访问数据表 Memberinfo,判断用户名和密码是否有效,若有效则跳转至图书浏览页面,否则输出错误提示并转向登录页面。退出登录则清空 session 对象并转向登录页面。代码如下。

```jsp
<%@ page language = "java" import = "java.util. * " contentType = "text/html; charset = UTF-8"
    pageEncoding = "UTF-8" %>
<%
    request.setCharacterEncoding("UTF-8");
    response.setCharacterEncoding("UTF-8");
response.setContentType("text/html; charset = utf-8");
%>
<jsp:useBean class = "javaBean.Member" id = "buyer" scope = "page"></jsp:useBean>
<!DOCTYPE HTML>
<html>
<head>
    <title>My JSP 'LoginManagement.jsp' starting page</title>
<style>
h1,h2{
    text-align:center;
    font-family:Arial, Microsoft YaHei, sans-serif;
}
</style>
</head>

<body>
<%
String operation = request.getParameter("logoper");

if (operation.equals("verification")){      //登录验证
String memberID = request.getParameter("memberID");
String pwd = request.getParameter("pwd");
if (memberID == null||pwd == null||"".equals(memberID) || "".equals(pwd))
{
response.sendRedirect("Login.html");   //输入有误重定向
}
buyer.setMemberID(memberID);
buyer.setPwd(pwd);
int loginTimes = buyer.getLogintimes() ;
    if (loginTimes > 0){
      session.setAttribute("memberID",memberID);
%>
<h1>欢迎光临</h1><hr/>
<h2><% = buyer.getMemberName() %>您好,这是您第<% = loginTimes %>次来到北邮校园网上书店,马上进入图书浏览! </h2>
<% response.setHeader("refresh", "3;url = Bestbook.jsp"); %>
```

```
<%
    }
    else{
%>
<h2><%=memberID%>您输入的用户名或密码错误,请重新登录</h2>
        <% response.setHeader("refresh","3;url=Login.html"); %>
<%
    }
    }
else if (operation.equals("logout")){    //退出登录
    session.invalidate();       //清空 session 对象
    %>
    <h1>狠心放弃</h1><hr/>
    <h2>购物车信息将被丢弃,欢迎下次光临!</h2>
    <%
    response.setHeader("refresh","3;url=Login.html");
    }
    else{
        out.println("错误的登录操作!");
    }
%>
    </body>
</html>
```

当用户注册成功后显示如图 6-5 所示的欢迎页面,若退出登录则给出如图 6-6 所示的提示信息。

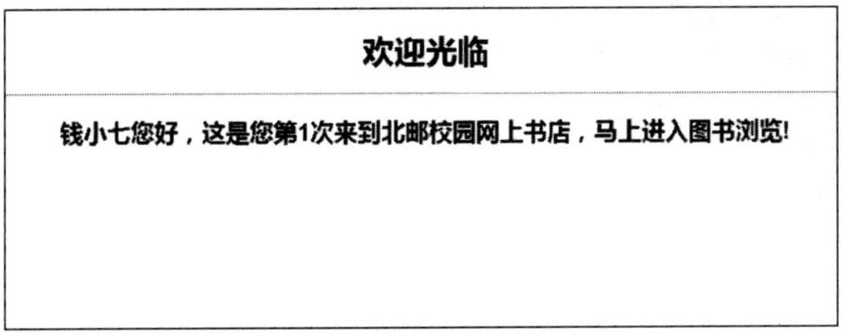

欢迎光临

钱小七您好,这是您第1次来到北邮校园网上书店,马上进入图书浏览!

图 6-5 注册成功显示欢迎页面

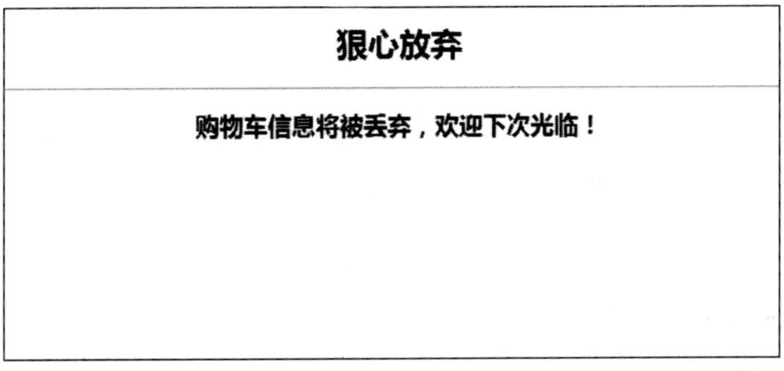

狠心放弃

购物车信息将被丢弃,欢迎下次光临!

图 6-6 退出登录显示提示信息

4. BestBook.jsp

该页面用于显示图书列表供会员浏览,调用了 JavaBean 组件 Book.java 访问数据表 bookinfo。点击图书链接,会进入 Bookdetail.jsp 显示图书详情。此外界面左侧为导航栏,提供到修改会员信息和密码的 UpdateMemInfoForm.jsp、购物车页面 Bookcart.jsp、查看订单页面 OrderManagement.jsp 以及退出登录页面 LoginManagement.jsp 的超链接。

```
<%@ page language = "java" import = "java.util.*" contentType = "text/html; charset = UTF-8"
    pageEncoding = "UTF-8" %>
<%@ page import = "java.sql.*"    %>
<jsp:useBean class = "javaBean.Book" id = "book" scope = "page"></jsp:useBean>
<!DOCTYPE HTML>
<html>
    <head>
    <title>My JSP 'Bestbook.jsp' starting page</title>
<style>
* {
    font-family:Arial, Microsoft YaHei, sans-serif;
}
#header {
    background-color:#4682B4;
    color:white;
    text-align:center;
    padding:5px;

    }
#nav {
    line-height:30px;
    background-color:#B0C4DE;
    height:400px;
    width:140px;
    float:left;
    padding:5px;
}
#section {
    padding-left:180px;
    text-align:center;
}
#footer {
    background-color:#4682B4;
    color:white;
    clear:both;
    text-align:center;
    padding:5px;
}
```

```
div.img
    {
    margin:3px;
    border:1px solid #bebebe;
    height:auto;
    width:auto;
    float:left;
    text-align:center;
    }
div.img img
    {
    display:inline;
    margin:3px;
    border:1px solid #bebebe;
    }
div.img a:hover img
    {
    border:1px solid #333333;
    }
div.desc
    {
    text-align:center;
    font-weight:normal;
    width:150px;
    font-size:12px;
    margin:10px 5px 10px 5px;
    }
#navlist
{
    list-style-type:none;
    margin:0;
    padding:0;

}
li>a:link,li>a:visited
{
        display:block;
        font-weight:bold;
        color:#FFFFFF;
        width:120px;
        text-align:center;
        padding:4px;
        text-decoration:none;
        text-transform:uppercase;
```

```
        }
    li > a:hover,li > a:active
    {
        background-color:#1E90FF;
    }
    </style>
</head>


<body>
    <div id = "header">
        <h1>北邮校园网上书店</h1>
    </div>


    <div id = "nav">
      <ul id = "navlist">
        <li><a href = "Bestbook.jsp">图书浏览</a></li>
        <li><a href = "UpdateMemInfoForm.jsp?oper = updatepwd">修改密码</a></li>
        <li><a href = "UpdateMemInfoForm.jsp?oper = updatememinfo">修改个人信息</a></li>
        <li><a href = "Bookcart.jsp">查看购物车</a></li>
        <li><a href = "OrderManagement.jsp?orderopr = list">查看订单</a></li>
        <li><a href = "LoginManagement.jsp?logoper = logout">退出登录</a></li>
      </ul><br/>
    </div>


    <div id = "section">
     <h3>新书速递</h3><hr/>
      <%
            ResultSet rs = book.getBookList();//读取数据表 bookinfo 的图书信息
            while(rs.next()){
              String ISBN = rs.getString("bookISBN");
          %>
<!--使用图片库显示图书列表信息-->
     <div class = "img">
    <a target = "_blank" href = "Bookdetail.jsp?isbn = <% = ISBN %>">
    <img src = "images/thumbnail/<% = ISBN %>.jpg" alt = "无法加载图片" width = "160" height =
"160">
    </a>
    <div class = "desc"><a href = "Bookdetail.jsp?isbn = <% = ISBN %>"><% = rs.getString
("bookName") %></a> &yen;<% = rs.getFloat("price") %></div>
     </div>
     <%
             }
      %>
    </div>
```

```
< div id = "footer">
欢迎<% = session.getAttribute("memberID") %>光临北邮校园网上书店
</div >


   </body>
</html >
```

运行结果如图 6-7 所示。

图 6-7　图书浏览界面

5．Bookdetail.jsp

在图书浏览页面点击指向某本图书的超链接后,将转向图书详情页面。根据传入的图书 ISBN 号,调用 JavaBean 组件 Book.java 访问数据库,提取图书的详细信息并显示出来。此外,本页面还提供了加入购物车的表单,选择购买数量点击按钮后,将由 CartInfoManagement.jsp 页面处理表单数据。代码如下。

```
<% @ page language = "java" import = "java.util. * " contentType = "text/html; charset = UTF-8"
    pageEncoding = "UTF-8" %>
    < jsp:useBean class = "javaBean.Book" id = "bookinfo" scope = "page"></jsp:useBean >
<!DOCTYPE HTML >
< html >
  < head >
    < title > My JSP ' Bookdetail.jsp ' starting page </title >
< style >
 * {
    font-family:Arial, Microsoft YaHei, sans-serif;
}
# header {
    background-color:# 4682B4;
    color:white;
```

```
            text-align:center;
            padding:5px;
            }
    #nav {
            line-height:30px;
            background-color:#B0C4DE;
            height:400px;
            width:140px;
            float:left;
            padding:5px;
    }
    #section {
            padding-left:180px;
            text-align:center;
    }
    #footer {
            background-color:#4682B4;
            color:white;
            clear:both;
            text-align:center;
            padding:5px;
    }
    #navlist
    {
            list-style-type:none;
            margin:0;
            padding:0;
    }
    li>a:link,li>a:visited
    {
            display:block;
            font-weight:bold;
            color:#FFFFFF;
            width:120px;
            text-align:center;
            padding:4px;
            text-decoration:none;
            text-transform:uppercase;
    }
    li>a:hover,li>a:active
    {
            background-color:#1E90FF;
    }
    #tableContainer{
```

```
        display:table;
        border-spacing:5px;
}
#tableRow{
        display:table-row;
}
#main{
        display:rable-cell;
        font-size:105%;
        padding:20px;
        vertical-align:top;
}
#sidebar{
        display:table-cell;
        font-size:105%;
        padding:20px;
        vertical-align:top;
    }
    </style>
</head>

<body>
    <div id="header">
        <h1>北邮校园网上书店</h1>
    </div>

    <div id="nav">
      <ul id="navlist">
      <li><a href="Bestbook.jsp">图书浏览</a></li>
      <li><a href="UpdateMemInfoForm.jsp?oper=updatepwd">修改密码</a></li>
      <li><a href="UpdateMemInfoForm.jsp?oper=updatememinfo">修改个人信息</a></li>
      <li><a href="Bookcart.jsp">查看购物车</a></li>
      <li><a href="OrderManagement.jsp?orderopr=list">查看订单</a></li>
      <li><a href="LoginManagement.jsp?logoper=logout">退出登录</a></li>
    </ul>
<br/>
</div>

<% if(request.getParameter("isbn")!=null)
        {
                String isbn = request.getParameter("isbn");
                bookinfo.setBookISBN(isbn);
        %>
<div id="tableContainer">
```

```
< div id = "tableRow">
  < div id = "main">
    < img src = "images/detail/<% = isbn%>.jpg"/>
  </div>
  < div id = "sidebar">
  < p > ISBN:<% = bookinfo.getBookISBN()%></p>
  < p >出版社:<% = bookinfo.getPublisher()%></p>
  < p >作者:<% = bookinfo.getBookAuthor()%></p>
  < p >价格:&yen;<% = bookinfo.getPrice()%></p>
  < p >图书简介:<% = bookinfo.getIntroduce()%></p>
  < form action = "CartInfoManagement.jsp" method = post >
< fieldset >
  < legend >加入购物车</legend >
      < input type = "number" name = "mount" min = "1" max = "10" value = "1"/>
  < input type = "hidden" name = "price" value = "<% = bookinfo.getPrice()%>" />
      < input type = "hidden" name = "isbn" value = "<% = bookinfo.getBookISBN()%>" />
      < input type = "hidden" name = "operation" value = "add" />
      < input type = "submit" onclick = "alert('已成功加入购物车')" value = "加入购物车"/>
</fieldset >
</form>
    </div>
  </div>
</div>
    <%
      }
      else
      {out.println("没有该图书数据");
      }
    %>
 < div id = "footer">
欢迎<% = session.getAttribute("memberID") %>光临北邮校园网上书店
</div>

  </body>
</html>
```

界面显示效果如图 6-8 所示。

6. Bookcart.jsp

该页面用于读取并显示存储在 session 对象中的购物车内容,其中调用了 JavaBean 组件 Cart.java 和 CartItem.java。页面还提供了可以修改图书数量、删除图书以及清空购物车的表单,点击相应按钮后由 CartInfoManagement.jsp 页面处理。在显示购物车中的图书信息时,需调用 JavaBean 组件 Book.java。确定购买后,可以提交订单,进入 OrderForm.jsp 页面填写收货人信息。代码如下。

图 6-8　图书详情界面

```
<%@ page language = "java" import = "java.util. * ,javaBean. * " contentType = "text/html;
charset = UTF-8"
        pageEncoding = "UTF-8" %>
        <%@page import = "java.sql. * "   %>
<jsp:useBean class = "javaBean.Book" id = "bookinfo" scope = "page"></jsp:useBean>
  <jsp:useBean class = "javaBean.Cart" id = "bookcart" scope = "page"></jsp:useBean>
    <jsp:useBean class = "javaBean.CartItem" id = "bookitem" scope = "page"></jsp:useBean>


<!DOCTYPE HTML>
<html>
  <head>
    <title>My JSP 'Bookcart.jsp' starting page</title>
<style>
* {
    font-family:Arial, Microsoft YaHei, sans-serif;
}
#header {
    background-color:#4682B4;
    color:white;
    text-align:center;
    padding:5px;
    }
#nav {
    line-height:30px;
    background-color:#B0C4DE;
    height:400px;
    width:140px;
    float:left;
```

```
            padding:5px;
        }
        # section {
            padding-left:180px;
            text-align:center;
        }
        # footer {
            background-color:#4682B4;
            color:white;
            clear:both;
            text-align:center;
            padding:5px;
        }
        li>a:link,li>a:visited
        {
            display:block;
            font-weight:bold;
            color:#FFFFFF;
            width:120px;
            text-align:center;
            padding:4px;
            text-decoration:none;
            text-transform:uppercase;
        }
        # navlist
        {
            list-style-type:none;
            margin:0;
            padding:0;
        }
        li>a:hover,li>a:active
        {
            background-color:#1E90FF;
        }
        # booklist
        {
            width:100%;
            border-collapse:collapse;
        }
        # booklist td, # booklist th
        {
            font-size:1em;
            border:1px solid #98bf21;
            padding:6px 7px 7px 7px;
```

```
        }
    #booklist th
      {
            font-size:1.1em;
            text-align:center;
            padding-top:5px;
            padding-bottom:4px;
            background-color:#A7C942;
            color:#ffffff;
      }
    </style>
</head>

    <body>
        <div id="header">
        <h1>北邮校园网上书店</h1>
        </div>


          <div id="nav">
          <ul id="navlist">
            <li><a href="Bestbook.jsp">图书浏览</a></li>
            <li><a href="UpdateMemInfoForm.jsp?oper=updatepwd">修改密码</a></li>
            <li><a href="UpdateMemInfoForm.jsp?oper=updatememinfo">修改个人信息</a></li>
            <li><a href="Bookcart.jsp">查看购物车</a></li>
            <li><a href="OrderManagement.jsp?orderopr=list">查看订单</a></li>
            <li><a href="LoginManagement.jsp?logoper=logout">退出登录</a></li>
        </ul>
    <br/>
    </div>


    <div id="section">
     <h3>购物车</h3>
    <hr/>
        <%
        Cart bookct = (Cart)session.getAttribute("cart");
        if (bookct==null){//若购物车为空,显示提示信息

        %>
        <p>啥也没有呢,继续购物吧!</p>
        <% response.setHeader("refresh","3;url=Bestbook.jsp");
        }
        else{
        bookcart = bookct;
        int size = bookcart.getCartlength();
```

```jsp
%>
<form name = "showcart" action = "CartInfoManagement.jsp" method = "post">
<table id = booklist>
  <tr>
  <th>书名</th>
  <th>作者</th>
  <th>出版社</th>
  <th>单价</th>
  <th>数量</th>
  <th>价格小计</th>
  <th colspan = 2>更多操作</th>
  </tr>
  <%
  for (int i = 0; i < size; i++) {//获取购物车中各购物项
  int itemmount = bookcart.getItems().get(i).getMount();
float itemprice = bookcart.getItems().get(i).getItemPrice();
String itemisbn = bookcart.getItems().get(i).getBookISBN();
bookinfo.setBookISBN(itemisbn);//根据 ISBN 号获取图书信息
  %>
  <tr>
  <td><% = bookinfo.getBookName() %></td>
  <td><% = bookinfo.getBookAuthor() %></td>
  <td><% = bookinfo.getPublisher() %></td>
  <td><% = bookinfo.getPrice() %></td>
  <td>< input type = "number" name = "mount" min = "1" max = "10" value = "<% = itemmount %>"/>
  < input type = "submit" value = "修改数量">
  < input type = "hidden" name = "operation" value = "update" />
  < input type = "hidden" name = "isbn" value = "<% = itemisbn %>" />
  < input type = "hidden" name = "price" value = "<% = bookinfo.getPrice() %>" />
  </td>
  <td><% = itemprice %></td>
  < td >< input type = "button" value = "删除" onclick = " document. showcart. action =
'CartInfoManagement. jsp?operation = delete ';document. showcart. submit();"/></td>
  </tr>
  <%
}
  %>
  <tr>
  < td colspan = "6">总价:<% = bookcart.getTotalprice() %></td>
  <td>< input type = "button" value = "清空购物车" onclick = "document. showcart. action =
'CartInfoManagement. jsp?operation = clear ';document. showcart. submit();"/></td>
  </tr>
</table>
< br/>
```

```
        < input type = "submit" value = "提交订单" formaction = "OrderForm. jsp">
        </form>
        <%
        }
          %>
</div>


< div id = "footer">
欢迎<% = session.getAttribute("memberID") %>光临北邮校园网上书店
</div>


      </body>
</html>
```

运行结果如图 6-9 所示。

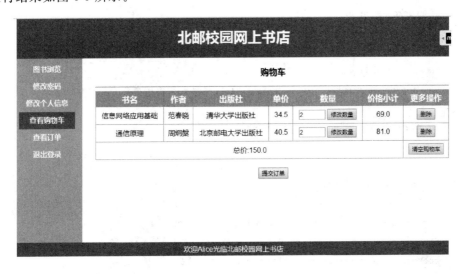

图 6-9　查看购物车界面

7. CartInfoManagement. jsp

该页面调用了 JavaBean 组件 Cart. java 和 CartItem. java 实现购物车的操作,包括将图书添加到购物车、修改图书数量、删除购物项、清空购物车。操作完成后,转发至 BestBook. jsp 页面。代码如下。

```
<%@ page language = "java" import = "java. util. *, javaBean. *" contentType = "text/html;
charset = UTF-8"
      pageEncoding = "UTF-8" %>
      < jsp:useBean class = "javaBean. Cart" id = "bookcart" scope = "page"></jsp:useBean>
      < jsp:useBean class = "javaBean. CartItem" id = "bookitem" scope = "page"></jsp:useBean>
<!DOCTYPE HTML >
< html >
  < head >
    < title > My JSP 'Addbook2cart. jsp' starting page </title>
  </head>
```

```
<body>
  <%
  String oper = request.getParameter("operation");
  if (oper.equals("add")){//添加图书到购物车
     String isbn = request.getParameter("isbn");
     int mount = Integer.parseInt(request.getParameter("mount"));
     float price = Float.parseFloat(request.getParameter("price"));
     bookitem.setMount(mount);
     bookitem.setBookISBN(isbn);
     bookitem.setPrice(price);

     Cart bookct = (Cart)session.getAttribute("cart");

     if (bookct!= null){
         bookcart = bookct;
     }
     bookcart.add(bookitem);
     session.setAttribute("cart", bookcart);//将要购买的图书保存在 session 对象中
  %>
  <jsp:forward page = "Bestbook.jsp"/>
  <%
  }
  else if (oper.equals("update")){//修改图书数量
     String isbn[] = request.getParameterValues("isbn");
     String mount[] = request.getParameterValues("mount");
     String price[] = request.getParameterValues("price");
     bookcart = (Cart)session.getAttribute("cart");
     bookcart.update(mount);
     session.setAttribute("cart", bookcart);
  %>
  <jsp:forward page = "Bookcart.jsp"/>
  <%
}
else if  (oper.equals("delete")){//删除购物项
   System.out.println("delete");
   String isbn = request.getParameter("isbn");
   System.out.println(isbn);
   bookcart = (Cart)session.getAttribute("cart");
   bookcart.delete(isbn);
   if (bookcart.isEmpty()){
      session.removeAttribute("cart");//若删除后购物车已空,则清空 session 对象
   }
   else{
```

```
            session.setAttribute("cart", bookcart);
        }
    %>
    <jsp:forward page = "Bookcart.jsp"/>
    <%
}
else if  (oper.equals("clear")){//清空购物车
    session.removeAttribute("cart");
    %>
    <jsp:forward page = "Bookcart.jsp"/>
    <%
}
else{
    out.println("错误的购物车操作!");
}
%>
    </body>
</html>
```

8．OrderForm.jsp

本页面用于当在购物车页面点击提交订单时,显示填写收件信息的表单。代码如下。

```
<%@ page language = "java" import = "java.util.*" pageEncoding = "UTF-8"%>
<!DOCTYPE HTML>
<html>
  <head>
    <title>My JSP 'Orderform.jsp' starting page</title>
<style>
*{
    font-family:Arial, Microsoft YaHei, sans-serif;
}
#header {
    background-color:#4682B4;
    color:white;
    text-align:center;
    padding:5px;
    }
#nav {
    line-height:30px;
    background-color:#B0C4DE;
    height:400px;
    width:140px;
    float:left;
    padding:5px;
}
#section {
```

```
            padding-left:180px;
            text-align:center;
        }
        #footer {
            background-color:#4682B4;
            color:white;
            clear:both;
            text-align:center;
            padding:5px;
        }
        #navlist
        {
            list-style-type:none;
            margin:0;
            padding:0;
        }
        li>a:link,li>a:visited
        {
            display:block;
            font-weight:bold;
            color:#FFFFFF;
            width:120px;
            text-align:center;
            padding:4px;
            text-decoration:none;
            text-transform:uppercase;
        }
        li>a:hover,li>a:active
        {
            background-color:#1E90FF;
        }
    </style>
</head>

    <body>
        <div id="header">
            <h1>北邮校园网上书店</h1>
        </div>

        <div id="nav">
            <ul id="navlist">
                <li><a href="Bestbook.jsp">图书浏览</a></li>
                <li><a href="UpdateMemInfoForm.jsp?oper=updatepwd">修改密码</a></li>
                <li><a href="UpdateMemInfoForm.jsp?oper=updatememinfo">修改个人信息</a></li>
```

```
        <li><a href = "Bookcart.jsp">查看购物车</a></li>
        <li><a href = "OrderManagement.jsp?orderopr = list">查看订单</a></li>
        <li><a href = "LoginManagement.jsp?logoper = logout">退出登录</a></li>
    </ul>
    <br/>
</div>


<div id = "section">
    <h2>请确认收件信息</h2>
        <form action = "OrderManagement.jsp" method = "post">
        收件人    :<input type = "text" name = "receivername"><br/><br/>
        收件地址:<input type = "text" name = "receiveraddress">   <br/><br/>
        联系电话:<input type = "text" name = "telephone">   <br/><br/>
        电子邮件:<input type = "email" name = "email" />   <br/><br/>
        送货日期:<input type = "date" name = "date" />   <br/><br/>
        邮政编码:<input type = "text" name = "zipcode">   <br/><br/>
        备     注   : <textarea name = "message" rows =
"2" cols = "21"></textarea>   <br/><br/>
        <input type = submit value = "确认"/>
        <input type = "reset" value = "重置"/>
        <input type = "hidden" name = "orderopr" value = "create" />
        </form>
        </div>


        <div id = "footer">
        Copyright BestBook
        </div>
    </body>
</html>
```

运行结果如图 6-10 所示。

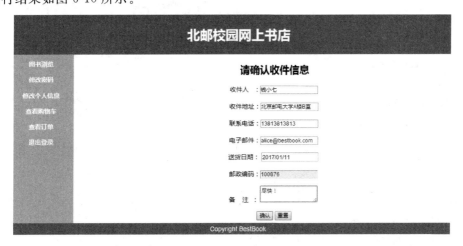

图 6-10 订单收件信息填写界面

9. OrderManagement. jsp

该页面用于实现创建订单、查看订单的功能。提交订单并确认收件人信息后,本页面将调用 JavaBean 组件 Order. java、Cart. java、CartItem. java 和 Book. java 生成订单编号,并将订单信息写入数据库。此外,本页面还创建了记录上次下单时间的 Cookie。代码如下。

```jsp
<%@ page language = "java" import = "java.util. * , javaBean. * "  contentType = "text/html;
charset = UTF-8"
        pageEncoding = "UTF-8" %>
<%
    request.setCharacterEncoding("UTF-8");
    response.setCharacterEncoding("UTF-8");
    response.setContentType("text/html; charset = utf-8");
%>
<%@page import = "java.sql. * "  %>
    <jsp:useBean class = "javaBean.Book" id = "bookinfo" scope = "page"></jsp:useBean>
     <jsp:useBean class = "javaBean.Order" id = "order" scope = "page"></jsp:useBean>
    <jsp:useBean class = "javaBean.Cart" id = "bookcart" scope = "page"></jsp:useBean>
    <jsp:useBean class = "javaBean.CartItem" id = "bookitem" scope = "page"></jsp:useBean>
<!DOCTYPE HTML>
<html>
  <head>
    <title>My JSP 'order.jsp' starting page</title>
<style>
*{
    font-family:Arial, Microsoft YaHei, sans-serif;
}
#header{
    background-color:#4682B4;
    color:white;
    text-align:center;
    padding:5px;
    }
#nav{
    line-height:30px;
    background-color:#B0C4DE;
    height:400px;
    width:140px;
    float:left;
    padding:5px;
}
#section{
    padding-left:180px;
    text-align:center;
}
```

```css
# footer {
    background-color: # 4682B4;
    color:white;
    clear:both;
    text-align:center;
    padding:5px;
}
# orderlist
  {
      font-family:"Trebuchet MS", Arial, Helvetica, sans-serif;
      width:100 % ;
      border-collapse:collapse;
  }
# orderlist td, th
  {
      font-size:1em;
      border:2px solid # FF4500;
      padding:3px 7px 2px 7px;
      text-align:center;
  }
# orderlist th
  {
      font-size:1.1em;
      padding-top:5px;
      padding-bottom:4px;
      background-color: # F0E68C;
      color: # 000000;
  }
# orderinfo{
      text-align:left;
      list-style-type: circle;
}
# navlist{
      list-style-type:none;
      margin:0;
      padding:0;
}
li > a:link,li > a:visited{
      display:block;
      font-weight:bold;
      color: # FFFFFF;
      width:120px;
      text-align:center;
      padding:4px;
```

```
            text-decoration:none;
            text-transform:uppercase;
    }
    li>a:hover,li>a:active{
            background-color: #1E90FF;
    }
    #return:link, #return:visited{
            display:block;
            font-weight:bold;
            color:black;
            width:120px;
            text-align:center;
            padding:4px;
            text-decoration:none;
            margin-left:auto;
            margin-right:auto;
    }
    #return:hover, #return:active{
            background-color: #1E90FF;
    }
    </style>
</head>

<body>
        <div id="header">
            <h1>北邮校园网上书店</h1>
        </div>

    <div id="nav">
      <ul id="navlist">
        <li><a href="Bestbook.jsp">图书浏览</a></li>
        <li><a href="UpdateMemInfoForm.jsp?oper=updatepwd">修改密码</a></li>
        <li><a href="UpdateMemInfoForm.jsp?oper=updatememinfo">修改个人信息</a></li>
        <li><a href="Bookcart.jsp">查看购物车</a></li>
        <li><a href="OrderManagement.jsp?orderopr=list">查看订单</a></li>
        <li><a href="LoginManagement.jsp?logoper=logout">退出登录</a></li>
      </ul>
      <br/>
    </div>

    <div id="section">
      <h3>订单信息</h3>
        <%
        String operation = request.getParameter("orderopr");
```

```
String memberID = (String) session.getAttribute("memberID");
String showordertime = null;
if (operation.equals("create")){//创建订单
String ordercode = order.createOrderCode(memberID);//产生订单编号
bookcart = (Cart)session.getAttribute("cart");
%>
<% String receiverName = request.getParameter("receivername");
String receiverAddr = request.getParameter("receiveraddress");
String telephone = request.getParameter("telephone");
String email = request.getParameter("email");
String date = request.getParameter("date");
String message = request.getParameter("message");
String zipcode = request.getParameter("zipcode");
//从编号中获取下单时间
String createTime = ordercode.substring(0,4) + "-" + ordercode.substring(4,6) + "-" +
ordercode.substring(6,8) + " " + ordercode.substring(8,10) + ":" + ordercode.substring(10,12) + ":" +
ordercode.substring(12,14);
Cookie[] cookie = request.getCookies();
String IDNo = Integer.toString(order.getUserID(memberID));
String lastordertime = null;
for (int cnt = 0; cnt < cookie.length;cnt ++ ){
    if (cookie[cnt].getName().equals(IDNo)){
        lastordertime = cookie[cnt].getValue();
        showordertime = lastordertime;
        cookie[cnt].setValue(createTime);
        response.addCookie(cookie[cnt]);
    }
}
if(lastordertime == null){
    lastordertime = createTime;
    //创建名为用户序号的 Cookie 记录上次下单时间
    Cookie ordercookie = new Cookie(IDNo, lastordertime);
    ordercookie.setMaxAge(30 * 24 * 60 * 60);
    response.addCookie(ordercookie);
}
order.setOrdercode(ordercode);
order.setDate(date);
order.setMemberID(memberID);
order.setEmail(email);
order.setReceiverName(receiverName);
order.setReceiverAddr(receiverAddr);
order.setTelephone(telephone);
order.setMessage(message);
order.setZipcode(zipcode);
```

```
          order.setTotalprice(bookcart.getTotalprice());
          order.setCreatetime(createTime);
          order.createOrder(bookcart);
          %>
```
<!-- 显示订单基本信息-->
```
      <hr/>
      <ul id=orderinfo>
      <li>订单编号:<%=ordercode %></li>
      <li>下单时间:<%=createTime %></li>
      <li>收件人:<%=receiverName %></li>
      <li>收件地址:<%=receiverAddr %></li>
      <li>联系方式:<%=telephone %></li>
      <li>备注:<%=message %></li>
      </ul>
      <hr/><br/>
        <table id=orderlist>
        <tr>
      <th>书名</th>
      <th>作者</th>
      <th>出版社</th>
      <th>单价</th>
      <th>数量</th>
      <th>价格小计</th>
      </tr>
```
<!-- 显示订单图书信息-->
```
      <%
      int size = bookcart.getCartlength();
      for (int i=0; i<size; i++) {
      int itemmount = bookcart.getItems().get(i).getMount();
    float itemprice = bookcart.getItems().get(i).getItemPrice();
    String itemisbn = bookcart.getItems().get(i).getBookISBN();
    bookinfo.setBookISBN(itemisbn);
      %>
      <tr>
      <td><%=bookinfo.getBookName() %></td>
      <td><%=bookinfo.getBookAuthor() %></td>
      <td><%=bookinfo.getPublisher() %></td>
      <td><%=bookinfo.getPrice() %></td>
      <td><%=itemmount %></td>
      <td><%=itemprice %></td>
      </tr>
    <%}
    %>
    <tr>
```

```
<td colspan = 6>总价:<% = bookcart.getTotalprice()%></td>
</tr>
</table>
<%
 session.removeAttribute("cart");
%>
<br/><br/>
<a href = "Bestbook.jsp" id = "return">返回继续购物</a><br/><br/>
<%
 }
else if(operation.equals("list")){//查看订单列表
ResultSet rs = order.getOrderBasicInfo(memberID);//从数据库获取订单信息
String ordercode = null;
while(rs.next()){
        ordercode = rs.getString("ordercode");
        String receiverName = rs.getString("receiverName");
        String receiverAddr = rs.getString("receiverAddress");
        String createTime = rs.getString("createtime");
        String telephone = rs.getString("telephone");
        float totalPrice = rs.getFloat("totalprice");
        %>
        <br/>
        <hr/>
        <br/><br/>
        <table id = orderlist>
        <caption>订单编号:<% = ordercode %></caption>
        <tr>
        <td colspan = 6>
        <ul id = orderinfo>
        <li>下单时间:<% = createTime %></li>
        <li>收件人:<% = receiverName %>  收件地址:<% = receiverAddr %>
  联系方式:<% = telephone %></li>
        </ul>
        </td>
        </tr>
        <tr>
        <th>书名</th>
        <th>作者</th>
        <th>出版社</th>
        <th>单价</th>
        <th>数量</th>
        <th>价格小计</th>
        </tr>
        <%
```

```
                    ResultSet rsd = order.getOrderDetailInfo(ordercode);
                    while(rsd.next()){
                    String ISBN = rsd.getString("bookISBN");
                    bookinfo.setBookISBN(ISBN);
                    String bookName = bookinfo.getBookName();
                    int mount = rsd.getInt("mount");
                    float subtotalprice = rsd.getFloat("subtotalprice");
                    %>
                    <tr>
          <td><%=bookName%></td>
          <td><%=bookinfo.getBookAuthor()%></td>
          <td><%=bookinfo.getPublisher()%></td>
          <td><%=bookinfo.getPrice()%></td>
          <td><%=mount%></td>
          <td><%=subtotalprice%></td>
          </tr>
                    <%
                    }
                    %>
                    <tr>
                    <td colspan=6>总价:<%=totalPrice%></td>
                    </tr>
                    </table>
                    <br/><br/>
                    <%
                    }
                    if (ordercode == null){
                    %><p>啥都没有哎</p>
                    <%
                    }
                    %>
                    <br/><br/><a href="Bestbook.jsp" id="return">返回继续购物</a><br/><br/>
                    <%
            }
        else{
        out.println("错误的订单操作!");
          }%>
      </div>

<div id="footer">
欢迎<%=session.getAttribute("memberID")%>光临北邮校园网上书店
<% if (showordertime != null){
    %>
    您上次下单时间是<%=showordertime%>,谢谢惠顾!
```

```
    <%
    }
    %>
</div>


    </body>
</html>
```

当用户首次下单时显示如图 6-11 所示的订单信息页面,再次下单时则显示如图 6-12 所示的页面,其中包含了上次下单时间的 Cookie。当用户查看订单时,则显示如图 6-13 所示的订单列表信息。

图 6-11　首次下单显示订单页面

图 6-12　再次下单显示包含 Cookie 的订单页面

图 6-13 查看往期订单信息的页面

10. UpdateMemInfoForm. jsp

该页面提供了修改密码和修改个人信息的表单。代码如下。

```
<%@ page language = "java" import = "java. util. * " contentType = "text/html; charset = UTF-8"
    pageEncoding = "UTF-8" %>
    <%@page import = "java. sql. * "   %>
    <jsp:useBean class = "javaBean. Member" id = "meminfo" scope = "page"></jsp:useBean>
<!DOCTYPE HTML >
<html >
  <head >
    <title > My JSP 'UpdateMemInfo. jsp' starting page </title >
<style type = "text/css">
* {
    font-family:Arial, Microsoft YaHei, sans-serif;
}
#header {
    background-color:#4682B4;
    color:white;
    text-align:center;
    padding:5px;
    }
#nav {
    line-height:30px;
    background-color:#B0C4DE;
    height:400px;
    width:140px;
    float:left;
```

```
            padding:5px;
        }
        #section {
            padding-left:180px;
            text-align:center;
        }
        #footer {
            background-color:#4682B4;
            color:white;
            clear:both;
            text-align:center;
            padding:5px;
        }
        #navlist{
            list-style-type:none;
            margin:0;
            padding:0;
        }
        li>a:link,li>a:visited{
            display:block;
            font-weight:bold;
            color:#FFFFFF;
            width:120px;
            text-align:center;
            padding:4px;
            text-decoration:none;
            text-transform:uppercase;
        }
        li>a:hover,li>a:active{
            background-color:#1E90FF;
        }
        p{
            position:relative;
            right:57px;
        }
    </style>
</head>

<body>
    <div id="header">
        <h1>北邮校园网上书店</h1>
    </div>

    <div id="nav">
```

```html
    <ul id = "navlist">
      <li><a href = "Bestbook.jsp">图书浏览</a></li>
      <li><a href = "UpdateMemInfoForm.jsp?oper = updatepwd">修改密码</a></li>
      <li><a href = "UpdateMemInfoForm.jsp?oper = updatememinfo">修改个人信息</a></li>
      <li><a href = "Bookcart.jsp">查看购物车</a></li>
      <li><a href = "OrderManagement.jsp?orderopr = list">查看订单</a></li>
      <li><a href = "LoginManagement.jsp?logoper = logout">退出登录</a></li>
    </ul>
    <br/>
  </div>

  <div id = "section">
<%
String operation = request.getParameter("oper");
if (operation.equals("updatepwd")){//修改密码表单
%>
    <h3>修改密码</h3>
<hr/><br/>
<form method = "POST" ACTION = "MemInfoManagement.jsp?oper = updatepwd">
    输入旧密码:<input TYPE = "password" name = "oldpwd" /><br/><br/>
    设置新密码:<input TYPE = "password" name = "newpwd"  /><br/><br/>
    确认新密码:<input TYPE = "password" name = "confirmpwd" /><br/><br/>
    <input type = "submit" name = "submit" value = "提交">
    </form>
<%}
else{//修改个人信息表单
    String memberID = (String)session.getAttribute("memberID");
    meminfo.setMemberID(memberID);
    ResultSet rs = meminfo.getMemberInfo();
    String memberName = rs.getString("memberName");
    String email = rs.getString("emailaddress");
    String phonecode = rs.getString("phonecode");
%>
<h3>修改个人信息</h3>
<hr/>
<form method = "POST" ACTION = "MemInfoManagement.jsp?oper = updatememinfo">
<p>姓   名:<% = memberName %></p>
电   话:<input type = "text" name = "phonecode" value = <% = phonecode %> /><br/><br/>
    邮   箱:<input type = "email" name = "email" value = <% = email %> />   <br/><br/>
    <input type = "submit" name = "submit" value = "提交">
    </form>
<%
}
%>
```

```
</div>
<div id = "footer">
欢迎<% = session.getAttribute("memberID") %>光临北邮校园网上书店
</div>

</body>
</html>
```

修改密码和修改个人信息的页面运行结果分别如图 6-14 和图 6-15 所示。

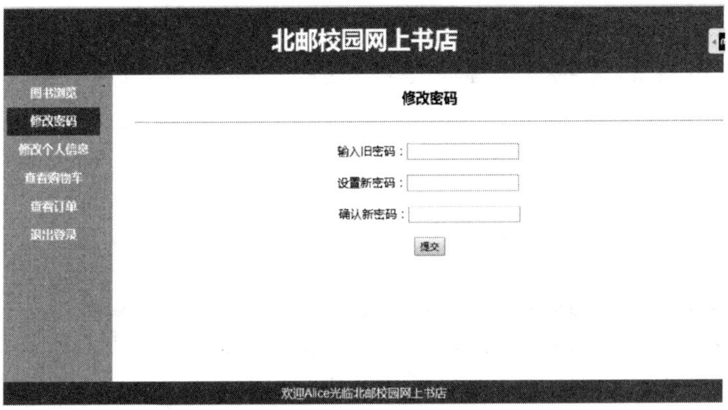

图 6-14　修改密码页面

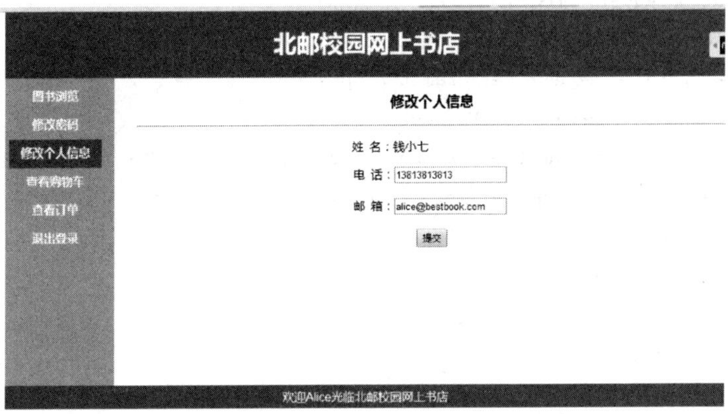

图 6-15　修改个人信息页面

11. MemInfoManagement. jsp

本页面调用 JavaBean 组件 Member. java 实现会员注册、个人信息和密码的修改。注册时,若用户名已被使用会显示提示信息并跳转至注册页面,注册成功则跳转至登录页面。修改密码时,如果原密码输错或两次新密码输入不一致均显示相应的提示信息。修改成功则进入图书浏览页面。代码如下。

```
<% @ page language = "java" import = "java.util. * " contentType = "text/html; charset = UTF-8"
    pageEncoding = "UTF-8" %>
<%
    request.setCharacterEncoding("UTF-8");
```

```jsp
        response.setCharacterEncoding("UTF-8");
response.setContentType("text/html; charset = utf-8");
%>
<!DOCTYPE HTML>
<html>
  <head>
    <title>My JSP 'Adduser.jsp' starting page</title>
<style type = "text/css">
h1,h2{
    text-align:center;
    font-family:Arial, Microsoft YaHei, sans-serif;
}
</style>
</head>


  <body>
  <jsp:useBean class = "javaBean.Member"   id = "regist"   scope = "page"></jsp:useBean>
  <jsp:useBean class = "javaBean.Member"   id = "updatepwd"   scope = "page"></jsp:useBean>
  <jsp:useBean class = "javaBean.Member"   id = "updatememinfo"   scope = "page"></jsp:useBean>
  <%
    String operation = request.getParameter("oper");
    if (operation.equals("register")){//注册用户
    String userid = request.getParameter("userid");
    String password = request.getParameter("password");
    String username = request.getParameter("username");
    String phoneCode = request.getParameter("phoneCode");
    String email = request.getParameter("emailaddress");
    regist.setMemberID(userid);
    regist.setPwd(password);
    regist.setMemberName(username);
    regist.setPhoneCode(phoneCode);
    regist.setEmail(email);
%>
<% try{
        int flag = regist.regist(userid);
        if (flag == 1)
        {
    %>
    <h1><strong><% out.print("用户名已被注册,请重新注册!"); %></strong></h1>
    <% response.setHeader("refresh","3;url = Register.html"); %>
    <%
    }
    else{
     %>
```

```
    <h1><strong><% out.print("注册成功,3秒后跳转登录页面!"); %></strong></h1>
    <% response.setHeader("refresh","3;url = Login.html"); %>
    <%
    }
        }
        catch(Exception e){
            out.println(e.getMessage());
        }
}
else if(operation.equals("updatepwd")){          //修改密码
    String memberID = (String)session.getAttribute("memberID");
    updatepwd.setMemberID(memberID);
    String oldpwd = request.getParameter("oldpwd");
    String newpwd = request.getParameter("newpwd");
    String confirmpwd = request.getParameter("confirmpwd");
    updatepwd.setOldPwd(oldpwd);
    updatepwd.setNewPwd(newpwd);
    updatepwd.setConfirmPwd(confirmpwd);

    int flag = updatepwd.updatePwd();
    if (flag == 0){
        out.println("<h2>修改成功,马上进入图书浏览!</h2>");
        response.setHeader("refresh","3,url = Bestbook.jsp");
    }
    else if (flag == 1){
        out.println("<h2>原密码输入有误,请重新输入!</h2>");
        response.setHeader("refresh","3,url = UpdateMemInfoForm.jsp?oper = updatepwd");
    }
    else if (flag == 2){
        out.println("<h2>新密码输入不一致,请重新输入!</h2>");
        response.setHeader("refresh","3,url = UpdateMemInfoForm.jsp?oper = updatepwd");
    }
    else{
        out.println("修改失败!");
    }

}
else if (operation.equals("updatememinfo")){//修改个人信息
    String memberID = (String)session.getAttribute("memberID");
    String email = request.getParameter("email");
    String phonecode = request.getParameter("phonecode");

    updatememinfo.setMemberID(memberID);
    updatememinfo.setEmail(email);
```

```
      updatememinfo.setPhoneCode(phonecode);

      int flag = updatememinfo.updateMeminfo();
      if (flag == 0){
      out.println("<h2>修改成功,马上进入图书浏览! </h2>");
      response.setHeader("refresh","3,url = Bestbook.jsp");
      }
      else {
      out.println("修改失败!");
      }
   }
   else{
      out.println("错误的会员信息操作!");
   }
   %>
     </body>
   </html>
```

JavaBean 组件的代码实现请扫二维码。

JavaBean 组件的代码实现

6.3 本章小结

　　本章介绍了一个基于 JSP+JDBC 的 Web 应用案例——网上书店。该应用采用了 JSP+JavaBean 的开发模式,首先分析了该系统的功能需求,然后对系统进行设计,为实现网上书店的功能,本例设计了 2 个 HTML 文件、9 个 JSP 文件、5 个 JavaBean 组件负责与用户的交互、访问数据库以及管理会员信息、图书信息、购物车信息以及订单信息。最后给出了代码设计以及程序运行效果。通过这个实例,希望读者能够更好地了解和掌握基于 JSP 的网络信息系统的设计和开发,对基于 Web 应用的网络编程技术有更直接和感性的认识,可以自己动手设计开发类似于 1.2.1 及 1.2.2 节中所列举的网络信息系统,对其他网络编程技术也能够做到举一反三。

参 考 文 献

[1] 左美云，邝孔武. 信息系统的开发与管理教程. 北京：清华大学出版社，2001.

[2] 杨天路，刘宇宏，张文，等. P2P 网络技术原理与系统开发案例. 北京：人民邮电出版社，2007.

[3] SILBERSCHATZ A, GALVIN P B, GAGNE G，等. 操作系统概念. 郑扣根，译. 7 版. 北京：高等教育出版社，2010.

[4] DAVIS W, RAJKUMAR T M. 操作系统基础教程. 陈向群，等，译. 5 版. 北京：电子工业出版社，2003.

[5] STALLINGS W. 操作系统——内核与设计原理. 4 版. 北京：电子工业出版社，2002.

[6] 尹传高，等. 操作系统. 北京：电子工业出版社，1998.

[7] 屠祁，屠立德. 操作系统基础. 3 版. 北京：清华大学出版社，2003.

[8] 庞丽萍. 操作系统原理. 2 版. 武汉：华中理工大学出版社，1988.

[9] 汤子瀛，等. 计算机操作系统. 西安：西安电子科技大学出版社，2003.

[10] 殷肖川，姬伟峰，陈靖，等. 网络编程与开发技术. 2 版. 西安：西安交通大学出版社，2009.

[11] 孟庆昌，朱欣源. 操作系统. 2 版. 北京：电子工业出版社，2011.

[12] TANENBAUM A S，等. 计算机网络. 潘爱民，译. 4 版. 北京：清华大学出版社，2008.

[13] KUROSE J F，等. 计算机网络：自顶向下方法. 陈鸣，译. 4 版. 北京：机械工业出版社，2009.

[14] 谢希仁. 计算机网络. 5 版. 北京：电子工业出版社，2008.

[15] DCOMER D E. 计算机网络与因特网. 林生，等，译. 5 版. 北京：机械工业出版社，2009.

[16] FOROUZAN B A. TCP/IP Protocol Suite. 4th ed. New York：The McGraw-Hill Companies，2010.

[17] Chappell L A. TCP/IP 协议原理与应用. 张长富，等，译. 3 版. 北京：清华大学出版社，2009.

[18] COMER D E. 用 TCP/IP 进行网际互联（第一卷：原理、协议与结构）. 林瑶，蒋慧，杜蔚轩，等，译. 北京：电子工业出版社，2001.

[19] 鲁斌，李莉. 网络程序设计与开发. 北京：清华大学出版社，2010.

[20] 叶树华. 网络编程实用教程. 2 版. 北京：人民邮电出版社，2010.

[21] 罗军舟，黎波涛，杨明，等. TCP/IP 协议及网络编程技术. 北京：清华大学出版社，2004.

[22] 耿祥义，张跃平. XML 基础教程. 2 版. 北京：清华大学出版社，2012.

[23] 靳新，谢进军. XML 基础教程. 北京：清华大学出版社，2016.

[24] ZAKAS N C. JavaScript 高级程序设计. 李松峰，曹力，译. 北京：人民邮电出版社，2012.

［25］ FLANAGAN D. JavaScript 权威指南. 淘宝前端团队，译. 6 版. 北京：机械工业出版社，2012.

［26］ http://www.w3cschool.cn/.

［27］ 汪城波. 网络程序设计 JSP. 北京：清华大学出版社，2011.

［28］ Hall M，BROWN L，CHAIKIN Y. Servlet 与 JSP 核心编程（第 2 卷）. 胡书敏，译. 2 版. 北京：清华大学出版社，2009.

［29］ 苗连强. JSP 程序设计基础教程. 北京：人民邮电出版社，2009.

［30］ 刘俊亮，王清华. JSP Web 开发学习实录. 北京：清华大学出版社，2011.

［31］ 范立锋，乔世权，程文彬. JSP 程序设计. 北京：人民邮电出版社 2009.

［32］ 邓子云. JSP 网络编程从基础到实践. 3 版. 北京：电子工业出版社，2009.